流體力學究竟在說什麼？

王曉剛 著

簡單讀懂流體力學的奧妙 FLUID MECHANICS

And Moses said:

$$\vec{\nabla} \cdot \vec{V} = 0$$

$$\rho \frac{D\vec{V}}{Dt} = \rho \left[\frac{\partial \vec{V}}{\partial t} + (\vec{V} \cdot \vec{\nabla})\vec{V} \right] = \rho \vec{g} - \vec{\nabla}p + \vec{\nabla} \cdot \vec{\tau}_{ij}$$

And the Red Sea parted!

前　言

　　流體力學對於理工科系學生而言，似乎都是艱深的一門課，被「當」者大有人在，普通人更只能望其項背，而失去認識大自然的機會，殊為可惜，因為人類無論了解大自然與否，時時刻刻都生活在流體的世界中，不了解祂就受其肆虐，了解祂就為吾人應用造福人類，也許就是達到中國人所謂之天人合一境界吧。

　　雖然是很多學生的夢魘，但其實流體力學並不難學，「順藤摸瓜、循序漸進」，從日常生活及大自然中觀察、比較，建立正確之基本觀念，加上一些邏輯分析與判斷來學習，就可領略流體的奧妙，令人生畏的數學只是描述其美麗的工具而已。本書希望能跳出一般中英文教科書定理、公式、證明等見樹不見林之枯燥窠臼，尤其多年來與學生之教學相長中體會到學生學習的困難與盲點，設身處地，以更簡單、更人性的方法解釋看似抽象的流體世界，就成為寫書之初心，例如巴斯葛定理告訴我們壓力(場)是純量(場)，但如何用邏輯推論得出千斤頂能頂起汽車之結果？"1"、「溫度」也是純量(場)(甚至能量)為何無法頂起？本書期望提供工程與技職科系學生一另類之學習工具外，更希望對於一般大眾，只要具備普通科學常識，不須深入了解公式，從圖文中就可將其當作科普書籍而一探究竟，領略流體之力量與奧妙。本書文字部分盡量淺白詼諧，以期避免成為讀者之催眠神器，也將複雜數學部分置於附錄，以期閱讀之流暢，教授者可略過較艱深之部分(以 ※ 標示)。本書未附錄物質特性圖表，讀者需要時可使用網路搜尋所需之資訊。

本書各章重點如下：

第一章：介紹工程上之單位與其重要性。流體中最為特殊的就是黏性、黏滯力、「非滑動現象」等，以及流體力學最重要的方程式之一 -「牛頓

黏滯力方程式」(摩擦力與黏性、速度分佈之關係)。

第二章：本章介紹流體力學之基本重要觀念 - 壓力與壓力梯度，在應用上，例如設計水庫、船艦、壓力合力與施力點、浮力等，此章為修習土木、水利、海洋工程等之基礎概念介紹。

第三章：第三章：此章介紹流體中動能、位能、與壓力之能量守衡關係，及所連帶出流體力學中最奇妙又迷人之樂章 - 伯努力方程式，及其衍生有趣甚至可怕之現象，例如空泡化，亦即「水能載舟亦能覆舟」- 人類才能避禍就福的與流體世界共存共榮。

第四章：本章介紹一個其他學科中鮮少討論之觀念 - 觀測法與觀測對象不同，得到的結果大不相同。我們所熟知(對於「系統」而言)之守衡定律，在流體世界裡並非完全實用，而需使用對某一限定區域(「控制容積」)分析其變化，及本書所強調使用於控制容積之「*OIS*」觀念，可大大簡化流體與流場之分析，甚至可應用於分析日常生活中之損益得失。

第五章：延續前章，將控制容積之 *OIS* 觀念應用到各種守衡分析上，尤其在了解流體中複雜之「力」、及能量，如何影響流場，進而學習如何使用大自然中流體之力量與能量。

第六章：相對於前一章之有限(非無窮小)控制容積分析，本章乃針對流體中無窮小之一點做分析，此分析之優點乃其結果可適用於流體中任何位置，代表此種分析可以得到流場各點無窮之訊息，此章為修習進階流體力學之數學基礎。

第七章：黏滯力對於流體之最直接影響就是表現在管路中，例如速度分佈、壓力降、以及層流與紊流等現象，此章中流體能量損失(「主要」與「次要」損失)計算乃工程中非常實際之問題。

第八章：對應於第七章，本章討論流體對物體外在之影響。本章亦介紹古典流體力學重大進度之里程碑 - 流線函數、速度勢；以及近代流體力學發展之紊流、邊界層理論及其對阻力之影響，以期補足一般大學部學習之不足；尤其在邊界層中，流體力學、對流熱傳、甚至於化工質傳，大自然似乎都安排了奇妙的相似性。本書未加入研究所才常討論之因次分析與可壓縮流體。

宇宙萬物似乎冥冥中均有其運行之規則，英文中有 *"Go with the flow"*、*"Ride the wave"* 之灑脫諺語，中文中有「達觀隨寓兮，奚必予宮」之豁達詩詞，*"Hold water"* 才能站得住腳，*"Does not hold water"* 就太扯了，*"Be water, my friend"* 就是李小龍的功夫哲學，「人義水甜」就是好，「水」就是美…，古今中外文化中隱然都崇尚嚮往風調雨順之流體世界。本書之出版感謝紅螞蟻書局鼎力支持，尤其董事長李錫東先生之啟示與激勵：「寫書之目的：一是有用，一是有趣」。 感謝家人鼓勵及老婆的白天嘮叨擔心晚上打氣相挺，並謹以此書獻給摯愛的雙親。

ALL BIRDS FIND SHELTER
DURING A RAIN,
BUT EAGLE AVOIDS RAIN
BY FLYING ABOVE THE CLOUDS.

PROBLEMS ARE COMMON,
BUT ATTITUDE MAKES THE DIFFERENCE.

~ A. P. J. Abdul Kalam, 1931 - 2015
Engineer/President/Freedom Fighter

..and this is what we learn Fluid Mechanics for..

王曉剛

義守大學 機械與自動化工程系

中華民國 108 年吉日

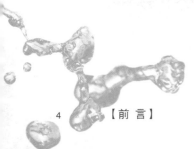

流體力學回顧

　　流體力學是研究流體 (包含氣體，液體以及電漿等) 以及其相關運動行為的科學。流體世界時時存在我們周遭，比較靜態的從油浮在水面上、水的表面總是保持水平、下雨淹水排水，到地球板塊移動等；動態的從血液循環及人工心臟、人群交通動態、汽車飛機、到星雲運動宇宙爆炸等，都可以從流體的特性與流體力學各種定律中了解，人類從認識流體的世界中也造就了今日之科技，但濫用科技、資源也造成了流體世界的反撲，如何與流體和諧共存考驗著人類的智慧。

　　流體力學是在人類與自然界共生共存之經驗累積中逐步發展起來的，例如古埃及人在遠古時對尼羅河泛濫的治理及金字塔之建造。古埃及人怎麼把巨大之石塊運送到金字塔上的？浮力！

[1]

　　古時中國有大禹治水疏通江河的傳說，秦朝李冰父子帶領人民修建的都江堰河道，利用魚嘴淹水高度分流達到防洪兼灌溉的目的，至今還在發揮著作用。較為人少知的安徽歙縣之魚梁壩，在沒有鋼筋水泥之 *1400* 年前就知道利用「元寶栓」固定大壩之石塊，沿用至今。

安徽歙縣 魚梁壩（元寶在哪？）　四川成都 都江堰（魚嘴在哪？）　　　（旅遊中拍攝）

　　在西方，古羅馬人建造了大規模的供水通路系統。對流體力學學科的形成做出第一個貢獻的是古希臘的阿基米德（*Archimedes*），他建立了包括物理浮力定律和浮體穩定性在內的液體平衡理論，奠定了流體靜力學的基礎。阿基米德最有名的故事就是真假皇冠：國王請金匠用純金打造了一頂皇冠，做好了以後國王懷疑金匠可能造假摻了銀或銅在裡面，怎樣才能檢驗皇冠是不是純金的呢？阿基米德想了好久，一直沒有好方法。有一天他在苦思不解時，老婆放好洗澡水叫他洗澡，當他踏進浴盆裡時水位上升了，這使得他想到了：上升了的水位正好應該等於皇冠的體積，所以只要拿與皇冠等重量的金子，放到水裡，測出它的體積，看看它的體積是否與皇冠的體積相同，如果皇冠體積更大，這就表示其中造了假，摻了密度較低的金屬。阿基米德想到這裡，不禁高興的從浴盆跳了出來，裸著身體就跑了出去，邊跑還邊喊著「*Eureka*！（我發現了！）」。*（美國一個很有名的吸塵器牌子叫 Eureka)*。

Honey, EURIKA!

不過以阿基米德時代的測量技術，很難比較出皇冠與等重金塊的體積差異，即使有差異，也不能排除是實驗中誤差所致。考量當時之技術，如何證明皇冠之真假？據考據可能是用下列方法：把皇冠與等重量之金塊放在天平兩頭，再將天平置於裝水的容器中，哪端輕，則哪端體積大。若皇冠體積較大，便會因為浮力較大而翹起來。(金匠最後的下場令人擔心)

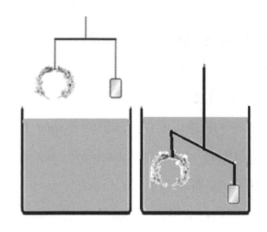

"Give me a place to stand and I will move the earth". 阿基米德在幾何學的研究闡明滑輪、支點、和槓桿裝置等基本原理，如今仍在使用。他對於數學的貢獻，被視為是最偉大的三位數學家之首，其餘兩位分別為牛頓和高斯 (我認為應該要有歐拉)，他被羅馬人殺死前，還在地上利用沙土深思數學問題。

誰不知道「蒙娜麗莎的微笑」和「最後的晚餐」？達文西（Leonardo Da Vinci）認為，藝術與科學、自然無可爭議地聯繫在一起。他研究自然、力學、解剖學、物理學、建築學、武器學等等，設計過自行車、直升機、潛艇、和坦克等機器，但由於缺乏可茲發展之環境，這些機器經過幾個世紀都無法實現。"Water is the driving force of all nature" - 在對流體世界的狂熱中，他的研究除了空中飛的水中游的外，還包括導出質量守恆定律，並用以解釋水波、噴流（jet）、水躍（hydraulic jump）等現象。他的天賦使他成為文藝復興時期人文主義的代表人物，與米開朗

基羅和拉斐爾並稱文藝復興三傑。小行星 *3000* 被命名為「李奧納多」。從剪刀、降落傘、到開啟工程學 - *"Like a man who awoke too early in the darkness, while the others were all still asleep."* ~ *Sigmund Freud.* (弗洛依德)

歷史上對流體力學有重大貢獻的包括有：托里賽利 *(Torricelli)* 發明氣壓計 *(barometer)*，牛頓（*Newton*）於 *17* 世紀導出運動方程式、流體黏滯力與速度變化之線性關係 (此類流體稱為牛頓流體)，他並導出非黏滯流體（*perfect or frictionless fluid*）之運動方程式。巴斯葛 *(Pascal)* 研究流體靜力學 *(hydrostatics)*，並建立巴斯葛定律 *(Pascal's law)*。伯努力（*Bernoulli*）、歐拉（*Euler*，請勿念成「尤拉」）、拉格蘭吉（*Lagrange*）、拉普拉氏（*Laplace*）等人解出很多非黏滯流體流場之問題。

記得國外唸研究所時，看過校園中最幽默的 *T shirt* 上印著： *"Albert: E=mC².* *Professor: B+. Good job Albert…but would you show your work?"* ；最酷的 *T shirt* 上印著" *e^{iθ}=cos θ +isin θ* "，是誰發明了 *f(x)*、*sin θ*、*cos θ*、 *e=2.718*、 *π* 、*i*…? 偉大的歐拉 *(Euler)* 生命中平均每周發表一篇論文，他從牛頓運動定律建立了流體力學裡的歐拉方程式。此方程式在形式上相等於無黏滯力的流體動量方程式。據說歐拉因為直接觀察太陽，雙眼先後失明。儘管人生最後七年，歐拉的雙目完全失明，他還是以驚人的速度產生了生平一半的著作。

與歐拉為好友的伯努力 *(Bernoulli)* 視研究勝於愛情，雖然出身名門但並未享受到親情，據說他父親甚至瓢竊了他的著作 *Hydraulica*，伯努力的主要著作是《流體力學》*Hydrodynamique*，發表於 *1738* 年，書中所有的結果都是一個原理的推論，也就是能量守衡。(伯努力方程式就是一個能量守衡定律)。之後科學家開始運用實驗方法而衍生流體力學之另一支 – 水力學（*hydraulics*），為現代水力、水文等工程學門建立了基礎。

皮托（*Pitot*）、黑根（*Hagen*）、帕遂（*Poiseuille*）、達西（*Darcy*）等人做了很多管路、水波、船體阻力等實驗。*19* 世紀時，科學家結合實驗水力學（*experimental* hydraulics）與理論水動力學（*theoretical hydrodynamics*），而建立現代流體力學之基礎。雷諾（*Reynolds*）提出一無單位參數 – 稱之為「雷諾數（*Reynolds number*）」之重要性。那福亞（*Navier*）及史多克（*Stokes*）將黏滯力加入運動方程式而導出 *Navier-Stokes* 方程式 *(*此即動量方程式*)*，但此方程式求解困難。此困難被 *20* 世紀最偉大之流體力學與熱傳學家普朗特（*Prandtl*）解決。普朗特提出「邊界層理論（*boundary layer theory*）」- 流體流經物體，在表面會形成一層薄層稱之為邊界層，只有在此薄層內黏滯力影響重要，而在此薄層外大部分之流場黏滯力不重要，固可假設為非黏滯流體，並可使用伯努力方程式及勢流 *(potential flow)* 簡化流場之描述。

　　19 世紀末，流體力學研究有兩個前述之互不相通的方向：一個是數學理論流體力學或水動力學，當時已達到較高水準，但其計算結果與一些實驗很不相符；另一個是水力學，它主要根據實驗結果歸納出半經驗公式，套用於實際工程上，但無理論基礎。普朗特的邊界層概念完美地把理論和實驗結合起來，奠定了現代流體力學的基礎。

　　普朗特在流體力學方面的其他貢獻有：風洞實驗技術與紊流理論，*1906* 年建造了德國第一個風洞，開創風洞模型實驗技術，推動了空氣動力學研究。他提出層流穩定性和紊流混合長度理論 *(mixing length theory)*，為計算飛行器阻力、控制流體分離點 *(separation point)* 和計算熱傳學等奠定了基礎。雖然他對納粹屠殺猶太人有所袒護，普朗特依然被視為空氣動力學和現代流體力學之父。

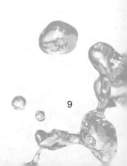

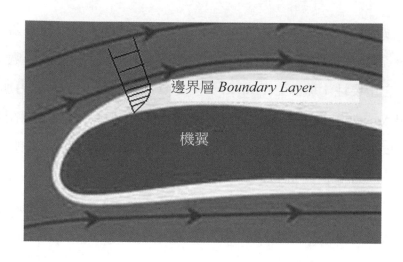

邊界層 *Boundary Layer*

機翼

20 世紀其他偉大的流體力學學者包括馮卡門（*von Karman*）及泰勒（*Taylor*）等人，在黏滯流、邊界層、紊流等方面均有不可磨滅之貢獻。馮卡門的學生錢學森 *(Tsien)* 因為研究飛彈之紊流理論在冷戰時期麥卡錫主義下被美國政府起訴並軟禁，軟禁期間美國政府不讓他接觸任何科技研究，他幽默地說：「不讓我做研究，我會在這裡（用手指著頭）發展」，後來周恩來用換俘之計將其與韓戰 11 名被俘之美軍飛行員互換，歸國後為中國發展飛彈、火箭、以及原子彈。之後美國總統艾森豪承認犯了一個嚴重的錯誤 *(LOL！)*。

自 ~1990 年以來，因高速計算機之長足進步，而發展出以數值分析的方法解析複雜流場之問題，此稱為計算流體力學（*computational fluid dynamics*， *CFD*）。*CFD* 的發展主要貢獻者是斯伯丁 *(Spalding)*。在 20 世紀 80 年代，斯帕丁撰寫了一本關於「燃燒和熱轉移」的書，開啟了計算流體動力學之發展。他是計算流體動力學和熱傳遞公司 *CHAM* 的創始人。*CHAM* 的主要產品是廣泛使用的 *PHOENICS* 程式代碼。斯伯丁與他的學生 *Patankar*，一起開發了 *SIMPLE* 演算法，這是一個廣泛使用的數值程序來解決複雜流體動量的 *Navier-Stokes* 方程式之方法。現今常用之 *CFD* 軟體有 *PHOENIX*、*CFD2000*、*ANASYS*、*FLUENT(* 已合併入 *ANSYS)* 等。

流體力學的現象在混屯洪荒開天闢地時就已存在，但人類花了數千年才逐漸瞭

解衪一小部分的世界，才有我們今日應用流體力學產生之便利與進步的生活。

Enjoy the art and beauty of Fluid Mechanics. I hope this book is a non-friction fiction for you to grasp. Have fun！

A fly machine by Da Vinci[2]

參考資料

[1]   *How The Great Pyramid Was Built*，*https://www.panjury.com/verdict/this-is-how-the-pyramid-was-built*

[2]. *Leonardo Da Vinci's Dream of Flying*，*https://www.leonardodavinci.net/flyingmachine.jsp*

目錄 CONTENT 流體力學

【目錄】

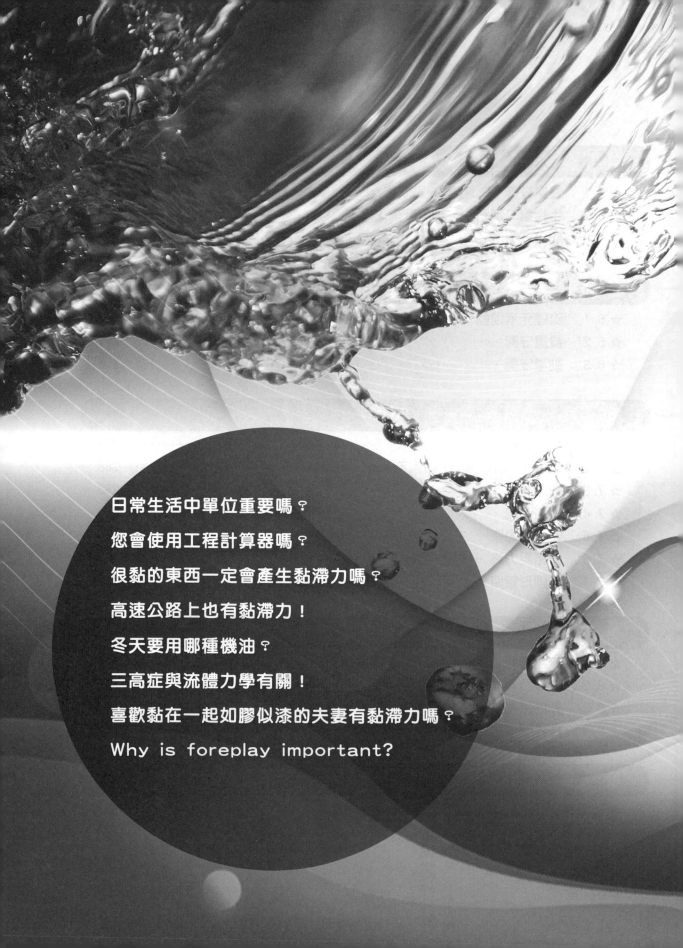

日常生活中單位重要嗎？

您會使用工程計算器嗎？

很黏的東西一定會產生黏滯力嗎？

高速公路上也有黏滯力！

冬天要用哪種機油？

三高症與流體力學有關！

喜歡黏在一起如膠似漆的夫妻有黏滯力嗎？

Why is foreplay important?

1

流體特性簡介

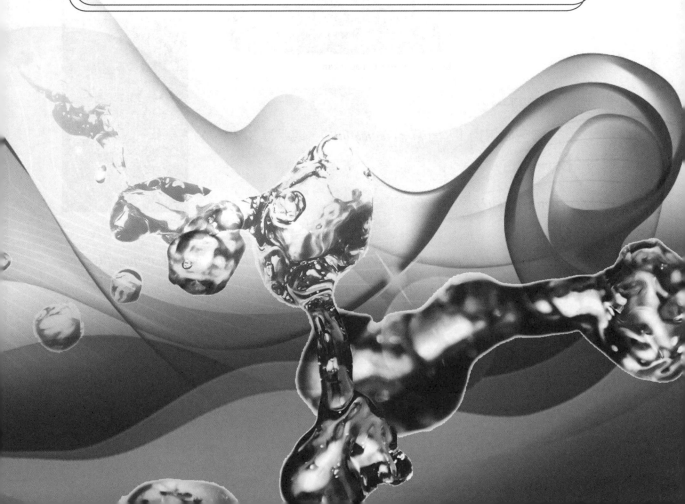

因次（*dimensions*）與單位（*units*）

（改繪自 The Far Side 漫畫）

Units are VERY important !

（手機 APP）

練習題一：

讀者若使用過工程計算器 *(calculator)*，或手機 *APP*，請算出 $sin(\pi/2)$。

What？ *0.027*？ $sin(\pi/2)$ 不是 *1* 嗎？

"Do not use dishonest standards when measuring length, weight or quantity. Use honest scales and honest weights, an honest ephah and an honest hin. I am the Lord your God, who brought you out of Egypt." - *Leviticus19*：35-36

任何工程問題所計算之物理量必須詳細規範其定義，重視任何物理量之單位

是做為一個工程師之基本訓練。「因次」是表示一個物理量之基本組成的特質。確定物理之基本量後，所有可測量之物理量都可以用基本量的組合形式表示，此稱為「單位」。流體力學中所遇到之因次有四種，所有之物理量都可以用此四個互為獨立 (互不相通) 之因次表示之：

長度（L） 質量（M） 時間（T） 溫度（Θ）

因此對於任意物理量，皆可表示為因次式之組合，因次式的表示方法與數學上次方的計算是相同的，例如速度為長度除以時間，則速度的因次式可以寫為：

$$[V] = LT^{-1}$$

而加速度為速度除以時間，其因次式可以表示為：

$$[A] = [V]T^{-1} = LT^{-1}T^{-1} = LT^{-2}$$

能量則可以表示為：

$$[E] = [F]L = M[A]L = MLT^{-2}L = L^2MT^{-2}$$

弧度是圓弧的長度除以其半徑，其因次式可以表示為：

$$[\theta] = LL^{-1} = L^0 \ (\text{無單位！ 例如 } 2\pi，3.14)$$

角速度是單位時間經過之弧度，角速度的因次式可以表示為：

$$[\omega] = L^0T^{-1} = T^{-1}$$

此四個因次可以描述各種物理量的單位，現今最常使用的單位為國際度量衡會議於 1971 年制訂的 SI 標準單位，示於下表。(本書只使用 SI 單位)

主要因次（*principle dimensions*）	單位（*SI units*）
質量 *Mass{M}* 或力 *Force{F}(F=MLT⁻²)*（此二因次非獨立，因為可以相通）	公斤 *kilogram(kg)* 或牛頓 *(N)*
長度 *Length{L}*	公尺 *meter(m)*
時間 *Time{T}*	秒 *(s)*
溫度 *Temperature{Θ}*	凱文 *(K)*

小叮嚀：

1. 100℃唸做 100 degree Celsius 或 100 degree C，400 K 唸做 400 Kelvin，而且不能寫成 400°K

2. 需要大寫的單位有 N、J、K、℃、Pa、W、MeV（百萬電子伏特）等，小寫的有 m、s、kg 等。

利用此四個基本單位可以導出工程上甚至日常生活中使用之單位有：

「牛頓 *Sir Isaac Newton*」(力) 之定義為「質量乘上加速度」：

force of 1 newton (N) = 1 (kg · m/s^2)

「焦耳 *James Joule*」(功) 之定義為「力乘上移動之距離」：

energy of 1 joule (J) = 1 (N · m)

「瓦特 *James Watt*」(功率) 之定義為「單位時間之能量」：

power of 1 watt (W) = 1 (J/s)

「壓力」之定義為「單位面積上之 (垂直) 力」：

pressure of 1 pascal 巴斯葛 *Blaise Pascal (Pa) = 1 (N/m^2)*

「黏滯係數」之定義 (請看此章)

coefficient of viscosity = kg/m·s

「比熱」之定義為「單位質量每升高 *1 K* 所需之能量」：

specific heat (c$_p$) = J/kg·K = m^2/s^2·K

「密度」之定義為「單位體積之質量」：

density：ρ= kg/m^3 (ρ 唸做 row)

「比容」之定義為「單位質量之體積」：

specific volume： v =1/ρ= m^3/kg

「比重量」之定義為「單位體積之重量」：

specific weight： $\gamma = \rho g$ (γ 唸做 *gama*)

g 為重力加速度， *g = 9.81 m/s²*

「比重」之定義為「任何物質的密度與水的密度之比值」：

specific gravity： *S.G.* $= \rho/\rho_{H2O}$ (無單位)

計算任何公式時，每一項均使用 *SI* 單位，則得出答案一定也是 *SI* 單位。

例題：如何將 *rpm (round per minute* 每分鐘幾轉 *)* 轉換為 *SI* 單位？

解：分鐘、轉、*rpm*、…不是 *SI* 單位，但秒、弧度 (無單位) 是 *SI* 單位，所以將 *rpm* 改寫成角速度 *ω:*

$$N\,(rpm) \rightarrow N\,(rpm) \times 2\pi/60 \rightarrow \omega = \frac{N\pi}{30}\ (1/s)$$

角速度乘上半徑就是圓弧上之速度，台電的電是 *110 Volt*，*60 Hz*，用 *SI* 單位：

V(t)=110sin(120 π t) Volt.

小測驗：請問水的密度為何？

若您的答案是 *1*，請再思考密度之定義：單位體積 (一立方公尺) 內之質量，所以一立方公尺 (大約是洗衣機體積) 內裝滿水只有一公斤之質量嗎？ *(1000 kg/m³)*，叫我密度，不是比重！

（改繪自侏儸紀公園漫畫）

練習題二：

(a) 你多重？ *(b)* 腦筋急轉彎：*What does it read when Sir Isaac Newton stands on a big one square meter weight scale?*

練習題三：

汞（水銀）之比重為 $S.G._{Hg} = 13.6$，求其密度。

※ **例題：** 證明第三章伯努力方程式（*Bernoulli equation*）中每一項之單位相同。

(p(壓力)、ρ(密度)、u(速度)、h(高度)、g 重力加速度。)

$$p_o = p + \frac{1}{2}\rho u^2 + \rho g h = C$$

解：

$$\{N/m^2\} = \{N/m^2\} + \{(kg/m^3) \cdot (m^2/s^2)\}$$
$$+ \{(kg/m^3) \cdot (m/s^2) \cdot (m)\}$$

$$(kg/m^3 \cdot m^2/s^2 = kg/m \cdot s^2 = kg \cdot m/s^2 \cdot 1/m^2 = N/m^2)$$

故每項單位均相等。

小叮嚀：

等式兩端所有項之單位均需相同，若有任何項單位不同，此方程式絕對是錯的，也建議隨時檢查單位，任何計算結果均須附上單位。例如上例伯努力方程式中每一項（包括常數 C）都具有壓力或剪應力之單位，Pa 或 N/m^2，故其物理意義即為單位面積上所受之力，所以此方程式代表壓力或剪應力之平衡，不止如此，假如將上式每一個單位分子分母都乘上一個公尺 m，

$$\frac{N}{m^2} = \frac{N \cdot m}{m^2 \cdot m} = \frac{J}{m^3}$$

此單位顯示伯努力方程式每一項都代表「**單位體積之能量**」或「**能量密度**」，所以此方程式是代表一個**能量守衡之觀念**。從單位中往往能了解方程式隱含之物理意義，在忘記公式時，把單位湊一湊往往會得到正確的答案。

流體之特性－黏滯力（*viscous force*）與黏性 *(stickiness)*

練習題四：

問： 水與油之密度相仿，為何其流動特性相異？流體之黏性與黏滯力意義一樣嗎？

在美國紐約上州 *Troy* 求學的第一個冬天，一日早上發動不了掛西岸車牌的二手老爺車，電瓶還有電，拖吊到修車行後修車師傅笑問：*"What engine oil did you feed her*？" 讀者認為問題出在哪？

黏性就像是「黏稠度」或「分子的的吸引力」。因此，水是「稀薄」的，黏性較低，而機油是「濃稠」的，黏性較高－黏性是物質之特性。不同於黏性，黏滯力只存在於速度不平均(流動變形)之流場中，是一種流動時之現象。例如，番茄醬因為其結構濃稠固有高「黏性」，但其靜置時無任何速度差異而無黏滯「力」產生；

（**改繪自 The Far Side 漫畫**）

反之，若要將其倒出，則須用力向下抖動使番茄醬產生「速度差異之變形」才能倒出，此力則為「黏滯力」－黏滯力讓流體產生「變形」。所以黏滯力的兩個因素就是本身的「**黏性**」與流動時「**速度不平均造成變形**」，缺一不可。

"Three tomatoes are walking down the street. Baby tomato starts lagging behind. Poppa tomato gets angry, goes over to the baby tomato, and squishes him... and says, ′Catch up.′ "
~ Uma Thurman in "Pulp Fiction"
（黑色追緝令）
(..and John Travolta almost laughed.)

[1]

「理想流體 (非黏滯流體)」*(ideal, perfect, non-viscous, inviscid, non-friction fluid)* 沒有黏性，真實流體都有黏性，會「黏在」邊界物質上拖慢速度。離邊界較遠處速度不受影響為等速，此等速區域中，即使流體很黏，還是沒有黏滯力而可假設為非黏滯流體。

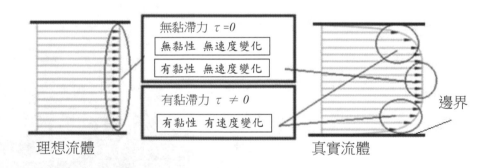

無黏滯力 $\tau = 0$
無黏性 無速度變化
有黏性 無速度變化

有黏滯力 $\tau \neq 0$
有黏性 有速度變化

邊界

理想流體　　　　　　　　　　　真實流體

「剪應力」*(shear stress,* τ *，念做 tau) (N/m²)*，單位與壓力一樣，但施力平行於表面。固體與流體對於剪應力之反應大不相同：

固體：固體受力時之「變形角度」*(deformation angle)* 正比於施力，就像彈簧之「虎克定律」*(Hooke′s Law)*，如圖 *1.1* 所示，即「變形角度」θ 正比於外力。

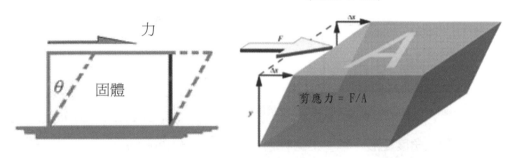

固體受力之變形
(Hooke's law)

θ 固體

剪應力 = F/A

圖 1.1 固體之變形角度正比於施力

　　流體（液體或氣體）：不同於固體，剪應力施於流體時，流體之變形角度會隨時間一直增加，而此角度之「變形速率」與流體之黏稠度相反，也就是在同樣時間內越黏的流體變化之角度較小，越不黏的流體變化的角度就越大，如圖 *1.2* 所示，流體中因剪應力而產生之變形就像書本中頁數之滑動，兩接觸頁面間之剪應力乘上頁面面積就是力－流體「**摩擦力**」。

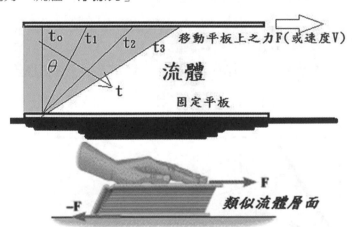

t_0　t_1　t_2　t_3　移動平板上之力F（或速度V）

θ

流體

t

固定平板

F

-F

類似流體層面

圖 1.2 流體變形角度對時間之變形率（deformation rate）正比於施力

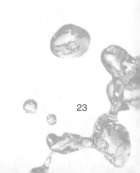

由實驗得知，固體在虎克定理下，「變形角度」正比於施予之剪應力，如圖 *1.3* 所示：

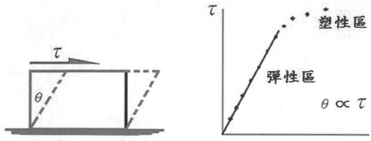

圖 1.3 實驗證明固體變形角度正比於施予之剪應力 τ

而流體之**角度變形「率」**正比於施予之剪應力，如圖 *1.4* 所示：

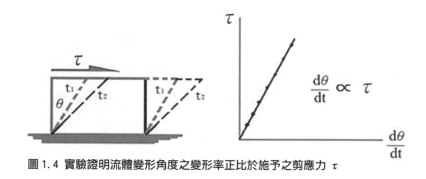

圖 1.4 實驗證明流體變形角度之變形率正比於施予之剪應力 τ

練習題五：

　　兩平板之間流體由靜止，然後被上端平板拉動而變形，有三種流體(空氣、水、蜂蜜)在同樣時間 t_1 內之變形角度如下圖。請問此三種線條各為何流體？

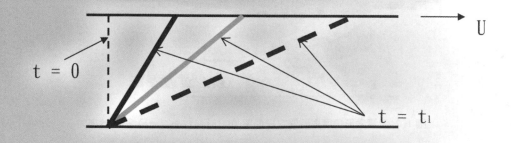

腦內實驗：假如兩平板間有一層薄薄的水，若於上板施予一力 *F*，此板會以一等速 *U* 而無加速度移動嗎？若無加速此外力 *F* 與何力抵消而達到平衡？與兩平版接觸的水會黏在板子上，所以水的速度最可能分佈的狀況為何？*(圖 1.5)*

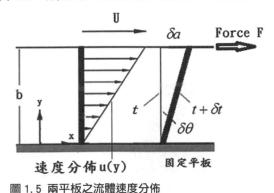

圖 1.5 兩平板之流體速度分佈

　　流體與上下板之連接處均無相對速度 *(就像黏上去一樣)*，故連接處流體之速度分別為 *U* 及 *0*，此稱為「**無滑動條件 (現象)**」（*no-slip condition*）- 流體不會在物體上滑動，如圖 *1.5* 所示。在界面處，流體和固體之間的吸引力將界面相對速度降為零，此現象相當於車輛於行進中，若不煞車，則輪胎與地面接觸之點的速度為零，當煞車時，輪胎就會相對於地面「滑動」*(slip)*，**這在流體中是不會發生的。**
(However, a "no-sleep condition" is rare in any of my fluid mechanics classes.)

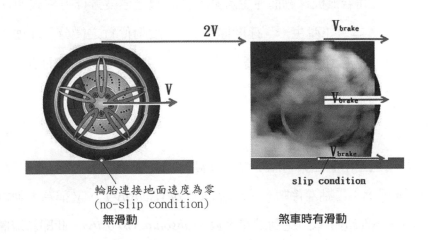

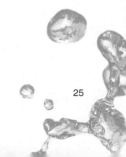

小叮嚀：

無滑動條件或現象，可用來當作解速度微分方程式之「邊界條件」（*boundary condition*），此為黏滯流體（真實流體）之特殊現象。

無滑動現象之物理意義：流體可視為無數連續之「小元素」*(parcels)* 所構成，與物體表面連接之流體小元素會陷入表面微觀之縫隙中，直到被其他流體小元素取代，但流體為連續物質，故連接物體表面之流體，在表面之切線方向之速度為零，如下圖所示。

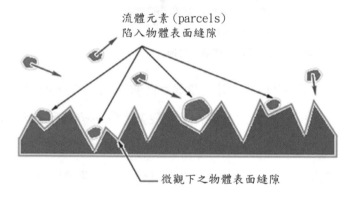

流體元素（parcels）
陷入物體表面縫隙

微觀下之物體表面縫隙

移動平板兩板間之剪應力 *(冰的可樂罐在玻璃桌上為何會輕易移動?)*

流體在兩板之間若上板移動而產生流動，其流體之速度分佈方程式 *u(y)* 為線性，就像圖 *1.1* 的書本，並產生一「速度梯度」- 速度對位置之微分，即速度分佈方程式在 *y* 方向 *(垂直於速度方向)* 之斜率。牛頓發現，對多數流體而言，不同速度之平面間剪應力與速度梯度之關係可表示為 *(附錄 I.1)*

$$\tau = \mu \frac{du}{dy} \tag{1.1}$$

(是不是與前述之兩個因素有關?等速流體有剪應力嗎?)

μ（唸做"*mu*"）：「黏滯係數」（*coefficient of viscosity*），又稱為「動力黏滯係數」（*dynamic viscosity*）或「絕對黏滯係數」*(absolute viscosity)*，**此即為流體「黏**

性」之大小，單位是 $N \cdot s/m^2$，$Pa \cdot s$ 或 $kg/(m \cdot s)$，工業中常用 poise (P)，

$1\ poise = 1\ g/cm \cdot s$

故 $1\ Pa \cdot s = 10\ P$

單位練習 :(1.1) 式等號兩邊單位需相等，故

$N/m^2 = (\tau)((m/s)/s) \rightarrow$ 所以 τ 之單位為 $(N \cdot s/m^2)$，或以 Pa 或 kg 表示之單位。

若定義 $\mu / \rho = \nu$（唸做"nu"）:「運動黏滯係數」（kinematic viscosity），單位是 m^2/s，此單位非常有趣，好像與黏性沒有關係，只代表每秒鐘有多少 (擴散) 面積，亦可解釋為傳輸「某種物理量」之能力，密度越大 ν 越小越不容易傳輸 (在緊實的物質中越不容易推動能量、動量等，水與空氣哪個傳熱快？)，故又稱為「**擴散係數**」。此係數是流體力學與熱對流之間的橋樑 (見第八章)。

(1.1) 式稱為「**牛頓黏滯力方程式**」(Newton's viscosity equation)，將流體之剪應力巧妙地與速度梯度連接，是流體力學中最重要的方程式之一。由上述方程式，就可得出任何在平行於速度方向平面間之摩擦力，$F = A\mu \triangle v/ \triangle y$，$A$ 為接觸之兩平面之面積，$\triangle v/ \triangle y = dv/dy$，如下圖所示 :

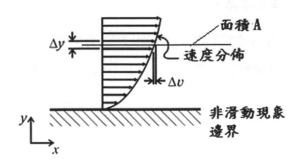

至於此剪應力 (摩擦力) 所施予之方向，取決於觀測者之區域及其緊鄰外界之流體相對速度，如下圖所示 :

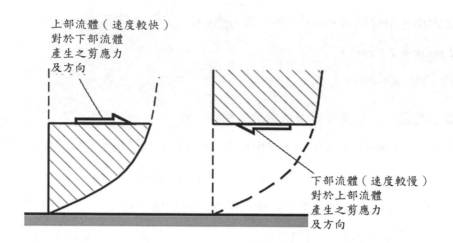

上部流體（速度較快）
對於下部流體
產生之剪應力
及方向

下部流體（速度較慢）
對於上部流體
產生之剪應力
及方向

小叮嚀：

此方程式之應用（見 1.3）為：

1. 知道流體之剪應力 τ 時，可將 du/dy 項積分，而得到速度分佈 $u(y)$。

2. 由速度分佈 $u(y)$，將其對位置 y 微分，就可得到剪應力 τ 之分佈。**微分時若取 y = 0（流體邊界之接觸面上），所得到之剪應力稱為「牆壁剪應力」(wall shear stress) τ_w，乘上與流體接觸面積，就是「摩擦力」，也是造成管路牆壁上能量損失的主要來源。**

所以讀者應可回答前述之問題：平板以 F 之力拉動，但為何無加速度？由於移動平板「黏住」與其接觸之流體，產生速度梯度，及剪應力（摩擦力），此在板面上產生之摩擦力與造成移動平板之外力相等，方向相反而抵消，故平板能夠以等速前進。

牛頓流體與非牛頓流體

當 (1.1) 式成立時，流體之剪應力與速度梯度呈比例關係，如圖 1.6，稱之為「牛頓流體」（*newtonian fluid*），其斜率即為黏滯係數（為一常數）。反之，若無此線

性關係，此類流體稱之為「非牛頓流體」（*non-newtonian fluid*），如瀝青、熔融狀態的塑膠、聚合物溶液、懸浮液（比如血液）、牙膏、強力膠、水泥漿等。常見流體之動力黏滯係數與運動黏滯係數示於圖1.7 [2] 與 1.8 [3]。

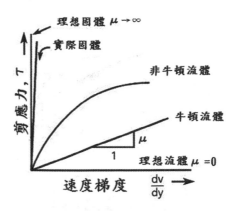

圖 1.6 牛頓流體之剪應力與速度梯度之關係

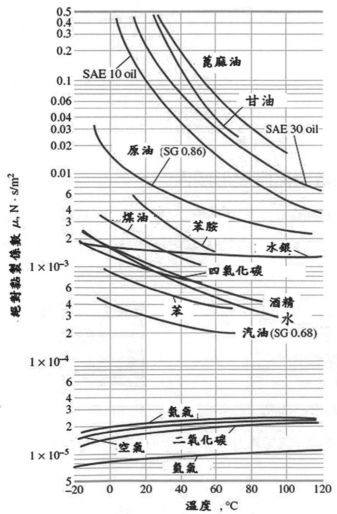

圖 1.7 流體之絕對黏滯係數 *absolute viscosity*

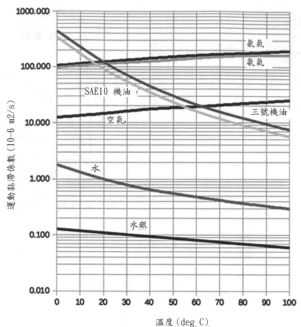

圖 1.8 流體之運動黏滯係數 *kinematic viscosity*（注意液體與氣體對於溫度之變化趨勢相反，而且氣體之擴散係數一般而言遠大於液體）

黏滯係數與流體變形關係

當流體遭受同樣外力 *F*(或剪應力) 時，黏滯係數越大的流體越不會變形，速度梯度(改變) 也越小，流體間的剪應力就像發生在書本一層一層的頁面上，如下圖所示。

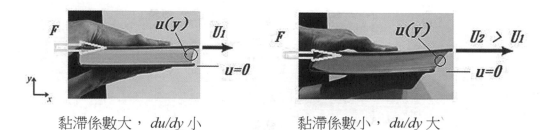

黏滯係數大， *du/dy* 小   黏滯係數小， *du/dy* 大

牆壁與流體之間之剪應力 τ_w 及其方向，取決於觀測點，如下圖為流體感受之剪應力方向：

一般生活常見之流體絕對黏滯係數大小比較如下圖所示：

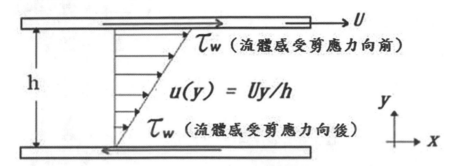

τ_w（流體感受剪應力向前）

$$u(y) = Uy/h$$

τ_w（流體感受剪應力向後）

腦筋急轉彎: *A cat and a kitten are crawling on a steep roof... which falls off first?*

The kitten.

(It has a smaller mu~mu~mu~)

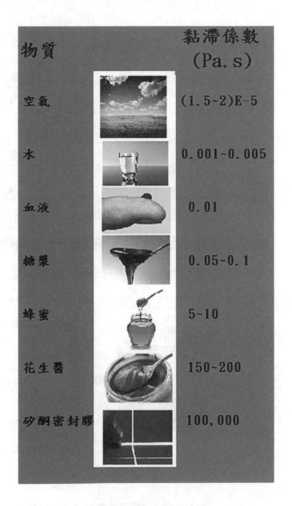

物質		黏滯係數 (Pa. s)
空氣		(1.5~2)E-5
水		0.001~0.005
血液		0.01
糖漿		0.05~0.1
蜂蜜		5~10
花生醬		150~200
矽酮密封膠		100,000

黏滯力之物理意義：

以巨觀而言：黏滯力（摩擦力）就是不同速度流體間的「動量傳輸率」，例如在兩人三腳比賽中速度較快的，就會拉快較慢的（同時也傳輸動量），也就是兩人間因動量傳輸而產生摩擦力，反之亦然，而黏滯係數（或黏性）就像兩人腳上繩子的鬆緊度，兩人速度不同時才顯得重要。

練習題六：（腦內實驗）

兩輛平行之運煤小火車，A 車靜止，B 車在 x 方向以速度 u 前進，並有個頑皮小孩以 v 速度在 y 方向丟擲煤塊至 A 車，在完全無鐵軌摩擦力之假設下，A 車會動嗎？

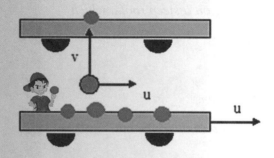

氣體：氣體之黏性是由於氣體分子之間碰撞，造成「動量傳輸」而產生，（如圖 1.9），有速度（動量）之彈子把動量傳輸給其他彈子。而氣體分子之速度（以及分子間碰撞機率）正比於溫度，故溫度越高黏性越高。

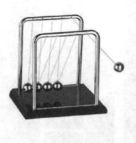

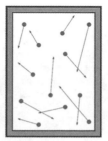

溫度低
氣體粒子速度慢
碰撞機率低

溫度高
氣體粒子速度快
碰撞機率高

圖 1.9 彈子碰撞及氣體粒子之動量傳輸

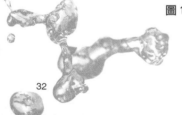

液體：液體的分子以「長鏈」（*long change*）組成，如圖 *1.10* 示。各長鏈中之個別分子鍵雖然堅固，**但長鏈與長鏈間之吸引力相較薄弱，此吸引力即「凝聚力」**（*cohesion force*），**液體之黏性乃由於長鍊與長鍊間之凝聚力所造成**，就猶如兩人三腳之綁帶。溫度增加時，長鏈間之凝聚力因震動而減低，黏性亦降低。

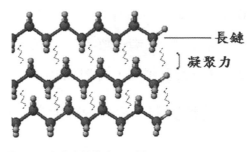

圖 1.10 液體長鏈構造及長鏈間之凝聚力

　　以**微觀**而言，黏性在氣體與液體中產生之原因完全不同，但運動時（**以巨觀而言**）產生黏滯之結果是相同的。

黏性與溫度之關係：

　　當溫度增加，氣體分子之能量與動量均增加，分子間之碰撞機率增加，使得動量傳輸率亦增加，故黏性增加。對於液體，分子長鍊間之凝聚力隨溫度增加而破壞，黏性亦隨之減小，如圖 *1.7*、*1.8* 所示。*(故冬天應該使用哪種機油？)*

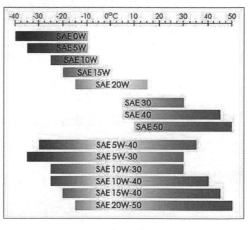

圖 1.11 美國汽車工程學會（SAE）制定之機油黏度等級

　　美國汽車工程學會 *(SAE)* 特別依溫度之不同而制定各種不同機油黏度等級規範，詳如圖 *1.11* 所示 *[4]*：

　　由圖上來看，上半部分為單級機油。越靠左側代表冬季使用的機油，越靠右側代表夏季使用的機油。橫跨兩側者 *(*下半部份*)*，機油剛好同時符合夏季和冬季使用的標準，即為「複級機油」。單級機油黏度隨溫度之變化較大，複級機油變化較小在低溫下都夠稀薄，而使得引擎易於發動，而在高溫時仍夠黏稠以提供穩定之油膜。黏度標示的 *W* 為英文 *Winter* 冬季的意思，代表「低溫黏度」值，用以判

斷低溫啟動時的難易：如 *0W*、*5W*，一般而言，級數越小油越稀，引擎就越容易發動；黏度標示後者之數字用以判斷「高溫環境」*(* 在 *100*℃ *)* 下的油膜韌度，如 *SAE 20*、*30*，級數越高，代表機油越黏。

生活實例：高速公路上之流體力學

在高速公路上，如果大家都以等速前進時，這就是「非黏滯流體」的觀念，無任何阻力或摩擦剪應力。若遇上路隊長或有人不保持車距時，車流間就產生速度差異，假如產生擦撞或車禍，那就更是「動量之傳輸」，這就是黏滯力，假如有人任意變換車道或蛇行，就像在車陣中產生「漩渦」，就相當於流體產生「紊流」*(* 相對於「層流」，見第七章 *)*，摩擦力就更大，這就是高速公路中之流體力學。「塞車」就是流場中發生很大之黏滯力，造成流體運動時之能量損失，這就是「壓力降」，當道路維修或發生車禍時，就像血管中之血脂肪或動脈瘤，造成血液不通，以及造成血壓上升 *(* 增加壓力降 *)*，此上升之血壓乃是心臟必須克服血管內之阻力，增加心臟之負荷，這就是血管的流體力學。另外例如夫妻之間，夫唱婦隨，如膠似漆，長相左右 *(* 黏性很大 *)*……，但夫妻間因為無速度差異而無黏滯力，這就是「非黏滯流體」之觀念，以流體力學眼光看來，夫妻之間無任何動量傳輸，*Nothing happens！*這是流體力學無法解釋人類行為之處 *(* 無動量傳輸時，可否有質量傳輸？*LOL!)*。

(Traffic)
Can you find viscosity on freeways？
（改繪自美國 NTSB 照片）

(turbulence)

生活實例：血液之黏滯係數與黏滯力

我們身體內血液的流動就是被血壓、血液黏滯係數、及血管厚度等因素控制。血液是為了將氧及養份帶至身體各部位，再將身體各部位所產生的廢物循環到腎臟交換滲透，因此必須維持一定的流量及所需之傳動力，而血液在血管中流動，會因為流體黏滯力的作用，在血管壁面產生與血流方向相反的摩擦阻力（此能量損失稱為「主要壓力損失」，見第七章），且血管遍布全身，分成大血管、中血管與微血管等，血管的粗細改變、彎曲、分歧等也會產生額外的流動阻力（此能量損失稱為「次要壓力損失」），這些阻力會阻止血液順暢流動，就像輸油管路或輸水管路一樣，必須靠加壓裝置以克服流動阻力，而血液的加壓裝置就是心臟。在血管之截面上，除管壁上之 *no slip condition* 外，血液大部分是近乎均勻速度流動，若血管內壁有阻塞或狹窄情況，或血液較黏稠（黏滯係數變大），其內部血液之速度在血管截面上就不均勻（速度梯度變大），尤其靠近管壁之流速變慢靠近中心變快，此兩因素（黏滯係數與速度梯度均增加）造成血液與血管壁間之牆壁剪應力（摩擦力）增加，若血管之管壁變厚，血液流速會加快，導致血管上游和下游之壓力差增加，血液流動阻力增加。故三高血管黏滯力增加的原因有二：靜態方面血液內紅血球增加，醣類與脂質累積造成黏滯係數變大，血管壁變厚；以及動態方面由於血管變窄而造成血液之速度梯度增加。此二原因相乘之下，猶如 *(1.1)* 式所述造成心臟負荷增加。

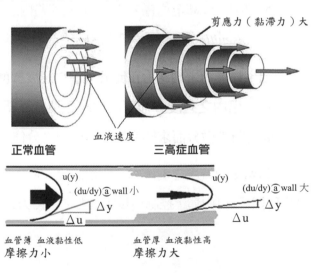

牆壁剪應力 *wall shear stress* － **磨擦力來源**

1.3

牛頓黏滯力方程式應用：
平板流體 – 庫耶（*couette*）流場

水為何會流動？任何流體若會流動，一定有其流動之驅動力。。流體在管路內產生流動的方法，依其驅動力之不同，分為兩類：

1. 由於邊界移動，例如兩平板之間因其中一平板移動而產生之流場，附著於移動平板之流體因為必須滿足非滑動現象，故會與平板同步流動，然後再拉扯緊鄰之流體，最後使全部流場都有速度，此類流動稱之為「庫耶」（*Couette*）流場 *(紀念法國物理學家 Maurice Couette)。*

2. 由於管路內有壓力降（*pressure drop*），即管路之源頭提供一高壓設備 *(幫浦、壓縮機、或甚至位置)*，就會造成管路內之流體流動，此類流動稱之為「帕遂」（*Poiseuille*）流場。*(紀念法國物理學家 Jean Poiseuille)(見第七章)*

因牛頓流體之剪應力正比於流體之速度梯度 $\tau \sim du/dy$，

故流場內之速度分佈可由剪應力積分而得之；反之，若已知流場內之速度分佈，則可將其微分而求得流場內剪應力之分佈。

例如知道流場之剪應力，庫耶流場流體於兩平行平板內，上板以速度 V 移動，則可以下列自由體 *(控制容積)* 上力之平衡方式求出流場之速度分佈。*(附錄 I.2)*

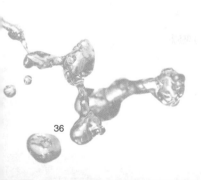

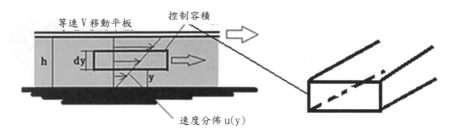

圖 1.12 兩平板間之庫耶流場速度分佈

速度分佈為：$u(y) = (\frac{V}{h})y$

此速度分佈為線性方程式。反之，將上式微分可得

$$\tau = \frac{V\mu}{h} = const.$$

故兩平板間庫耶流場流體任何層面之剪應力在任何高度均為一常數，將此剪應力乘上接觸面積就是摩擦力。產生於流體與移動平板間之摩擦力，就抵消拉動平板之外力 F，而使之無加速度。

練習題七：

雪橇在冰與滑刀間的溶化薄水層上滑動，當雪橇的速度為 *10 m/s* 時，作用在滑刀上之水平力為 *5 N*，兩側滑刀與水的接觸總面積為 *0.01 m²*。假設在水層內為線性速度分佈，決定在滑刀下方水層的厚度。

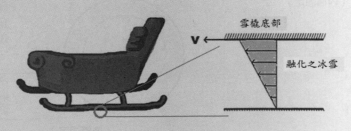

黏滯係數之測量

圓筒旋轉式黏滯計（viscometer）

　　液體絕對黏滯係數之測量，一般使用兩同心圓筒，一圓筒固定一圓筒旋轉，固定圓筒用「力矩計」*(torque meter)* 固定，而旋轉圓筒用馬達旋轉，因兩圓筒間之流體對於圓筒施予黏滯力，圓筒固定所需之力矩可用力矩計量測出，用此力矩就可計算出流體之黏滯係數。

(力矩＝力✕力臂 *)*

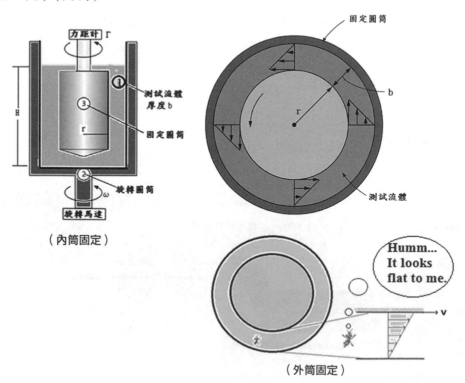

（內筒固定）

（外筒固定）

因間隙 b 極小，若您將自己想像成一隻小螞蟻，看到兩圓筒間之流場就不再是曲面，而是兩平板間之庫耶流動，故

$$\mu = \frac{\tau b}{U}$$

其中 $U = r \times \omega$，ω 是馬達之旋轉角速度 (單位 $1/s$)，r 是力臂 (圓筒半徑)

$$\tau = \frac{F}{A} = \frac{T/r}{A} = \frac{T}{r(2\pi r H)}$$，T 是測量之力矩，F 是黏滯力。

故 $\mu = \dfrac{Tb}{2\pi r^3 H \omega}$

氣體之黏滯係數一般無法用實驗測量，必須使用氣體運動模型之理論預測。

練習題解答

練習題一

注意您計算器螢幕上方有個小小的”DEG”或”D”嗎？這代表是用角度 (degree) 計算，$sin(90^\circ) = 1$，但 $sin(\pi/2) = sin(1.57^\circ)$(用 degree) = 0.027

所以若使用弧度時 $(\pi，1.57，……)$，必須將計算器換到 "RAD" 或”R”，一般是按 "Mode"，選擇 "RAD"，這時 $sin(\pi/2) = 1$。一般開機時大多是”DEG”。在工程計算時，此類錯誤往往產生「差之毫釐謬以千里」之結果，習工程者不得不慎。此例代表學習工程時對於「單位」一定要小心以對。

練習題二：

解：(a) 640 N (重 65 公斤？我問的是重量噢！)

(b)It reads Blaise Pascal.

練習題三：

解：$\rho_{Hg} = (13.6)(1000\ kg/m^3) = 13.6 \times 10^3\ kg/m^3$

練習題四：

解：機油黏滯係數遠大於水。簡言之，「黏性」是流體之物理特性，「黏滯力」是造成流體運動變形時之摩擦力。

練習題五：

解：黑線＝蜂蜜，灰線＝水，虛線＝空氣

練習題六：

解：會

任何時候煤塊每單位體積都具有 x 方向的動量 ρu，掉到 A 車時（假設馬上與車黏住而無滑動），就把此動量加到 A 車上，傳輸之速率正比於 y 方向之速度 v，故垂直於 y 方向的單位面積上每秒鐘傳輸之「x 方向」的動量為 ρuv $((kg \cdot m/s)/(m^2 \cdot s),$ 或 N/m^2 — 此單位與黏滯剪應力完全相同！），故**摩擦力就是「動量之傳輸率」**。

練習題七

解：水層之流動類似於兩平行平板間之庫耶流場，上平板（雪橇滑刀）移動

$$F = \tau A = \mu \frac{V}{d} A = 5\ N$$

$$\therefore d = \frac{\mu V A}{F} = \frac{(1.68 \times 10^{-3})(10)(0.01)}{5}$$

$$= 3.4 \times 10^{-5}\ m$$

習題

1.　對於流動的水，請問會產生剪應力為 *1.0 N/m²* 情況之速度梯度為何？

　　Ans： $\dfrac{du}{dy} = \dfrac{\tau}{\mu} = 1000\,(1/s)$

2.　流體之雷諾數 *(Reynolds number)* 之定義為

　　$Re = \dfrac{\rho U d}{\mu}$

　　其中 *d* 為管路之直徑，水及空氣分別流經直徑 *4 mm* 的圓管，假設平均流速均為 *3 m/s* 且溫度為 *30℃*，若空氣處於標準大氣壓狀態，試計算兩例之雷諾數。

　　Ans： *Re (water) = 12000*， *Re (air) = 638*。

3.　金瓜石黃金博物館內之金塊約 *220 kg*，*(a)* 若欲提起該金塊需施予多大之力？*(b)* 若金塊為正六面體，則邊長為何？*(c)* 若此金塊放置於完全平滑之平面上，中間有一層 *0.05 mm* 之薄膜水，若欲以 *0.1 m/s* 之速度水平移動此金塊需要多少力？

　　Ans： *(a) 2156 N*， *(b) 0.23 m*， *(c)* 只要 *0.1 N*，*Surprise*！*(* 所以知道為何冰可樂罐會移動了吧 *?)*

4.　一方形塊狀物隔一層薄膜置於 *30°* 斜面上，若欲使此物體以等速向上滑動，則須提供少力 *F*？ 油膜黏滯係數為 *μ = 0.01 N·s/m²*。

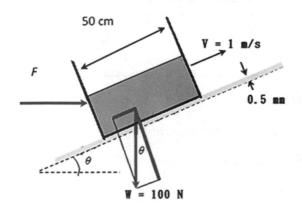

Ans: *(Hint: $F \cos\theta = W \sin\theta + \tau A$)*

63.5 N

5. 直徑 *20 mm* 之圓軸 *(shaft)* 由充滿潤滑油之軸承 *(bearing)* 如下圖所示 *[4]*，以 *2 m/s* 之速度抽取出，若潤滑油之比重為 *0.9*， *v= 1 × 10⁻³ m²/s*， 薄膜厚度為 *0.2 mm*，求此抽取力 *(withdrawal load) F*。

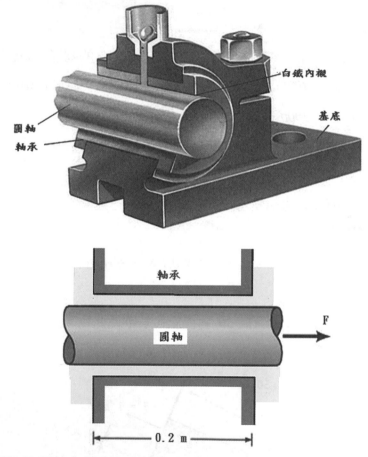

圓軸
軸承
白鐵內襯
基底

軸承
圓軸
F
0.2 m

Ans: *113 N.* 科技永遠來自人性。

(Now you should know the importance of foreplay.)

腦筋急轉彎: *What did Saddam Hussein and his father have in common?*

(They did not know how to withdraw.)

6. 有一圓管中流體之流場為紊流，其速度分佈如圖所示。求 a. 此流體施與管路之牆壁剪應力， b. 管路上每單位長度之摩擦力。

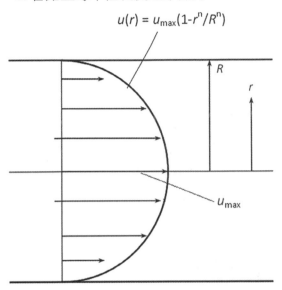

$$u(r) = u_{max}(1-r^n/R^n)$$

(注意 : $\tau=-\mu du/dr$，取負號是因為 du/dr 是負值，r 越大 u 越小)

Ans : a. $\tau_w = -\mu \dfrac{du}{dr}\bigg|_{r=R} = \dfrac{n\mu u_{max}}{R}$ (N/m^2)

     b. $F/L = 2n\pi\mu u_{max}$ (N/m)

7. 利用高度 $2y$，長度 L，單位深度之自由體，求出兩固定平板間有壓力降時之帕遂流動流體之 a. 速度分佈， b. 平均速度

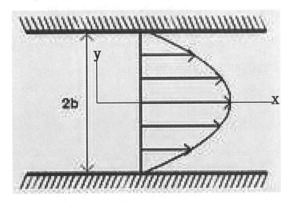

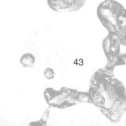

(此處為何以中心為座標原點？因為對稱之方程式較簡單！)

$$\therefore u(y) = \frac{1}{2\mu}[-\frac{dp}{dx}](b^2 - y^2) = \frac{1}{2\mu}[-\frac{dp}{dx}]b^2(1 - \frac{y^2}{b^2})$$

Ans：$a.$

$$= u_{max}(1 - \frac{y^2}{b^2})$$

$b.$ $\bar{u} = \dfrac{2\int_0^b u(y)dy \times 1}{2 \times b \times 1} = \dfrac{2}{3}u_{max}$

8. 厚 0.015 厘米，寬 1.00 厘米的膠帶從間隙為每邊 0.01 厘米的縫隙抽出。黏滯係數為 0.021 N·s / m² 的潤滑劑沿膠帶完全填充 80 厘米長度的間隙。如果膠帶能夠承受 7.5 N 的最大拉力，則計算它可以通過縫隙拉出的最大速度。

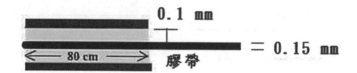

Ans：*2.23 m/s*

9. 下圖所示之毛細管黏度計 *[6]*，用以測定某種流體的運動黏滯係數，此種裝置是量測已知容量之流體，流經小毛細管的時間推估而得，黏滯係數 ν（單位為 m²/s）係由方程式 $\nu = KR^4 t$ 計算而得，其中 K 為常數，R 為毛細管的半徑（單位為 mm)，t 為流動時間（單位為秒）。倘若使用 20℃ 的水為校正流體，而流出的時間為 1000 s；若以相同的黏度計測量比重為 0.68 的某種流體，而流出的時間為 440 s，判斷此為何種流體？

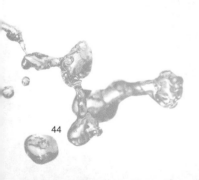

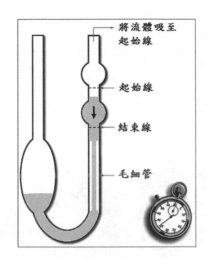

Ans：甘油

10. 在直徑 5.1 cm 長 15 cm 之軸承中，有直徑 5 cm 之圓軸，以 500 rpm 之轉速轉動，潤滑油之黏滯係數為 100 cP，求所需之轉動力矩與其功率 (power)。

Ans：0.617 N·m (相當於 0.063 kg·m 汽車扭力)， 32.3 W.(請嘗試用單位「湊」出力與功率之關係)

參考資料

[1]. Clip from TV series "Seinfeld"

[2]. Fluid Properties， http://slideplayer.com/slide/8591551/

[3]. The engineering toolbox，https://www.engineeringtoolbox.com/dynamic-absolute-kinematic-viscosity-d_412.html

[4]. Understanding Engine oil Viscosity and Finding the Right oil for Your car，https://www。pakwheels.com/blog/understanding-engine-oil-viscosity-and-finding-the-right-oil-for-your-car/.

[5]. David Darling， http://www.daviddarling.info/encyclopedia/B/bearing.html

[6]. Understanding Absolute and Kinematic Viscosity，http://www.machinerylubrication.com/Read/294/absolute-kinematic-viscosity

壓力到底是啥？

人往高處爬，水一定往低處流嗎？

長頸鹿也穿彈性襪！

高山上為何很難把飯煮熟？

煞車油怎麼會把車煞住？

用全台灣人的力量可以當作石門水庫大壩

　抵擋住水嗎？

車子落水該怎麼自救？

古埃及人怎麼運送石頭到金字塔上？

如何防止類似林肯大郡之慘案？

2

流體靜力學

FLUID STATICS

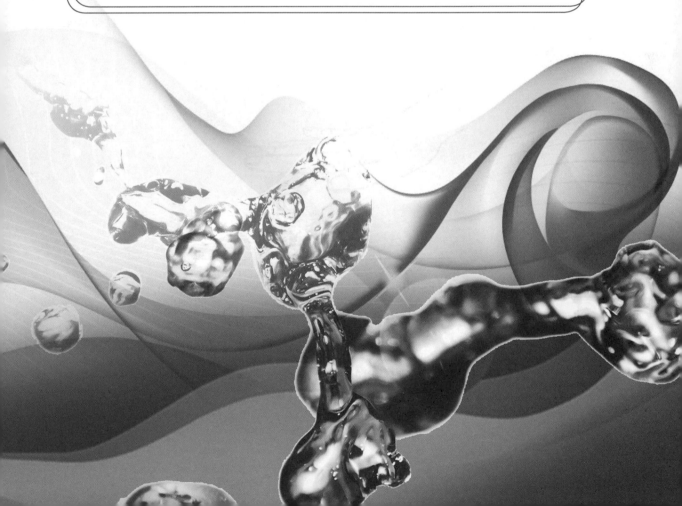

第二章
流體靜力學（*fluid statics*）

船為何會浮起？ 水面為何一定是水平的？ 當流體靜止時，前述之剪應力所造成之速度分佈、非滑動現象…等均不存在，流場之分析可大為簡化。 流體靜止時唯一存在的力為垂直方向的應力，就是流體本身重量對於流體下方任意實際或虛擬平面上所產生之力，此即流體壓力及其重量之由來，此壓力稱為「流體靜壓」（hydrostatic pressure）。（那氣體例如氣球裡的壓力是怎麼來的？大氣壓又是怎麼來的？） 流體靜壓之研究對於土木、造船、水利等工程領域至為重要。

壓力（pressure, Pa）＝ 力（force, N）/ 垂直面積（area, ㎡）

壓力是什麼？是一種力嗎？

力是什麼？施力之面積為何？

液體與氣體之壓力來源相同嗎？

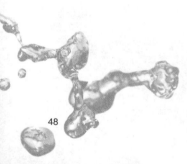

2.1

流體內壓力分佈（*pressure distribution*）

　　流體力學中一個重要的元素就是「壓力」，我們隨時生活在壓力的世界 –「大氣壓」。壓力是什麼？壓力如何形成？壓力有方向嗎？ 是向量還是純量？液體與氣體之壓力來源一樣嗎？對靜止流體有何影響？對流動流體有何影響？……本章除上述最後一個問題外，就由沒有流體運動時最簡單之壓力 –「靜壓」，及其產生之「力量」，來解釋大自然中奇妙的壓力。

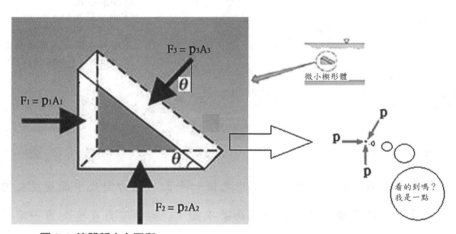

圖 2.1 流體靜力之平衡

　　我們用邏輯來分析壓力有無方向，圖 *2.1* 之微小「楔形」*(wedge)* 物體（為何用「楔形」？）遭受靜壓而造成表面上合力達到平衡，壓力乘上其垂直之面積就是力，在平衡下各方向之淨力為零，例如水平方向，$F_3 sin\theta = F_1$，而 $A_3 sin\theta = A_1$，所以 $p_3 = p_1$，若把此小楔形縮到無窮小成為一點，如上面右圖所示，則

$$p_1 = p_2 = p_3 = p \tag{2-1}$$

因為當初小「楔形」之角度 θ 為「任意」取決，故可得一重要結論 (知道為何取「楔形」了吧？)：

「流體內任一點之壓力與方向無關，故壓力是純量（*scalar*），而非向量（*vector*）」- 此稱為「巴斯葛定理」（*Pascal's law*）。此定理亦可解釋為：壓力「無方向性」，或可解釋為有「無窮多個方向」、或在「任何方向」，以邏輯思考：流體中任何一點及其緊鄰的流體質點粒子都具有此特性，故**流體任何地方遭受之壓力會等量傳輸至各處。**這些壓力碰到面積就產生力，所以似乎力在流體中也會傳輸，不僅如此，想想看此壓力如果傳輸到很大的又可移動的面積，會產生怎樣的結果？

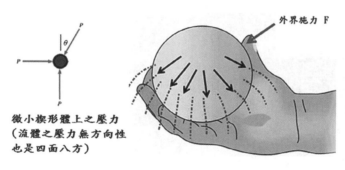

微小楔形體上之壓力
（流體之壓力無方向性
也是四面八方）

外界施力 F

拇指產生之壓力 p=F/拇指面積A
傳輸至小孔
(Pascal's Law)

此壓力在出口處變成動能
(Bernoulli equation)

小叮嚀：

壓力雖然是純量，但是對於壓力場中之任一平面，壓力對此平面產生之力當然就是向量，且此向量之方向垂直且向著平面。(為何壓力產生之力一定垂直於平面？難道沒有產生其他方向的力嗎？空氣對於您皮膚上之力為垂直於皮膚表面，此力為空氣分子撞擊皮膚產生之力，難道空氣分子都是垂直的砸向皮膚嗎？不是，當然有其他角度砸向皮膚的，例如以 45 度方向的，但是也有以 135 度砸向皮膚的，而其概率相等，故在皮膚上切線方向之力相互抵消，只各別留下垂直之分力。)

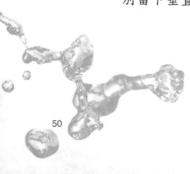

壓力在空間之分佈稱為「壓力場」，就如同溫度場、濃度場，是一個純量場。「人往高處爬，水往低處流」(其實不一定往低處流，是往壓力低處流)，乃人世間、大自然間之定律，除了前章之庫耶流場外，流體之流動乃壓力不平均造成(見第七章)，就猶如溫度不平均造成能量流動、濃度不平均造成質量流動，以下討論壓力分佈、與流體本身重量之關係、及靜壓力量之計算與應用。

※ 壓力場（*pressure field*）

壓力場如何造成力量？流體內一個微小六面體上壓力分佈如圖 *2.2* 所示，左邊平面上之壓力為 *p*，若先只討論 *x* 方向之壓力分佈，則在右邊平面上之壓力可用類似於外插法的「泰勒展開」*(Taylor expansion)* 求其近似值 (附錄 *II.1*)：

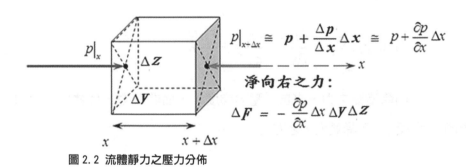

$$p|_{x+\Delta x} \cong p + \frac{\Delta p}{\Delta x}\Delta x \cong p + \frac{\partial p}{\partial x}\Delta x$$

淨向右之力：

$$\Delta F = -\frac{\partial p}{\partial x}\Delta x\,\Delta y\,\Delta z$$

圖 2.2 流體靜力之壓力分佈

(若流體流向 *x* 方向，向右之力為正值，請問上圖之壓力在哪個平面上較大？)
故施於此六面體因壓力分佈不平均所造成之合力為 (附錄 *II.2*)

$$\Delta \vec{F}_{press} = \Delta F_x\vec{i} + \Delta F_y\vec{j} + \Delta F_z\vec{k} = -(\frac{\partial p}{\partial x}\vec{i} + \frac{\partial p}{\partial y}\vec{j} + \frac{\partial p}{\partial z}\vec{k})\Delta x\Delta y\Delta z \qquad (2\text{-}2)$$

此時出現一個非常重要的運算：任一「**純量**」*(例如壓力)* 之「**梯度（gradient）**」（梯度就像梯子，有「向上」、「增加」、「朝哪個方向」擺放的意義）運算定義為

$$grad \equiv \overline{\nabla} \equiv \frac{\partial}{\partial x}\vec{i} + \frac{\partial}{\partial y}\vec{j} + \frac{\partial}{\partial z}\vec{k}$$

小叮嚀：

取梯度運算之函數必須為純量（例如壓力、溫度等），但其結果（壓力梯度、溫度梯度等）則成為向量。

因為此六面體遭受不平衡之壓力，產生之淨力，可用「壓力梯度」表示之：

$$\Delta\vec{F}_{press} \ (N) = -\overline{\nabla}p\Delta x\Delta y\Delta z \ \ (N) \qquad\qquad (2\text{-}3)$$

其中壓力梯度為 $\overline{\nabla}p = \frac{\partial p}{\partial x}\vec{i} + \frac{\partial p}{\partial y}\vec{j} + \frac{\partial p}{\partial z}\vec{k}$

故此六面體遭受之力，**來自「壓力梯度」**，而非壓力，負號代表力的方向在壓力梯度「相反」*(下降最大)* 之方向。

梯度是什麼？ *(附錄 II.3)*

想像自己是一隻螞蟻，在一片撒上糖的地上爬行，螞蟻思考：*(* 嗯，從現在的「位置」我要往「哪個方向」爬去，能在「最短」路程找到「最多」的糖*?)*。換數學的思考：從位置 *(x, y, z)* 每走單位距離所增加之糖在哪個方向「最大」*(向量之方向)*？ 每公尺增加多少糖？*(* 糖對位置之變率，$\triangle$ *(sugar)/* $\triangle x$，也就是此向量之大小*)* 就如同下圖之軍用等高地形圖，假如各排攻擊敵人駐守山頂之方向及攻擊點如圖所示，請問哪一排任務「最艱難」？

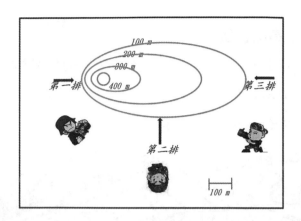

答案：第一排，因為在其攻擊點上之「方向」（梯子方向）「每走水平一公尺增加之高度」「最大」（梯子最陡），此「最大值」及其「方向」稱為此位置之「高度梯度」，是一個向量，其值大約為 *4 m/m*（注意單位）就是此向量之大小，每前進一公尺，高度增加四公尺，方向在此圖中為 *x* 方向$(\vec{i})$。

第二、三排之攻擊點上，「高度梯度」各為多少？哪一排下令之排長有摸魚之嫌？（第二排約 *4/3 m/m*，方向大約在十點方向，第三排約 *4/6 m/m*，方向在 *-x*。第二排，跑到半山腰摸魚去了）

高度梯度與高度無關，而與高度之「**陡峭度**」有關。所以壓力梯度只與壓力對位置之改變量有關，**與壓力之大小無關**。同樣地，大氣中產生之空氣流動非「壓力」，乃「壓力梯度」而產生，且方向在壓力梯度之反方向。

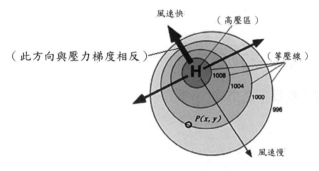

大氣壓力分佈與氣流圖
（讀者可畫出 P 點之壓力梯度與空氣流動之方向嗎？）

練習題一：高度梯度

下圖為雲南梯田，假設將階梯狀的梯田當作普通連續的山坡，分別求出台灣 *(What ? It's really Taiwan !)* 沿海城市；例如基隆、台中、高雄、花蓮各地之高度梯度。畫出梯度向量，以及估計高度梯度大小為多少？

（旅遊中拍攝）

腦內實驗：電影「鋼鐵英雄」（*Hacksaw Ridge*）中，美軍進攻日軍懸崖上陣地之高度梯度為何？ *(~ ∞ m/m，方向背向大海)*

※ 壓力梯度

如前公式 *(2-3)* 所述，流體中體積為 $\triangle x \triangle y \triangle z$ 所構成之六面體之表面，因遭受壓力不平均所造成的「最大」合力為

$$\Delta \vec{F}_{press} = -(\frac{\partial p}{\partial x}\vec{i} + \frac{\partial p}{\partial y}\vec{j} + \frac{\partial p}{\partial z}\vec{k})\Delta x \Delta y \Delta z = -\overline{\nabla} p \Delta x \Delta y \Delta z$$

方向乃**壓力梯度**「相反」之方向，$-\overline{\nabla}p$。

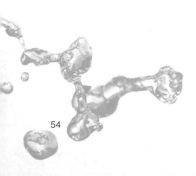

故流體中每單位體積因為壓力梯度所造成之力為

$$\vec{f}_{press}\ (N/m^3) = \frac{d\vec{F}_{press}}{d(volume)} = \frac{\delta\vec{F}_{press}}{\Delta x \Delta y \Delta z} = -\vec{\nabla}p\ (Pa/m)$$
(2-4)

(此方程式兩邊之單位相等)，壓力梯度之物理意義為，每單位體積中，因為壓力不平均而造成之力，此力必須被其他力例如重力、離心力、黏滯力等平衡之。所以，「人往高處爬，水往…呢，**水往壓力低處流，方向在壓力梯度之反方向，且此向量之大小即代表每立方公尺的水所遭受之驅動力**」。

小叮嚀：

宇宙萬物運動都有其驅動力，梯度的「驅動力」之物理意義是：

一個純量之梯度即造成物體中每單位體積的一種「驅動作用」（*driving action*），負號代表此驅動作用之方向為此純量「下降最大」的方向，例如 $-\nabla p$ 即造成一種引起流體流動的驅動作用，其方向在壓力下降最大之方向，而在熱傳學中，$-\nabla T$ 即造成一種引起物體中之「熱流動」（即「熱傳率」*heat transfer rate* 或「熱通量」*heat flux*）的驅動作用，其方向在溫度梯度之反方向。

壓力梯度產生之力，必須與流體中其他力達到平衡，單位體積內其他力包括：

A. 體積力：本書只討論重力。

重力：$\vec{f}_{grav} = \rho\vec{g}\ (N/m^3)$

（每單位體積重力造成之力，即「比重量」）

B. 表面力：表面力分為：*(a)* 前述之壓力產生之力，垂直且方向向著物體表面（單位 *Pa/m*），*(b)* 黏滯力（摩擦力），作用在討論之流體體積表面切線方向（單位 *N/m³*），方向視流體體積與周圍相對速度而定。

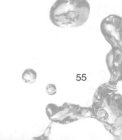

（此處忽略黏滯力造成之力，黏滯力詳細介紹請見第六章）。由牛頓第二定律（動量守衡 *conservation of momentum*）可知，當流體中只有壓力與重力存在時，則流體依下列方程式而運動，

$$\rho\vec{a} \ (N/m^3) = \sum_i \vec{f}_i = \vec{f}_{press} + \vec{f}_{grav} = -\vec{\nabla}p + \rho\vec{g} \ \ (N/m^3) \qquad (2\text{-}5)$$

（注意每一項的單位）

流體靜壓（*hydrostatic pressure*）分佈

我們游泳上浮或下潛時，有感受到胸口壓力之變化嗎？水平游呢？當流體靜止或不在管路內之等速運動時，壓力與水平方向無關，只與高度有關：

$$p = p(x, y, z) = p(z)$$

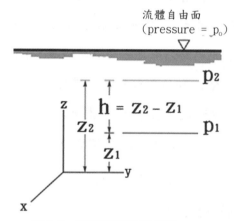

圖 2.3　流體靜壓與深度關係

當流體為「不可壓縮」（*incompressible*）流體（即密度 ρ 為一常數），如圖 *2.3* 所示，兩點間壓力差為 *(附錄 II.4)*

$$p_1 - p_2 = \rho g \, (z_2 - z_1) \qquad (2\text{-}8)$$

越深處壓力越大。 若將 z_2 置於液面，且假設液面壓力為零，以液體深度 h 為變數 *(h = z_2 - z_1)*，則液體深度 h 處之壓力為

$$p = \rho gh = \gamma h \qquad\qquad\qquad (2\text{-}9)$$

γ 為單位體積之重量，所以**液體內靜壓只與深度與液體密度有關**，越深或密度越大，則壓力就越大。

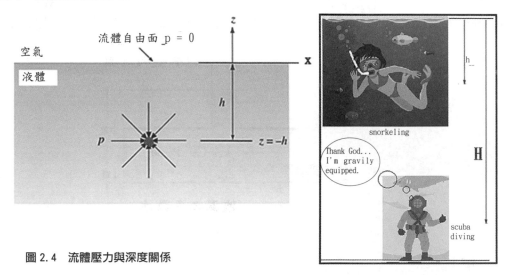

圖 2.4 　流體壓力與深度關係

如圖 2.4 所示，在流體中越深處壓力越高，所以在潛水時，越往下游感覺身體承受之壓力越大。右圖游泳池作用在四周側邊下緣之壓力、與作用在底部壓力均為相等。在高度 (深度) 一樣時，無論位於何處，或任何平面方向為何，所受之壓力均為相等，但所遭受之「力」則垂直於且向著相對應之平面上。

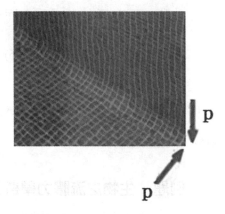

例題：加油站儲油槽洩漏搶救法

一地底下掩蔽式汽油貯存槽若發生洩漏現象，搶救時先將水填充入槽內，因為水密度較汽油高，故沉到槽底，以期先將汽油阻隔於水層之上，而防止繼續滲漏，如下圖所示。若汽油的比重 $S.G._{gasoline} = 0.7$，計算在汽油／水的界面處之壓力值。

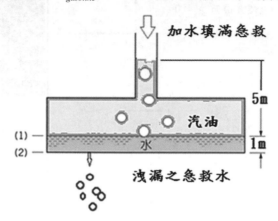

解：

壓力分佈

$$p = \gamma h + p_0$$

p_o 為水面之壓力（大氣），而界面汽油的壓力為

$$p_1 = p_0 + 0.7(1000 \times 9.8 \times 5)$$
$$= p_0 + 34300 \ (Pa)$$

若相對於大氣壓做測量基準（即下述之「錶壓」），則為 34700 Pa，或 34.3 kPa。（槽底壓力為何？）

例題：生物之流體力學奇蹟

長頸鹿的長頸使牠能吃到在地面上 6 公尺高的植物，也使牠可以低頭在地面低處飲水。因此，牠的循環系統，將因高度的改變而造成一重大的流體靜壓改變。為了應付上下高度改變，又要維持頭部血液供應，長頸鹿必須在心臟高度維持多大

之血壓？

解：假設長頸鹿心臟位於身高中心處，故其需提供血液至心臟上方約三公尺之腦部，

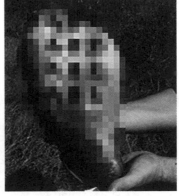

血液密度與水相似，提供三公尺高之血液壓力（以水銀高度表示）為

$$p_{heart} = \rho_{blood}g(z_2 - z_1) = 1000 \times 9.8 \times 3 = 29400 Pa$$
$$= \rho_{Hg}g\Delta h = 13600 \times 9.8 \times \Delta h$$
$$\therefore \Delta h = 0.220\ m = 220\ mmHg$$

人類正常血壓舒張壓與收縮壓之平均值約為 *100 mmHg*，故長頸鹿心臟須提供人類心臟 *2* 倍以上之壓力（心臟大小大約是人類之幾倍？），才可維持長頸鹿吃樹葉時腦部之血液流動，故抬頭時不會因血壓不足缺血而導致長頸鹿暈倒。但此相對高的壓力，可能造成下肢血管因高壓下而造成破裂，長頸鹿下肢都有一層較厚的皮膚層，其作用類似彈性繃帶，跟飛行員穿抗壓衣，或運動員穿彈性繃襪功能完全一致。此外，牠們的頸動脈內壁還有防止血液逆流的瓣膜，所以飲水時血液不會急速湧向頭部，或吐血而死，如此長頸鹿才能在宇宙長河中存留。

練習題二：

有時我們在乘坐電梯時，由於耳朵內外壓差須達到平衡，常會有點耳鳴的感覺。假使坐上 *101* 大樓電梯到達最上層，壓力會下降多少？

※ 氣體壓力分佈

當流體為「可壓縮」（*compressible*）流體（即 ρ 不為常數）時，利用「理想氣體定律」，則

$$\frac{\partial p}{\partial z} = -\rho g = -\frac{p}{RT} g \tag{2-10}$$

小叮嚀：

此公式中，「氣體常數」(gas constant)R 因不同氣體而不同，故不便使用，建議使用「通用氣體常數」R_u (universal gas constant) 以方便記憶與計算，

$$R = \frac{R_u}{m_a} = \frac{8.314\,(kg.m^2/s^2.K.mol)}{atomic\ mass\ of\ gas\,(kg/mol)}$$

右式其他項之單位示於下式，(注意：每項均為 *SI* 單位)

$$\rho\,(kg/m^3) = \frac{p}{RT} \rightarrow (\frac{(Pa)}{\dfrac{8.314\,(kg.m^2/s^2.K.mol)}{atomic\ mass\ of\ gas\,(kg/mol)}K})$$

則得出之密度亦為 *SI* 單位。

利用此公式，只要記得壓力用 *(Pa)*，溫度用 *(K)*，氣體常數用 *8.314* 除以每 *mole* 氣體原子 (分子) 之重量 (空氣 *0.0289 kg*，氧氣 *0.032 kg*，氫氣 *0.002 kg* 等)，別記單位了，例如常壓 *101 kPa* 常溫下空氣密度為，

$$\rho \ (kg/m^3) = (\frac{101000}{\frac{8.314}{0.0289}300}) = 1.17 \ \ (kg/m^3)$$

(此可避免因為單位造成之困擾與錯誤。只要記"8.314"-「軍中樂園」之八三么 831……。)

註：每 *mole* 之氣體含有 *6.023 x 10²³* 個氣體粒子，此稱為「阿弗伽德羅常數」 *Avogadro Number(1/mole)*。

Mr. Avogadro comments on Lin Chi-Ling's marriage: "Damn, she was my favorite super-mole-dle, and she has a mole".

理想氣體方程式可帶入壓力方程式，求出壓力與溫度之關係 *(附錄 II.5)*，在地球表面之對流層內溫度與高度呈線性下降，一般使用之經驗方程式為，

$$T \ (K) = a - bz(m) = 288 \ (K) - 0.0065 \ (K/m) \ z \ (m)$$

則不同高度大氣層中之壓力與地面壓力之比值可用 *(2-10)* 式積分而得下式

$$\frac{p(z)}{p \ (0)} = \exp(\frac{g}{bR}\left[\ln\frac{(a/b-z)}{(a/b)}\right]) \tag{2-13}$$

例題：

美國科羅拉多州丹佛市 *(Denver)* 因高度約 *1600 m*，故被稱為「一哩高城市」 *mile-high-city*。 *(a)* 假如丹佛市與鄰近海拔高度為零之城市溫度均為 *15℃*，請問丹佛市的壓力；*(b)* 若考慮溫度因高度而下降，則在玉山頂的壓力為何？

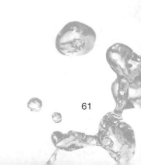

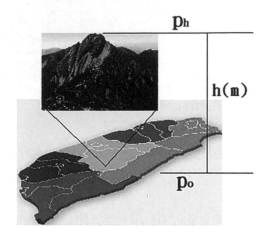

解：

(a) $\dfrac{p_{Denver}}{p} = \exp\left[-\dfrac{g(z_2 - z_1)}{RT}\right]$

$$= \exp\left[-\dfrac{9.8 \times 1600}{\dfrac{8.314}{0.0289} \times 288}\right]$$

$$= 0.828$$

故在等溫下，丹佛市大氣壓較鄰近海平面高度城市之壓力低 *17%*。

(b)　若假設空氣密度不為常數 (溫度隨高度而降低)，則玉山頂之壓力與平地壓力比值為，

$\therefore \dfrac{p(z)}{p(0)} =$

$$= \exp\left(\dfrac{9.8}{0.0065 \times \dfrac{8.314}{0.0289}}\left[\ln\dfrac{\left(\dfrac{288}{0.0065} - 4000\right)}{\left(\dfrac{288}{0.0065}\right)}\right]\right)$$

$$= 0.609$$

故在玉山山頂壓力只有平地之 *61%*，此壓力下，水的飽和溫度約 *85℃* (請查 *steam table)*，這也可解釋，為何高中參加救國團高山戰鬥營時，野外生火煮飯很難煮熟的原因。

壓力之表示與測量

壓力表示方法有兩種，在流體中任一點的壓力可為「絕對壓力」（*absolute pressure*，p_{abs}）或為錶壓力（*gauge pressure*，p_{gauge}，此處英文不宜使用 *gage*）。

絕對壓力

p_{abs}：絕對壓力是以完全真空（絕對零壓）為基準而測量之壓力值。

錶壓力

p_{gauge}：錶壓力則以當地大氣壓力 (p_{atm}) 為基準，而測量與大氣壓差異之壓力值。所以當錶壓為零時，絕對壓力等於當地之大氣壓力。

例如家中使用之瓦斯桶，或工業上使用之壓力錶等，當指標為零時，代表瓦斯桶沒有瓦斯產生之壓力了 (但還有空氣之大氣壓 p_{atm})，故錶壓與絕對壓之關係為

$$p_g = p_{abs} - p_{atm} \tag{2-14}$$

絕對壓力一定為正值，但是錶壓力可能為正值，也可能為負值，如何決定正負值全視壓力高於大氣壓力（正值）或低於大氣壓力（負值）。通常負的錶壓力也稱為「吸入壓力」或「真空壓力」（*suction* 或 *vacuum pressure*），如圖 *2.5* 所示。 一般在計算壓力時，若所有考慮之範圍均受大氣壓之影響，則可忽視大氣壓，使用錶壓即可。**但在使用例如理想氣體公式時，一定要用絕對壓力。**

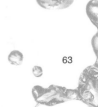

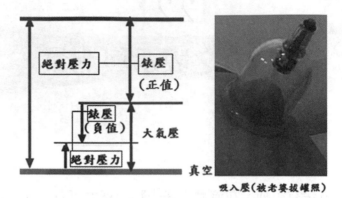

圖 2.5 絕對壓與錶壓之關係

例題：

某地大氣壓力為 *101.3 kPa* 時，壓力計之絕對壓力值為 *69 kPa*，則其錶壓為何？

解：

$$p_g = p_{abs} - p_{atm} = 69 - 101.3 = -32.3\,(kPa)$$

稱為 *32.3 kPa* 吸入壓力或 *32.3 kPa* 真空壓力。

標準大氣壓 p_{atm}

液體之靜壓由其重量而來並與液體深度、密度成正比，那麼氣體呢？氣球內的壓力是氣體分子對氣球內緣上碰撞之結果，這與液體壓力一樣嗎？其實氣體就像液體，但更容易流動變形而像連續體，下層的氣體受到上層碰撞，造成的壓迫而向各方擠壓碰撞產生壓力，與液體重量產生之壓力完全相同。 如圖 *2.6* 所示，大氣壓就是您頭頂上面積延伸到大氣層所涵蓋之空氣重量，除以頭頂面積 (假設空氣密度不變)：

$$p_{atm} = \frac{\rho_{air} g h A}{A} = \rho_{air} g h$$

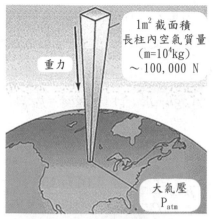

圖 2.6　大氣壓力示意圖

上述 *(2.9)* 式代表大氣壓中，空氣密度若不隨高度而改變，則大氣壓將隨高度而呈線性遞減，然而大氣層之溫度隨高度分為「對流層」、「平流層」、「中氣層」、「電離層」等而改變，故大氣壓並非隨高度而呈線性改變，而是如圖 *2.7* 所示 [1]。一般商用飛機飛在 *30000* 英尺高空，相當於平流層，氣流穩定，溫度固定也較高，減少機械因為低溫而產生的問題，在幾乎沒有灰塵及水氣的情況下，對飛行是較安全的。

生活實例：

兩架完全一樣之飛機，同時出廠，兩架之飛行哩數一樣，但一架飛長程，一架飛短程，若干年後哪一架飛機有較高之安全性？*(提示：考慮機內艙壓、大氣中高度不同之壓力等)*

我是會選長程的。*(機艙會膨脹收縮噢！)*

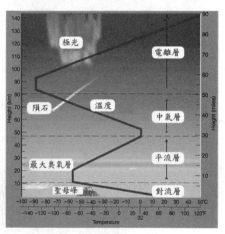

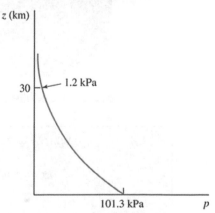

圖 2.7　大氣溫度與壓力與高度關係

測量大氣壓力儀器稱為 *barometer[bə'ramiter]*，如圖 *2.8* 所示 *[2，3]*。將上端抽真空之水銀管，倒立於開口之水銀容器中，則管中遭受大氣壓而推動水銀上升，直到水銀柱之重量與大氣壓之推動力達到平衡。

$$(\rho gh + p_{vaccum})A \approx \rho ghA = p_{atm}A$$
$$\rho gh = p_{atm}$$

若流體為水銀（*mercury Hg*），則一大氣壓之水銀柱高定義為

$$h = \frac{p_{atm}}{\rho g} = \frac{1.013 \times 10^5}{13.6 \times 1000 \times 9.8} = 0.76m = 760m \approx 30 \ inch$$

此大氣壓稱為 *1 bar*，就是海平面之平均壓力，大約 *101.3 kPa*。

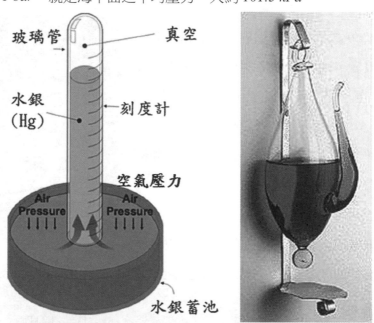

圖 2.8　大氣壓力器構造以及最早之蓋特 *(Goethe)* 氣壓計

1 p_{atm} = 29.92 in Hg = 760 mm Hg = 101.325 kPa

= 14.7 psi(pound/square inch)

1 Pa = 1 N/m²

附錄：

通常壓力下降或低壓象徵壞天氣，例如颱風就是非常低之低氣壓。台灣記錄中最低的大氣壓值是民國 *50* 年之貝蒂颱風，其中心大氣壓力值僅 *90.8 kPa*，此負壓產生很大之吸力以及破壞力，颱風來襲前後有些人會感覺不適，就像高山症的低氣壓一樣。流體的壓力性質都一樣，人世間的壓力種類就多了，例如 *peer pressure, academic pressure, socioeconomic pressure* 等。

腦筋急轉彎 : *Why do the sea lions jump off a pier?   (Because of peer pressure.)*

例題：

求出水面下 *9 m* 之 *(a)* 錶壓 *(b)* 絕對壓。

解：

$p_g = \rho gh = (1000)(9.8)(9) = 88.1 \ kN/m^2$

$p_{abs} = 101.3 + 88.1 = 189.3 \ kN/m^2$

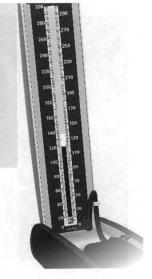

練習題三：

醫院中之水銀血壓計量測正常人之血壓為 *120 mmHg*，若水銀改為便宜又方便之普通水，則正常人之血壓為多高水柱？

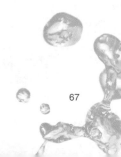

練習題四：

閣下運動手錶上刻示"*water 100 m resist*"代表何意義？

工業上常用的壓力計有壓力錶與壓力轉換器，壓力計大部分都是利用彈簧管，就是當彎曲變化伴隨截面變形時測量出壓力的彈性敏感元件，變化量之大小正比於壓力。此種型式最有名的儀器為波登壓力錶（*Bourdon pressure gauge*），如圖 2.9 所示 [4，5]。波登彈簧管的一端固定，一端活動，預先壓成截面形狀為橢圓形或扁平形的空心管，在加壓下彈性地展開拉直並逐漸膨脹成圓形。 隨著壓力增加，此時活動端產生與壓力大小成一定關係的位移。活動端帶動指針即可指示壓力的大小。

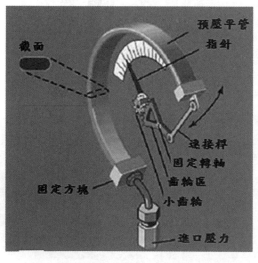

圖 2.9　波登壓力錶

另一種壓力計稱為壓力傳感器 *(pressure transducer* 或 *pressure sensor)*，是用於測量高壓的傳感器。傳感器之壓力測量必須藉由一些設備，把壓力轉換成電訊輸出的信號，尤其使用在需要連續監控且隨時間不斷的變化的壓力。 此類型壓力測量儀器稱為壓力換能器，有許多不同設計，例如圖 *2.10[6]* 為隔膜式 *(diaphragm)* 電子壓力換能器，壓力增加時隔膜變形更大，再轉換為信號輸出。坐飛機起飛下降時，壓力改變耳膜就像隔膜會變形，然後再「啵」的一聲恢復原狀。

笑話一則：寫書時從 FM103.9 Nashville 聽來的，。。" What is a diaphragm for ？"…

Answer: "Die a friend"， get it ？

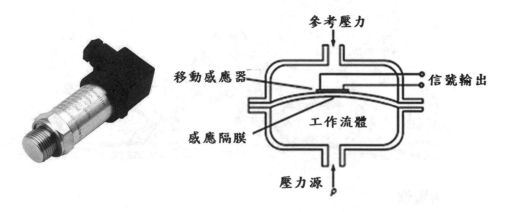

圖 2.10　隔膜式電子壓力感應（轉換）器

附錄：

一大氣壓有多大？平常我們不感覺大氣壓存在，只有爬山時或在高原區會感受高山症，但一大氣壓有多大？ 下圖為稍微抽真空之可樂罐，及第一個證明真空存在的蓋比凱 *(Guericke)* 有名的馬匹拉兩個抽真空的半圓罐實驗 *[7]*。

生活實例：

一大氣壓力量如此之大，為何我們不感覺大氣壓的存在？沒有像可樂罐被壓扁？

例題： 兩個半圓形直徑 *1 m*， 密合在一起吸真空 (剩下 ~ 5 ％的大氣壓)，需要多少力才能拉開？ 兩匹馬可拉開否？

解：$A = \pi R^2$

$F = pA = p \pi R^2$

$= \pi \ (0.5)^2 \ (1 - 0.05) \ (1.01 \times 10^5)$

$= 7.54 \times 10^4 \ N$

「一匹能拉動 *33,000* 磅並以每分鐘 *1* 英尺走動」的馬所作的功率叫一「馬力」 *(horse power)*， *1 hp = 746 W*， 馬力為力乘上速度，*Power = FV*，故以此定義兩匹

馬都可能拉不開。

(因為馬可能無法以每分鐘 0.6 公尺之速度拉動此例之真空罐)

75400 N × (0.6/60) m/s = 754 W ~ 1.01 hp

(實驗證明直徑 0.72 m 的兩個半圓球需要十八匹馬才拉的開！)

等高 / 等壓定律（*equal level/equal pressure principle*）

生活實例：*2019 年高雄大雨人孔蓋被噴飛！What happened?*

　　流體靜壓只與流體密度與高度有關，而與容器大小、形狀、容器之方向等無關，如圖 2.11 所示。各個開口之容器流體中，只要高度一樣的地方壓力就相同，此稱為「等高 / 等壓定律」。

圖 2.11　等高等壓定律

　　當固體被一些力作用時，力與原來相同的方向傳遞。此與通過封閉容器內流體的傳播力是很大的不同。當流體被外力作用時，在作用面積上就產生壓力，而壓力無方向性，也就是有無窮多個方向而被均勻地傳遞，則流體各地都獲得相同壓力（捏一個氣球其他部分就因壓力傳遞到其他氣球表面產生力而變大；再捏一個煮熟

雞蛋看看會變大嗎？），這就是「巴斯葛原理」。例如下圖若不考慮高度產生靜壓變化之封閉容器內，活塞所造成之壓力會傳輸到流體各地，當傳輸到任何接觸面 (或任何虛擬平面) 時，壓力產生之力永遠向著且垂直於此面。

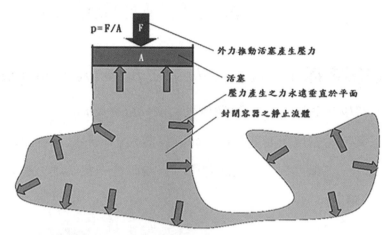

「液體千斤頂」（*hydraulic jack*）(圖 2.12，2.13) 及「液壓煞車」（*hydraulic brake*）(圖 2.14[8]) 的作用，就是應用巴斯葛原理。

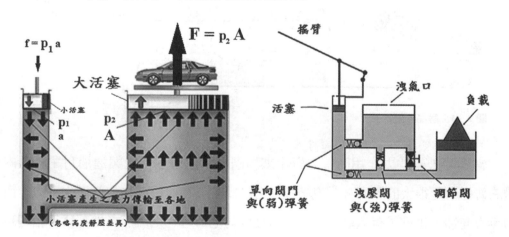

圖 2.12　巴斯葛原理應用及千斤頂示意圖

圖 2.12 中若不考慮 1，2 點之高度差，活塞 1 所造成的壓力 p_1 會被整個流體感覺到，而由等高等壓原理，活塞 1、2 之壓力相同。(**注意：壓力為純量，故流體中各點之壓力在各方均相同，但當施予一平面時，壓力在此平面上產生之力為向量，垂直於此平面，故對於 A 而言，此力方向向上而將汽車頂起。**)

$$p_1 = p_2 \qquad\qquad \frac{f}{a} = \frac{F}{A} \qquad\qquad\qquad (2\text{-}15)$$

當 $A \gg a$ 時，$F \gg f$，此類裝置可得到相當大的機械效率。

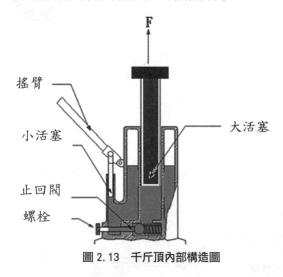

圖 2.13　千斤頂內部構造圖

千斤頂之原理由圖 2.13 可以看出，當搖臂施壓於小活塞時，壓力亦會傳至大活塞上，產生很大的力量，使活塞柱上升，然後再利用止回閥，使流入大液壓缸內的油不回流，而且高度能保持一定，因此每搖一次搖臂，活塞柱就會上升；若要使大活塞放下來，只需要將控制止回閥的螺栓旋入，使止回閥被頂開，讓油流出即可。

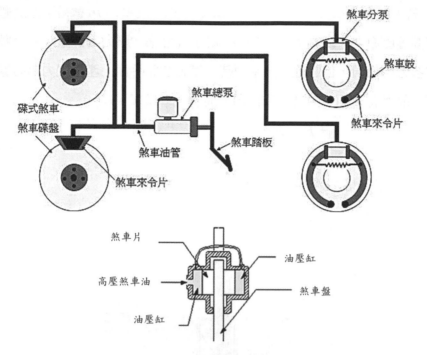

圖 2.14 巴斯葛原理應用－液壓煞車系統

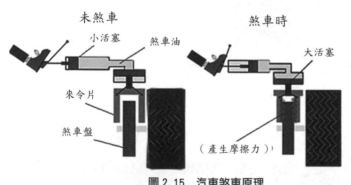

圖 2.15 汽車煞車原理

腦筋急轉彎：*Why can't people stop being addicted to drinking brake fluid?*

(Because they say they can stop at any time.)

　　汽車之液壓煞車系統亦使用巴斯葛原理，如圖 *2.14* 所示，當煞車時，煞車油將壓力傳到每個輪子的兩個活塞上，活塞上之兩個煞車片 (來令片) 夾住煞車盤而達到煞車目的，如圖 *2.15* 所示。(那踩油門的作用呢？請見第三章)

整理液壓使用系統：

1. 液壓系統必須是一個「密閉系統」，容器必須為一個「密閉容器」。

2. 靜止液體內之壓力，均垂直於接觸面。

3. 大小兩活塞所受之總壓力與活塞截面積或其直徑平方成正比。大小兩活塞所移動之距離與活塞截面積成反比（質量守衡）。

練習題五：

利用等高等壓原理，設計一水力壓縮機 *(hydraulic press)*。

大自然實例： 地球內部也具有等高等壓原理，地殼 *(continent，crust)* 包括平地及高山，與地殼下之地幔或地函 *(mantle)* 之比重不同，而地幔之構造類似流體，地殼以及座落在它上面的山「浮」在比重較大之地幔之上，就像浮在水上的物體一樣，組成地殼的岩石看起來雖然非常堅硬，但從地質學的角度來看，卻是柔軟可塑的。當地殼某一部分的負擔 *(高山)* 增加時，它便會彎曲下沉進行調節，負重的地殼明顯突入地幔，形成所謂的「山根」。從理論上說，山愈高，山根也就愈深，它們之間的比例應符合浮體的力學原理。故地幔內有因為高山而延伸至地幔之山根如下圖 *[9]* 所示，估算聖母峰下方地幔區有多深之山根。

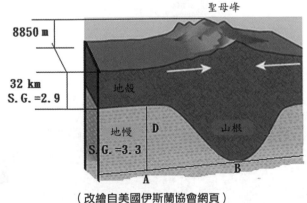

（改繪自美國伊斯蘭協會網頁）

解：地球表面到地幔深度 h 之壓力為

$$p = \rho g h$$

比較 A，B 兩點之壓力

$$p_A = \rho_c g\,(32000) + \rho_M g\,D$$

$$p_B = \rho_c g(8850 + 32000 + D)$$

等高等壓原理：

$$p_A = p_B$$

$$D = (\rho_c / \lbrack\,\rho_M - \rho_c\,\rbrack)\,[(8850 + 32000) - 32000]$$

$$= \{[2.9] / [3.3 - 2.9]\}\,[(8850 + 32000) - 32000]$$

$$= 64 \times 10^3\ m$$

　　所以聖母峰在地表下還延伸到近 *100* 公里之深度，此簡單計算與地質研究結果非常接近。 但山高還是有一定的限制。 地殼還受到地球內部高溫的作用，所以「山根」凹下愈深，受熱也愈大，甚至熔化。於是山根的體積減小，浮力相應減小，為了保持平衡，山體會持續下沉，從而使山高受到限制。所以我們其實都是浮在地幔上地殼之「冰山一角」。地球永遠依照流體力學及其他物理定律走向板塊聚集地殼下陷或被太陽吞噬的宇宙長河宿命裡，這是人類永遠無法改變的物理世界之遊戲規則。(最新的地殼「俯衝」理論 *(subduction)* 估計聖母峰山根約 *200* 公里。)

練習題六：

　　下圖之容器在底部之壓力 *p* 為何？此壓力對底部造成之靜壓力量 *(pressure force，* $F = pA)$ 為何？此容器水之重量為何？與靜壓力量相等嗎？若不相等，差異之力跑到哪去了？

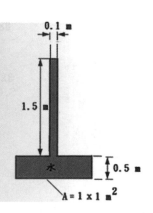

※ 壓力計

最簡單之壓力計為「直管壓力管」（*piezometer*）[pə'zamitər]，如圖 *2.16* 所示，此簡單的壓力管一端連接到要測量流體的壓力點，另一端連接大氣，它可用於測量中等壓力的液體。使用時插入容器的牆壁或管道，管子垂直向上延伸到較高的高度，使得液體可以自由地上升而不會溢出。在液體中任何一點的壓力由管中高於該點的高度表示，進而測量出靜壓力。測量之垂直管亦可傾斜，使液體在管子中之長度增加，以取得更精確之量測。

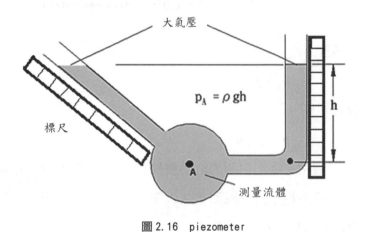

圖 2.16　piezometer

A 點的壓力可測量為

$$p_A \text{ (absolute)} = \rho gh + p_{atm}$$

$$p_A \text{ (gauge)} = \rho gh$$

※U 形壓力計：

前述之 *piezometer* 雖然簡單，但被測量之流體有溢出之虞且無法測量氣體壓力，故加一個工作流體或錶油 *(gauge fluid)* 阻隔，「*U* 形壓力計」*(U-tube manometer)* 利用 *U* 形管內液油等高／等壓原理，可量出壓力，如圖 *2.17* 所示：

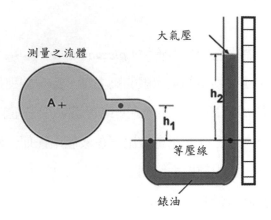

圖 2.17　U 形壓力計（U-tube manometer）

A 點的壓力可測量為

$$p_A + \rho_1 g h_1 = \rho_2 g h_2 \qquad\qquad (gauge)$$

若流體 1 為氣體，則

$$p_A \approx \rho_2 g h_2$$

　　工業上或實驗室中常用之壓力計為雙開口式 U 形壓力計，當兩開口壓力相等時，液面等高，若不相等時，液面差代表壓差，如圖 2.18 所示，工業上常用之壓力計如圖 $2.19[10，11]$ 所示。

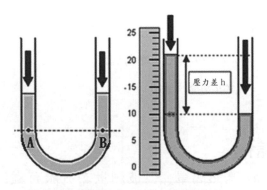

圖 2.18　雙開口式 U 形壓力計基本設計

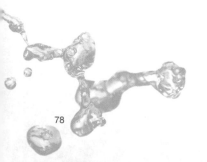

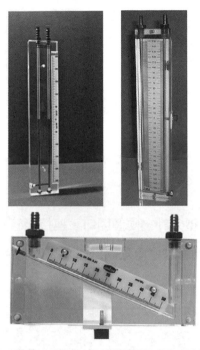

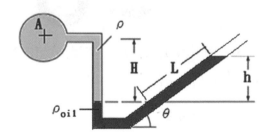

圖 2.19　各種工業用雙開口式 U 形壓力計

例題：

以下圖傾斜式壓力計計算 A 點壓力。

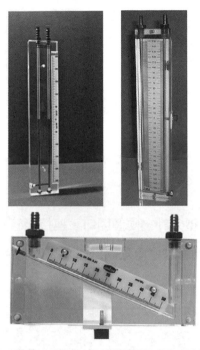

解：

$$p_A = \rho g H - \rho_{oil} g h = p_{atm}$$

或以錶壓表示： $\quad p_A + \rho g H - \rho_{oil} g h = 0$

延伸學習：若欲測量流體(密度 ρ)之壓力，而且使傾斜管上每公分代表 1 Pa，應如何設計角度 θ，以及選取液油 ρ_{oil}？

Hint:

$$p_A = \rho_{oil}gh - \rho gH$$

$$1Pa = \rho_{oil}g(0.01)\sin\theta - \rho gH$$

例題：

若將雙開口式 U 形壓力計之兩個開口，連接至管路之兩點，以測量 1，2 兩點之壓力差(**此壓力差即為管路中兩點間流體之驅動力 -「壓力降」**)，求此壓力差。流體與錶油之密度各為 ρ_1 與 ρ_2。

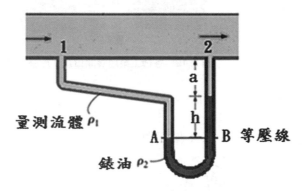

量測流體 ρ_1

A─── ───B 等壓線

錶油 ρ_2

解：A，B 兩點等高等壓，故 1，2 兩點之壓力差可計算如下：

$$p_1 + \rho_1 g\,(a+h) = p_2 + \rho_1 ga + \rho_2 gh$$

$$\therefore \Delta p = p_1 - p_2 = (\rho_2 - \rho_1)gh$$

延伸學習：

1. 為何點 1 壓力較大？

   (人往高處爬 水往…)

2. 壓力計位置 a 與結果是否有關？

   (無，故壓力計可置於其他方便之處，(但不能太遠，*Why*？))

3. 若 $\rho_2 < \rho_1$ 則結果如何？

   (結果錶油被沖走了)

4. 如何調整錶油使得測量之結果較為精確(減少觀測誤差)？

   (錶油密度需稍大於被測量之流體，但不可太接近，以免 h 太大而產生 3 之結果)

　　若在管路中裝設阻礙物產生更大之壓力降以利於測量，則可由此壓力降而測量出流體之流量，例如利用「孔口器」(orifice plate) 於管路中，以測量其在兩邊產生之壓力降，如圖 2.20[12，13] 所示。但孔口器雖然增加了管路壓力降以利量測，但亦增加能量之損失，增加了推動管路流體流動之幫浦負擔。

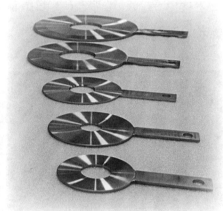
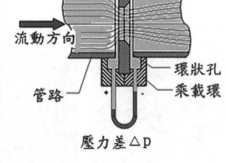

圖 2.20　孔口器 (orifice plate)

例題：

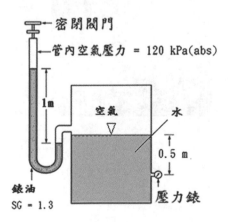

　　U 形壓力計連接在裝有空氣和水的密閉箱，如右圖所示，在壓力計的密閉端空氣壓力為 120 kPa (abs)。假設在標準大氣壓中，並且忽略液壓計內空氣柱的重量，當壓力計中壓差讀數為 1 m 時，壓力計的

讀數為多少 *kPa (gauge)*。

解：密閉箱之空氣部分壓力各處相同 (忽略空氣重量)，故其壓力 (絕對壓) 為

$$p_{air} = 120000 + \rho gh = 120000 + (1.3)(1000)(9.8) \times 1 = 132740 \ Pa$$

而壓力錶位於水面下 *0.5 m*，故

$$p_g = p_{air} + \rho gh = 132740 + (1000 \times 9.8 \times 0.5) = 137640 \ Pa(abs)$$
$$= 36.34 \ kPa(gauge)$$

大氣壓實驗：德恩奈空瓶裝滿水，用塑膠袋的一小片蓋住瓶口，倒轉，放手⋯，哇！水沒有流出來，這個支撐水重量之壓力的來源就是大氣壓力。(水的重量與大氣壓如何平衡？換成更大的水壺，水壺與壺嘴可以一直加大嗎？)

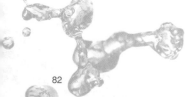

2.3

平板潛體之液體靜壓

腦筋急轉彎： *What did a fish say when it ran into Hoover Dam?   (Oh, Damn!)*

設計石門水庫有何主要考量？與靜止流體接觸之平面，例如水族館玻璃牆、水庫之水壩等，因接觸到流體而受到流體靜壓之影響，而此靜壓又因距離水面之深度增加而呈線性的變大，如圖 *2.21* 所示 (若牆面內外均遭受大氣壓，則可不考慮大氣壓之影響)。例如在設計水庫時，基本上至少需要分析兩個與流體靜壓有關之問題：

1. 平板上 (水庫大壩) 遭受流體靜壓之水平「總合力量」（*resultant force*）為何？
2. 此總合力量之「施力點」為何？

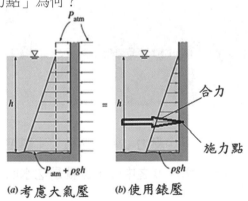

圖 2.21　流體靜壓對垂直平面產生之壓力分佈

分析此二問題之原因，就是要滿足物體在平衡狀態之兩個條件：「力」的平衡，與「力矩」*(moment)* 的平衡。假設平板上所有分佈之力可用一總合力量 (圖 *2.21* 之箭頭) 代表，此合力是否能被水壩水平之支撐力抵擋 (水壩是否會移動)？此合

力對於任何實際存在或虛擬「轉軸」*(hinge)* 之距離產生「力臂」*(moment arm)*，進而產生力矩旋轉問題 *(* 水庫會不會被推倒？*)*，所以也必須知道施力點在何處。

假設有一平板在流體中，其俯視面 *(xy* 平面上之面積為 *A)* 及其側面 *(* 粗線條代表此平板之側視 *)* 如圖 *2.22[14]* 所示。

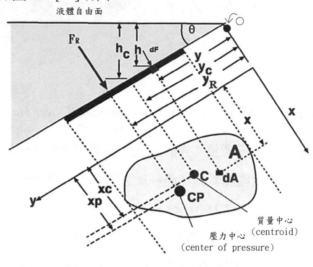

圖 2.22　潛體平板受力圖

練習題七：

請畫出在流體中，置於任何位置與傾斜方向之平板上，受流體靜壓而產生之壓力的分佈。

什麼是總合力？就是「**平均壓力**」乘上面積，流體壓力正比於吃水深度，**故平均壓力一定發生在平面上吃水深度之中間，也就是吃水面積之質量中心**，故總合力為 *(* 附錄 *II.6)*

$$F_R = \rho g A y_c \sin\theta = \rho g h_c A = (p_c) \times A \tag{2-18}$$

其中 h_c 為此質心對於液體表面垂直之距離，**故平板表面遭受的總合力，等於平板質心的壓力 *(* 即平板之平均壓力 *)* 乘以平板面積，而與傾斜角度無關，此合力必垂**

直於平板，但此合力之施力點並不在質心上。

例題：

石門水庫大壩截面如下圖所示，壩長 *500 m*，壩高 *150 m*，湖水深度最深 *250 m*，假如接觸水壩之最高水位為 *80 m*，估計大壩所承受之力。

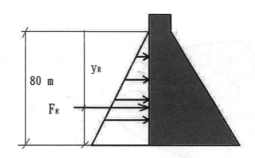

解： 大壩接觸水之平面質量中心位於水面下 *40 m*， 故總合力為

$$F_R = p_cA = \rho gh_cA = 1000 \times 9.8 \times 40 \times (500 \times 80) = 15.68 \times 10^9 (N)$$
$$= 15680\ MN$$

(注意：此與大壩之實際高度或上游湖水深度無關)

腦內實驗：若此大壩傾倒，窮全台灣人之力來抵擋，請問 *hold* 住此水平力嗎？每個人都像中華舉重女將一樣才有可能！每個人要支撐 *70* 公斤！行嗎？

總合力之施力點 – 壓力中心 y_R：

施力點重要嗎？門把為何不裝在靠近鉸鏈處？當平板平衡時，總合力 F_R 對於 *x* 軸產生之力矩，必須等於平板上所有位置上微小的力對於 *x* 軸所衍生之微小力矩的總和。若定義 I_{xc} 為面積對「平移至質心之新的 *x* 軸」，x_c 軸，的「二次面積矩」*(見下圖)*，則總合力之施力點 –「壓力中心」，y_R，為 *(附錄 II.7)*

$$\therefore y_R = y_c + \frac{I_{xc}}{y_c A} \neq y_c \tag{2-22}$$

故總合力施力於「壓力中心」（*center of pressure*，y_R），$y_R > y_c$，永遠位於質心之下方 *(Why？平板上越深的壓力是否形成越大的力矩？)*。

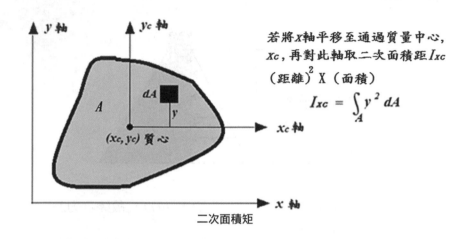

二次面積矩

結論：

1. 靜壓總合力為

   $F_R = \rho g h_c A = p_c A$

   $= (「接觸液體面積」質心上之壓力)×(與液體接觸之面積)$

2. 總合力之施力點通過壓力中心 y_R，位在質心 y_c 之下方。

二次面積矩如何計算？*(附錄 II.8)* 各種常見平面形狀之面積、質量中心、以及二次面積矩示於表 2.1[15]。

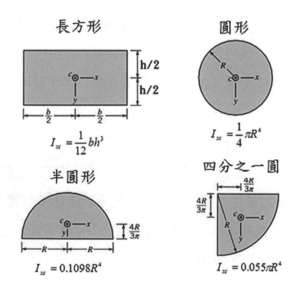

表 2.1 常見平面形狀之質量中心、以及二次面積矩

註：二次面積矩之物理意義

下圖 [16] 之兩長桿都具有相同的截面積，但在受力時桿 1 比桿 2 更強，因為它具有更高的二次面積矩 I_{xc}。

對於一個矩形，

$$I_{xc} = \frac{1}{12} bh^3$$

其中 b 是寬度（水平），h 是高度（垂直），如果載荷是垂直的 - 例如重力載荷，桿 1 有較大的載重力。

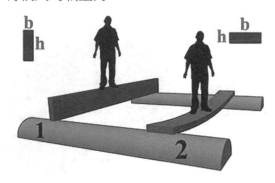

生活實例：汽車落水自救法

一輛汽車落入五公尺深之湖底，水的靜壓施於車門上之合力為何？ 一般人能否打開車門？

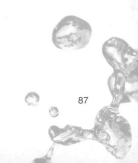

假設車門大小為 *1 m × 1 m*，車門之質量中心大約在水面下 *5 m*，故車門所受之合力為

$$F_R = \rho g h A \cong (1000 \times 9.8 \times 5 \times 1 \times 1) = 5 \times 10^4\,N$$

是否可以打開車門，無法以此合力判斷，打開車門就需要對門軸施予力矩，此合力之施力點離車門轉軸之距離 (即力臂) 約 *0.5 m*，故打開車門所需之力矩為

$$\Gamma = F_R \times r \cong 5 \times 10^4 \times 0.5 = 2.5 \times 10^4\,N\bullet m$$

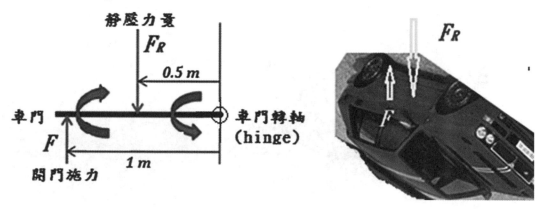

欲打開車門必須克服此力矩，故需施與門把 *F* 之力 (力臂為 *1m*) 為 :

$$\Gamma = F_R \times r = F \times R = F \times 1 = 2.5 \times 10^4\,N\bullet m$$

$$\therefore F = 2.5 \times 10^4\,N$$

一般人可否有此力量？ 以中華奧運舉重女選手為例，她們可舉起 *100 kg*，約 *10^3 N*，故需要二十五個舉重選手的大力士一起合作才打得開車門！人類不須對抗大自然做此無謂之嘗試。

自救之道：保持鎮定！若能打開車門就趕快逃生；若已沉入水下，鬆開安全帶，了解自己的方向找到門把 (因為車頭引擎較重汽車可能已翻倒)，當水快要淹滿車內的時候，車內車外水壓幾乎一致，淹沒前深吸一口氣，然後再打開車門，這時車門上之內外兩平面遭受到同樣的壓力，車門就會不太費力的打開，**嘗試使用尖銳物**

打破車窗是浪費寶貴時間的不智之舉。(請看「流言終結者」影集)

垂直平面上之合力與施力點

流體靜壓施與垂直平板上之總合力，正好就是壓力分佈構成之三稜鏡的體積表示之，如圖 2.23 所示 (b 為面向書本之深度):

$$F_R = p_c A = \rho g \frac{h}{2} A = \frac{1}{2} \left[(\rho g h)(\text{bh}) \right] \qquad (2\text{-}23)$$

此合力即為壓力分佈所構成的三稜鏡之「體積」，其施力點為

$$y_R = y_c + \frac{I_{xc}}{y_c A} = \frac{h}{2} + \frac{bh^3/12}{h(hb)/2} = \frac{2}{3}h \qquad (2\text{-}24)$$

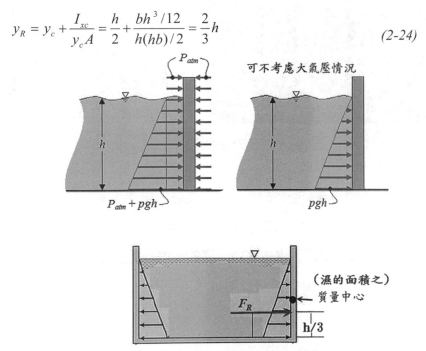

圖 2.23　流體靜壓施與垂直平板上之總合力與施力點

故靜壓合力對垂直平面之施力點為水面下 *(2/3)h*，或底部上 *(1/3)h* 處。若壓力分佈非圖 *2.23* 所示之三角形，例如加壓之容器，則總施力點會提高，見例題所示。

練習題八：

水族館中水族箱內稍微加壓 (供給更多溶於水之氧氣)，觀賞之玻璃窗口為 *2 m × 1 m*，畫出窗口之壓力分佈，並求出每個窗口之總合力及其施力點。

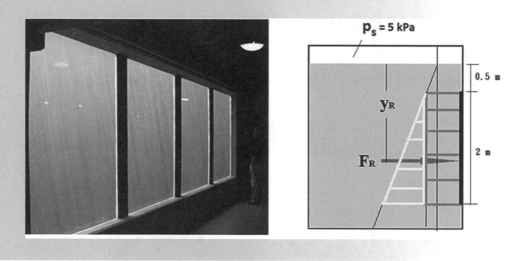

例題：

山坡邊之擋土牆由混凝土構成，其安全性除了需要考慮土石流外，就是擋土牆與山邊間之縫隙積水，根據等高等壓原理，無論縫隙多小，只要其中積水，**其積水高度就產生與等高度之滔滔大海或水庫一樣的流體靜壓與合力**，工程設計者不可不慎。假設擋土牆只利用本身之重量抵擋積水，如下圖 *[17]* 所示，則水位最高只能多少？鋼筋混泥土比重為 *2.7*。

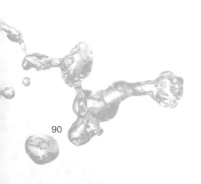

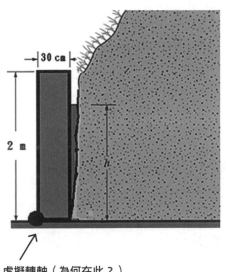

虛擬轉軸（為何在此？）

解：單位長度之牆壁遭受水之靜壓合力為

$$F_R = \frac{1}{2}\rho_{water}gh(h \times 1)\ N$$

施力點為底部算起 *(1/3)h*，假如擋土牆與地面無凝合，則其平衡時其本身重量及水之壓力合力對於虛擬之轉軸所造成之力矩為零，

$$M = \rho_{concrete}g(2 \times 0.3 \times 1) \times 0.15 - F_R \times \frac{1}{3}h = 0$$

$$\rho_{concrete}g(2 \times 0.3 \times 1) \times 0.15 = (\frac{1}{2}\rho_{water}gh \times h \times 1)\frac{1}{3}h$$

$$\therefore h = (\frac{0.09}{1/6} \times \frac{\rho_{concrete}}{\rho_{water}})^{1/3} = 1.13\ m$$

小叮嚀：

負責之工程師應該做好擋土牆排水工程，並將擋土牆深埋於地表下，不可只靠擋土牆本身之重量抵擋水的靜壓力。

一般擋土牆之設計，大致分為懸臂式與重力式，如下圖所示 [18，19]:

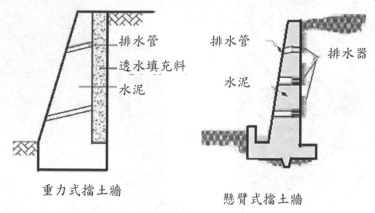

重力式擋土牆

懸臂式擋土牆

生活實例：

　1997 年 8 月 18 日，溫妮颱風經過台灣北部，颱風所帶來的雨量破壞林肯大郡地基，擋土牆崩落，造成 28 人死亡，一百多人房屋損壞、全毀，無家可歸。此慘案之發生，除了官商勾結，在順向山坡旁建高樓，犯了地質安全之大忌主因外，就是擋土牆結構設計，施工，排水不良等因素，平時山坡地吸存了飽和的雨水，造成地下水壓升高，頁岩軟化，頁岩的抗剪應力強度降低，擋土牆遭受極大之壓力，終於潰於一旦 [20]。若不心存專業倫理，工程師與奸商貪官何異？

（新聞照片）

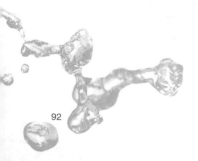

2.4

曲面潛體之液體靜壓

「老師，潛體曲面上的水平力與垂直力分量不就是靜壓力量乘上 cos sin 嗎？」，多年前一位西安交大的交換生提問，「是啊」，「那幹嘛用課本這些公式求分量？跟平面不都一樣？這些公式怎來的…」，「嗯…這個…（即刻救援的鈴聲響起）噢下課了等下回答你」…這十分鐘翻遍各種課本 – 只有公式沒有解釋！只有拿出力學大師的神器……

曲面上與平面上之壓力有何不同？(高度一樣就一樣！) 壓力有水平垂直分量嗎？(沒有！但力量有) 曲面上與平面上之靜壓力量有何不同？(高度一樣就一樣！但因為整個曲面 θ 不是固定，其靜壓力量方向也改變，故總靜壓力量不能像平面般簡單地找出平均壓力) 同學說的沒錯，無論曲面或平面其總靜壓力乘上 *cos sin* 當然就是其水平與垂直之分力，但是我們怎麼會先知道曲面的總靜壓力量呢？只能先個別找出水平與垂直之分力，才能知道總合力與方向。 課本公式看不懂？這裡我們用邏輯來分析：曲面上微小 *2D* 面積 *dA* 上微小之水平與垂直靜壓力量可表示於下右圖：

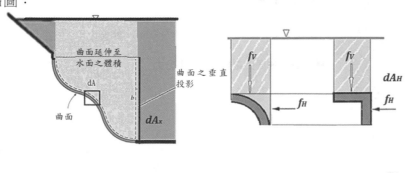

　　左邊原來之弧形曲面與右邊之 L 形曲面不同嗎？在無窮小之極限時都一樣，都是一個點(感謝牛頓)！此結論代表合力，以及垂直與水平之分量在兩種不同形狀的「點」上都分別相同。但因為還不是真正之點，所以還是保有原來之形狀，故計算此兩曲面上垂直與水平壓力之方法並不相同(並不可使用等高等壓原理)。

　　水平之微小壓力為：

$$f_H = \rho\, gh \times dA_H$$

　　將此微小垂直面之靜壓力衍伸至全部垂直平面，故任何曲面所遭受之水平力 F_H 乃此曲面向水平方向之投影所產生之垂直面所受之水平力，如圖 2.24 所示：

$$F_H = \rho\, gh_c \times A_x$$

　　而其施力點也還是

$$y_R = y_c + \frac{I_{xc}}{y_c A_x}$$

　　至於曲面上垂直方向之靜壓合力，由基本流體靜壓力可知，就是任何曲面上往上延伸至液面所涵蓋所有液體之重量。此垂直力之施力點，通過曲面上方流體之質量中心。

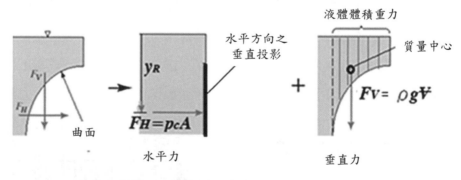

圖 2.24　曲面上之垂直與水平分力

結論：

曲面上遭受之水平分力，等同於此曲面在水平方向垂直投影平面上之力 F_H；其施力點亦為 y_R。

曲面上垂直分力 F_V，等同於此曲面在垂直方向向上延伸所涵蓋所有流體之重量，其施力點即此流體體積之質量中心。

$$F_V = \int_A p dA_z = \int_A \rho g h dA_z = \int_\Psi \rho g d\Psi = \rho g \Psi \qquad (2\text{-}25)$$

練習題九：

下圖之曲面為兩度空間四分之一圓，求此曲面（單位深度）遭受之力及其施力點為何？欲固定曲面 AB 所需之力及其方向為何？如何證明此力通過 O 點？

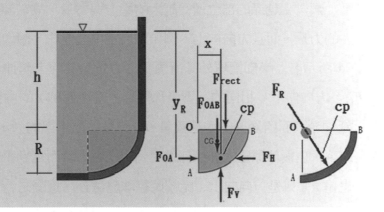

2.5

浮力（*buoyancy*）

腦筋急轉彎：*"How can you tell the sex of an ant by dropping it into water?*
If it sinks: girl ant. If it floats: b(u)oy ant.

　　阿基米德在澡盆中還領悟了甚麼？浮力！您游泳時有感覺比較輕嗎？浮力的來源與「等高等壓」類似－越深的部位遭受越大的壓力與力量，故在游泳池內您屁股遭受比肩膀更大的力量，而且方向向上。例如潛於水中之籃球，想像將其切成上下兩半，如圖 *2.25* 所示，上半部籃球外緣所遭受之力量為其向上延伸至液面所涵蓋的水之重量 F_{V1}，方向向下。相同的，下半部籃球（就像個碗）的內緣所遭受之力量亦為其向上延伸至液面所涵蓋的水之重量（F_{V2}，且比上半部的大，大多少？），且其方向亦為向下，但籃球球壁內外緣都遭受到同樣之力量而達到平衡，故下半部籃球外緣之力也是 F_{V2} 只是方向向上，比較此籃球整個外緣遭受之合力可知，籃球遭受一個「向上之淨力」，且此力為相當於「等同於籃球體積的水之重量」，這就是「浮力」，方向向上。

阿基米得原理（*Archimede's principle*）：

1.　一「潛體」（例如潛水艇）遭受之浮力，等同於此潛體排開液體之重量。

2.　一「浮體」（例如船艦）排開液體之重量（浮力），等同於此浮體之重量。

證明：

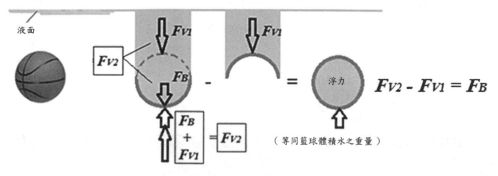

圖 2.25　浮力原理

$F_B = F_{V2} - F_{V1}$

= (下半部曲面延伸至水面涵蓋等同體積之水的重量)

- (上半部曲面延伸至水面涵蓋等同體積之水的重量)

= 等同潛體體積的水之重量 (方向向上)

或

$$F_B = \int_{body} (p_2 - p_1) dA_H = \rho g \int_{body} (z_2 - z_1) dA_H = \rho g \times (body\ volume) \tag{2-26}$$

例題： 氦氣 *(He₂)* 氣球綁在地面，當釋放升空時，求其加速度。

氦氣(helium)氣球

D = 20 m

m = 200 kg

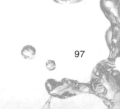

解：氣球之浮力為：

$$V_{ballon} = \frac{4}{3}\pi R^3 = \frac{4}{3}\pi(10)^3 = 4186.6 \ m^3$$

$$F_B = \rho_{air} g V_{ballon} = (1.2)(9.8)(4186.6) = 49234.4 \ N$$

氦氣之密度大約為

$$\rho_{He} = \frac{p}{RT} = \frac{101300}{\dfrac{8.314}{0.004}(300)} = 0.16 \ kg/m^3$$

氣球內的壓力其實大於大氣壓(氣球壓力需克服氣球張力嗎？)，所有之質量為：

$$m_{ballon} = \rho_{He} V_{ballon} = (0.16)(4186.6) = 670 \ kg$$

$$m_{total} = m_{He} + m_{people} = 670 + 200 = 870 \ kg$$

(所以氣球下半部內緣壓力是否較上半部大？)，總重量為：

$$W = m_{total} g = (870)(9.8) = 8526 \ N$$

故淨往上之力為：

$$F_{up} = F_B - W = 49234 - 8526 = 40708 \ N$$

故氣球之加速度為：

$$a = \frac{F_{up}}{m_{total}} = \frac{40708}{8526} = 4.7 \ m/s^2$$

練習題十：

湖面上有一條船，船上裝了很多石頭，若船上的人不斷把石頭投入湖內，請問理論上湖水之水面會上升？下降？或不變？(請先不用數學而先用邏輯思考)

Humm......
Come to think of it......
Can I make the lake water rise or drop?

歷史謎團：古埃及人如何建造金字塔？

古埃及人如何運送巨大的石塊到金字塔上？ **浮力！**

最近的考古證據顯示 [21]，埃及人通過使用水的浮力，他們就可以將各種不同設計的運河裡浮動之大塊岩石運輸到金字塔高處。他們所要做的就是把石頭切割成精確的形狀，並建立水平及傾斜的運河網路。

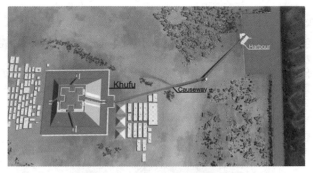

通過使用浮懸，即使重的石頭也可以輕鬆地提起和運輸

埃及人用山羊皮筏把石頭抬起來

然後通過運河網路將它們提升到金字塔

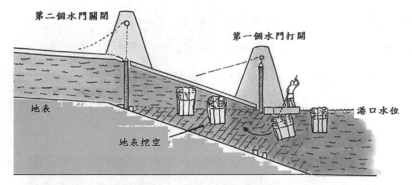

那麼他們怎麼把石頭抬起來呢？再次，如果皮筏浮力足夠大，它總是會試圖留在水面上，他們所要做的就是把水抽到金字塔上。

只是奴隸們必須不斷地把水運送到塔上的運河，並利用多重閘門的開與關，以維持傾斜水道之滿水位，以使得石塊浮上金字塔。

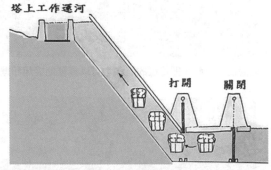

　　古埃及人沒學過流體力學，但他們會觀察大自然……就讓我們用觀賞大自然的心情學習迷人的流體力學吧。

潛艇利用內外層間之空氣與水的比例控制潛艇之浮與潛 *[22]*。俄羅斯的 *M* 級潛艇用特殊合金打造能潛到 *1,200* 公尺深。深海中的魚類為何不怕水壓？因為它們全身不是固體，就是液體，沒有體內外壓差的問題。鐵達尼號羅絲畫像吸滿了水所以不會被壓爛 – *"If you can't beat him, join him."* (Scottie Pippen to his Michael Jordan)(但經過80多年被打撈起來的紙張居然沒被海水腐蝕，傑克真是太神奇了！)

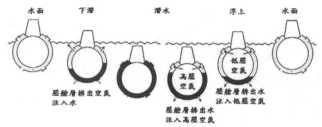

練習題解答

練習題一 *（目視結果，無標準答案，方向及大小如箭頭所示）*

基隆：$|\nabla h| \approx 10\ (m/m)$ 台中：$|\nabla h| \approx 0.5\ (m/m)$

高雄：$|\nabla h| \approx 1\ (m/m)$ 花蓮：$|\nabla h| \approx 0.1\ (m/m)$

練習題二

解：

在流體 (空氣) 中，高度越高壓力越低，坐電梯升高 400 公尺所下降之壓力為：

$$\Delta p = \rho g \Delta h = 1\left(\frac{kg}{m^3}\right)9.8\left(\frac{m}{s^2}\right)400(m) = 3920\left(\frac{N}{m^2}\right) = 3.92\ kPa$$

此降低之壓力約為大氣壓 (101 kPa) 之 3.9%。

練習題三

解： $h = \dfrac{p_{atm}}{\rho g} = \dfrac{1.01 \times 10^5}{1000 \times 9.8} = 10.34\ m$

(但是抱著超過十公尺的血壓計會累死小護士…)

練習題四

解：$p = \rho g h = (1000)(9.8)(100) = 10^6 Pa = 10\ bars$

故每下潛十公尺，壓力增加一個大氣壓。

延伸學習：

在水中要考慮外界之大氣壓嗎？例如在水深十公尺處感受到兩大氣壓之壓力嗎？No！因為身體 (胸腔腹腔) 內已經有一大氣壓的壓力了，因此我們在水中感受的是「錶壓」。

練習題五

解：

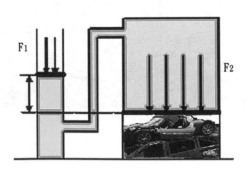

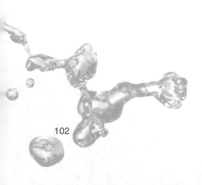

若兩活塞之高度差為 h，則產生之壓縮力 F_2 為

$$\frac{F_1}{A_1} + \rho gh = \frac{F_2}{A_2}$$

工業上使用之液油壓壓縮機如下圖所示 [23]:

練習題六

解:

$$p = \rho gh = 1000(9.8)(1.5 + 0.5) = 19600 \; Pa$$

容積底部靜壓力量為

$$F = pA = (19600)(1 \times 1) = 19600 \; N$$

水之重量為

$$W = \rho g V = 1000(9.8)((0.1 \times 1.5 + 0.5 \times 1) \times 1) = 6370 \; N$$

故容器內遭受的靜壓力量不等於其重量！若容器有非垂直邊界，則會產生除底部外的垂直靜壓力量，故容器除了往下之靜壓力量外，還有往上之靜壓力量，相當兩水柱之重量：

$$F_{up} = \rho g V_{column} = (1000)(9.8)(0.9 \times 1.50 \times 1) = 13230 \; N$$

外界遭受之力量 (磅秤上之重量)，就是容器內向上與向下靜壓力量之淨力。

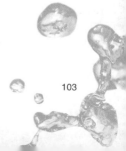

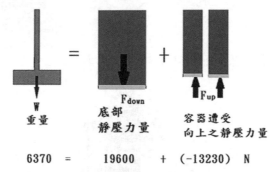

$$6370 \quad = \quad 19600 \quad + \quad (-13230) \quad N$$

延伸學習：讀者應可解釋下圖不同容器底部之壓力相等，但重量不相等。（可以如同例題一樣找出靜壓力量與重量之差別跑去哪了嗎？）

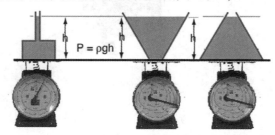

練習題七

解：

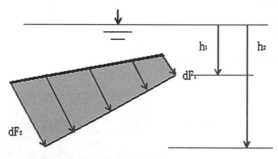

$$dF_1 = p_1 dA = \rho g h_1 dA \ (N)$$

$$dF_2 = p_2 dA = \rho g h_2 dA \ (N)$$

dA 為相對應壓力 p 之微小面積，力之分佈與壓力一樣均為線性。

練習題八

解： 窗口之壓力分佈為一個梯形（請畫畫看），此梯形可分解為一個長方形及一個三角形，長方形壓力分佈產生之力為

$$F_1 = (p_s + \rho g h_1)A = (5000 + 1000 \times 9.8 \times 0.5)(2 \times 1) = 14800 \ N$$

三角形壓力分佈產生之力為

$$F_2 = \rho g \frac{h_2 - h_1}{2} A = 1000 \times 9.8 \times (\frac{2}{2})(2 \times 1) = 19600 \ N$$

故合力為：$F_R = F_1 + F_2 = 34.4 \ kN$

利用力矩觀念，施力點 y_o 為（長方形壓力因壓力平均，故施力點在中心）

$$F_R y_R = F_1(0.5 + \frac{2}{2}) + F_2(0.5 + \frac{1}{3} \times 2) \ , \quad \therefore y_R = 1.31 \ m$$

故施力點在水面下 *1.31* 公尺。 所以設計玻璃窗時應注意些甚麼？

（水族箱若持續加壓，施力點會落在哪？）

練習題九

解：

單位深度為 *1 m*， F_{rect} 代表 *OB* 上方長方形體積之重力，F_{OAB} 代表四分之一圓體積之重力，

$$F_H = F_{OA} \ , \ F_V = F_{rect} + F_{OAB}$$

曲面 *AB* 所受之合力（注意：此力與 *OAB* 內流體所受之力 F_H 及 F_v 的方向相反）

為：

$$F_R = \sqrt{(F_H)^2 + (F_V)^2}$$

$$F_{OA} = \rho g(h + \frac{R}{2})(R)(1) = F_H$$

$$F_{rect} = (\rho g h)(R)(1) = weight \ of \ fluid \ above \ \overline{OB}$$

$$F_{OAB} = weight \ of \ OAB \ (1/4 \ circle) = \frac{1}{4}\pi(R)^2(1)(\rho g)$$

$$F_V = F_{rect} + F_{OAB} = weight \ of \ fluid \ above \ \overline{AB}$$

合力為： $F_R = \sqrt{(F_H)^2 + (F_V)^2}$

求 x， $F_{OAB}\dfrac{4R}{3\pi} + F_{rect}\dfrac{R}{2} = (F_{OAB} + F_{rect})x$

求 y，

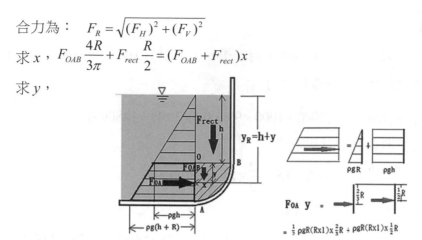

證明合力通過 O 點：

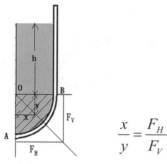

$$\dfrac{x}{y} = \dfrac{F_H}{F_V}$$

(請自行證明看看)

練習題十

解： (請先用邏輯思考：石頭在船上時，其浮力需排開多少體積之水？在水裡時，會排開多少體積之水？) 石頭在船上時，船體排開之體積為

$$V = \dfrac{(M_{boat} + M_{rock})}{\rho_{water}} = \dfrac{M_{boat}}{\rho_{water}} + \dfrac{\rho_{rock}V_{rock}}{\rho_{water}}$$

石頭在湖底時， 船體排開之體積為

$$V_1 = \dfrac{M_{boat}}{\rho_{water}}$$

石頭排開之體積為 V_{rock}，此時總排開之體積為 $V_1 + V_{rock}$，比較 V，誰大誰小？

$$V_1 + V_{rock} = \frac{M_{boat}}{\rho_{water}} + V_{rock} \iff \frac{M_{boat}}{\rho_{water}} + \frac{\rho_{rock}V_{rock}}{\rho_{water}}$$

故石頭在湖底時淨排開之水的體積較小，湖水下降！

延伸學習：石頭一直丟，結果會怎樣？ *LOL⋯*

習題

1. 當點滴罐位於身體上 *1.2 m* 時，大氣壓與血壓達到平衡，*(a)* 病人手腕上血壓為多少？ *(b)* 若病人手腕上須 *15 kPa* 之錶壓以推動藥水進入體內，請問點滴罐需置於何處？

Ans： *(a) 15 kPa*， *(b) 1.5 m*

2. 假設在下圖之中的錶壓力為 *50 kPa*，求出在 *A* 點的壓力。

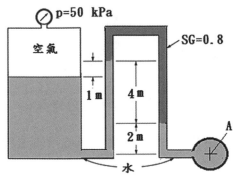

Ans： *99 kPa*（水桶底部與 *A* 點壓力相同）

3. 如下圖所示，具有截面積為 *0.1 m²* 的活塞位在裝有水的圓柱上方，將 *U* 型液壓計連接到圓柱。假設 *h = 10 cm*、*H = 20 cm*，活塞的重量可忽略不計，求作用力 *F* 之值。

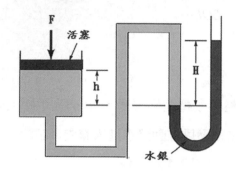

Ans: *F = 3645.6 N*

4. 胡佛水庫 *(Hoover Dam)* 是為美國最高的拱形重力式水壩，水作用在水庫的平面大約為一倒梯形，如圖 *(a)* 所示，水庫的壩牆垂直截面如圖 *(b)* 所繪 [24，25]，請採用圖示的截面計算水作用在水庫的合力，並請標示出作用位置。

（旅遊中所攝）

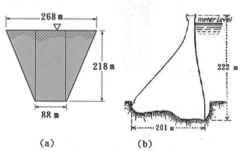

提示： 可將梯形視為兩個三角形與一個長方形

Ans: *34.5 × 10⁹ N*

延伸學習： 水壩構造為向內彎曲之形式，請問有何工程上之意義？

5. 如下圖所示之 *3 m* 寬閘門樞接在 *o* 點，假使忽略閘門質量，若維持水位於 *4 m*，在圖示位置需要多重之平衡物。

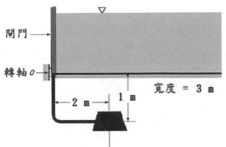

Ans: *156800 N，(16000 kg)*

延伸學習： 上圖裝置有何工程上之缺點？*(誰會在水池下挖個大洞 ...LOL)*

若改為下列兩種裝置，重複求出平衡物重量。*(下列設計又有何缺點？)*

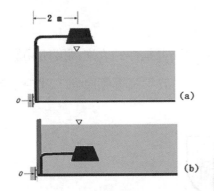

Ans: *(a) 156800 N， (b) > 156800 N， Why？*

6. 一塊寬 *4 m*、高 *8 m* 的矩形閘門位在矩形渠道端，渠道則與大型開口槽相連接，如下圖所示。若將閘門在底端鉸鏈住，並以水平力 *F* 作用在閘門上以保持關閉狀態。假設水位最大值為 *20 m*，*(a)* 則需要最小之 *F* 力為何？*(b)* 倘若閘門鉸鏈在頂端，施力點移至閘門下方，請問結果是否相同？試解釋之。

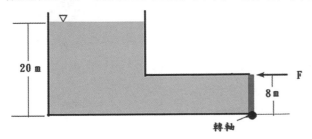

Ans: *(a) 2302 kN， (b) 2509 kN，* 因為施力點對不同轉軸之力矩不同。

7. 在下圖所示的均質閘門為一個四分之一圓柱體，可用以維持水深 h 的貯水量。意即，當水深超過 h 時，閘門將會輕微的開啟並開始有水從下側流出，若每公尺長的閘門重量為 *64.4 kN*，則開啟圓柱體之最低水位為何？。

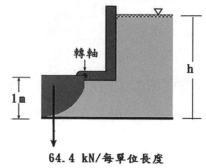

提示：圓柱所受之向上垂直浮力，相當於曲面往上延伸到 h 之高度所涵蓋等同體積水之重量 (雖然並未涵蓋到任何液體，但由於等高等壓原理，就相當裝滿了水)，只是此重量向上 (浮力)

Ans: *4 m*

8. 如下圖所示的半徑為 *2 m* 之四分之一圓形閘門，寬度為 *5 m*，倘若忽略在轉軸處的摩擦力與閘門的重量，試決定固定閘門在圖示位置所需的水平力 *F*。

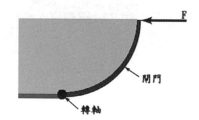

Ans: *F = 87.3 kN*

9. 一個半圓形半徑 *2 m* 之水族館水下走道，長 *20 m*，頂部在水面下 *10 m* 深，求此走道遭受之水的靜壓力。

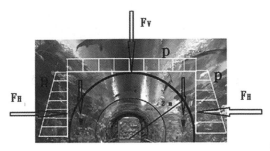

（改繪自海生館網頁）

$$F_V = 7.9 \times 10^6 \ N$$

Ans: $F_H = 4.31 \times 10^6 \ N$

（真正設計時，一定要加入安全係數！）

10. 冰之比重為 0.917，海水比重為 1.042，請問冰山露出海面之體積比例為多少？

（改繪自 Triple Ethos 網頁）

Ans: 12 %。

11. 水門寬度為 1 m，截面為 1.5 m × 1 m 之直角三角形，水門單位體積之重量為 25 kN，請問水門會自動打開之水位高度 h。

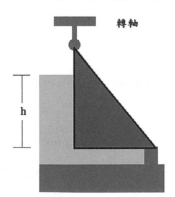

Ans: 0.438 m

參考資料

[1]. *Atomsphere*，*https://is.mendelu.cz/eknihovna/opory/zobraz_cast.pl*？*cast=56579*

[2]. *How to Make a Mercury Barometer*，*http://www.stepbystep.com/how-to-make-a-mercury-barometer-7577/*

[3]. *Barometer*，*https://de.wikipedia.org/wiki/Barometer*

[4]. *Bourdon Needle Dial Vacuum Pressure Gauge With 1/4 inch NPT Male*，*http://www.pchemlabs.com/product.asp*？*pid=3558*

[5]. *Bourdon pressure gauge*，*http://teacher.buet.ac.bd/bhyeasin/academics.html*

[6]. *Flush Diaphragm Low Pressure Transducer*，*https://www.omega.com/pptst/PX42G7.html*

[7]. *NATURAL MAGIC*，*http://www.uh.edu/engines/epi1637.htm*

[8]. *ARTC*，*https://www.artc.org.tw/chinese/03_service/03_02detail.aspx*？*pid=2328*

[9]. *http://www.quran-errors.com/mountains-as-pegsstakes-do-mountains-have-roots-that-resemble-pegsstakes.html*

[10]. *Piezometers are used for measuring pore pressures in ground*，*http://www.geo-observations.com/piezometers/*

[11]. *PODDYMETER*，*https://www.poddymeter.co.uk/products/u-tube-manometers/wall-mounted-u-gauges/*

[12]. *Industrial Supply Syndicate*，*http://www.manometers.in/*

[13]. *ORIFICEPLATE。SHOP*，*http://www.orificeplate.shop/recent-deliveries/orifice-plate-1/*

[14]. *Fluid Statics*，*http://s6.aeromech.usyd.edu.au/aero/fluidmechanics2.php*

[15]. *List of second moments of area*，*https://en.wikipedia.org/wiki/List_of_second_moments_of_area*

[16].2nd MOMENT of AREA，http://www.learneasy.info/MDME/MEMmods/MEM30006A/Area_Moment/Area_Moment4.html

[17].ENGINEERING ARCHIVES®，http://www.engineeringarchives.com/les_fm_hydrostaticforcesonsubmergedplanesurfaces.html

[18].Retaining wall，http://wikidwelling.wikia.com/wiki/Retaining_wall

[19].麻煩的水保， http://cloudlife.pixnet.net/blog/post/22358626

[20].善用環境知覺 從環境災害做環境教育， http://e-info.org.tw/issue/environ/2005/en05030301.htm

[21].How The Great Pyramid Was Built，https://www.panjury.com/verdict/this-is-how-the-pyramid-was-built

[22].https://followthelemur.wordpress.com/2011/10/28/the-schiensh-of-bond-the-spy-who-loved-me/

[23].Hydraulic press，http://kaast-usa.com/products/hydraulic-press-machine/

[24].Category: Boulder City-Hoover Dam，http://www.lasvegas360.com/category/offthebeatenpath/bouldercity-hooverdam/

[25].Cross-section of Dam，http://etc.usf.edu/clipart/87800/87865/87865_cross-section-of-dam.htm

土撥鼠的地洞有風扇？

為何眼睛不能長在頭頂上？

風帆船也可逆風而行！

古埃及人也有時鐘！

王建民如何投出伸卡球？

洗臉槽放水為何都會旋轉？

做過豐胸手術飛行時要當心？

為何其他生物不會尋短？——

"Go with the flow"

「達觀隨寓兮，奚必予宮」。

3

基本流體動力學
伯努力方程式

BERNOULLI EQUATION

第三章

基本流體動力學－伯努力方程式

(*Bernoulli equation*)

流體力學最迷人之處，其中之一就是本章之伯努力方程式及其衍生之現象與結果，其中有讓世界更美好的，也有使世界更混亂的，從您小腹用力放個屁到波音 747 都與之有關。伯努力方程式讓我們一窺流體世界的奧妙，舉例而言，為何魚類鳥類眼睛都不長在前面嘴部或頭頂上？因為這些物種可能都多少因為伯努力定律而滅種了。

變數微積分數學家

Jacob Bernoulli
(1654-1705)

Gottfried Wilhelm
von Leibniz
(1646-1716)

Isaac Newton
(1643-1727)

Guillaume François
Antoine de L'Hôpital
(1661-1704)

伯努力　　　　**萊布尼茲**　　　　**牛頓**　　　　**魯比塔** [1]

伯努力是數學家？原來此圖乃流體力學 *"Daniel Bernoulli"* 的伯父，數學家 *"Jacob Bernoulli"* $(dy/dx+P(x)y=Q(x)y^n$ 微分方程式亦稱為伯努力方程式)，真可謂家學淵源，一門十幾傑，但此家族因名聲利益關係而並未父慈子孝兄友弟恭，殊為可惜……

當流體流動時，受速度、壓力、位置等因素之影響，產生一些有趣甚至不可思議之現象，此現象為偉大科學家醫學博士的丹尼爾‧伯努力發現，我們日常生活中往往在享受其結果之應用，有時也不得不受其威脅。

當忽略黏滯力時，流體遭受的外力只有重力及壓力，此時流體運動定律（牛頓第二定律）會導出一方程式，稱為伯努力方程式，雖然此方程式乃由非黏滯流動假設導出，但其應用範圍極大。

"都怪你，丹尼爾‧伯努力"！

（她該怪牛頓還是伯努力？）

例題：

何種情況下，流場可假設為非黏滯流動？

解： *1.* 流體為非黏滯流體或黏滯係數很小

2. 流體離邊界很遠 (在邊界層外，邊界層見第八章)，見下圖

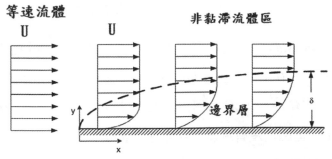

等速流體　　　　　　　非黏滯流體區

U　　　U

y

邊界層

δ

x

3. 流體為等速 *(uniform flow)*

流體沿流線方向力之平衡 – 伯努力方程式

  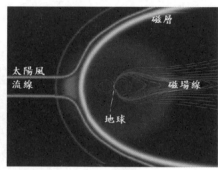

大自然中之流線 [2，3]

流體如何流動？如何加速？速度改變時有何現象會發生？當流體質點加速時，根據牛頓第二定律，流體質點的作用淨力等於質量乘以加速度，即

$$m\vec{a} = \sum \vec{F}$$

在無黏滯力的考量下，流體運動僅受壓力及重力影響，以牛頓第二定律運用於流體質點，則可寫成

$$m\vec{a} = \vec{F}_{press} + \vec{F}_{gravity}$$

若流場為「**穩態**」（*steady-state*），流場中任一流體粒子會流經一固定路徑，此路徑稱為「**流線**」，流體粒子在流線上任一點之速度方向，為流線上此點之切線（*tangent*）方向，如圖 *3.1[4]* 所示。流線與流線間會形成「流線管」*(stream tube)*，雖然這是虛擬的管子，但因為**沒有流體可穿過任何流線**，故流線管對於流體而言就猶如真實管路，就像銅牆鐵壁一樣堅固。

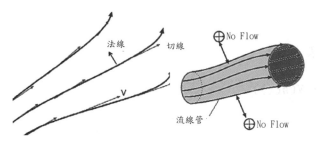

圖 3.1　流場之流線、速度、法線 (n)、切線 (s) 與流線管

流線上流體之加速度

　　流體粒子在彎曲流線上運動時任一點之彎曲半徑就是「曲率半徑」（*radius of curvature*）*R*，*(* 圓周運動之曲率半徑為圓周半徑，直線運動之曲率半徑為無窮大 *)*。在此曲線上移動之距離 *s* 為時間之函數，*s = s(t)*，流體粒子之速度為 *V= ds / dt*，加速度為 *a=dV / dt*，對於平面的二維流動，加速度具有兩個分量：沿著流線的流線加速度 a_s，另一個為垂直於流線的法線加速度 a_n：

$$\vec{a} = \frac{d\vec{V}}{dt} = a_s \vec{s} + a_n \vec{n} \tag{3-1}$$

　　因為流體在流線上 *(s* 方向 *)* 移動，而流線又是時間之函數 *(V=V(s)=V(s(t)))*，其中切線加速度為

$$a_s = \frac{dV}{dt} = (\frac{\partial V}{\partial s})\frac{ds}{dt} = \frac{\partial V}{\partial s} V , \tag{3-2}$$

　　切線與法線之加速度向量示於下圖，當無切線加速度時，法線加速度永遠朝向曲率中心。

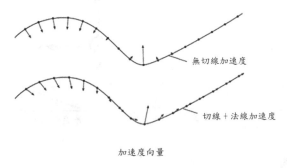

無切線加速度

切線＋法線加速度

加速度向量

小叮嚀：

速度之微分可用下列圖表表示：

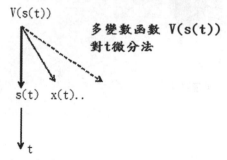

(3-2) 式中之第一項對 s 取偏微分，因為 V 可能還有除了 s 以外之變數（例如其他方向），s 對 t 微分時只要取常微分，因為 s 只有一個變數 t（時間）。

法線加速度為 *（省略證明）*

$$a_n = \frac{V^2}{R} \tag{3-3}$$

流線方向之伯努力方程式

流線上微小的流體質點，如圖 *3.2* 所示，對於穩定流動，沿著流線 *s* 方向的流體粒子之力的平衡，由牛頓第二定律可得，*（附錄 III.1）*

$$\rho V \frac{dV}{ds} = -\rho g \sin\theta - \frac{dp}{ds} \quad (ma = \sum F) \tag{3-6}$$

此為流線上以壓力在流線方向之「變率」表示之「**伯努力方程式**」*（較不常用）*。

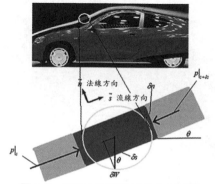

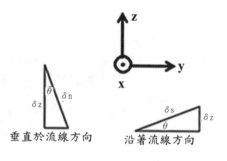

圖 3.2　流線上流體粒子之合力平衡

(3-6) 式代表流體的加速度是由位置與壓力之改變所造成。運動方程式可改寫為

$$\frac{1}{2}\rho\frac{d(V)^2}{ds} = -\rho g\frac{dz}{ds} - \frac{dp}{ds}$$

（因 $\sin\theta = dz/ds$ ）

此方程式又稱為歐拉方程式（*Euler's equation*），**即無黏滯力之動量方程式**（見第八章）。

並可化簡為 $dp + \frac{1}{2}\rho d(V^2) + \rho g dz = 0$

若密度為常數，任一流線上，從任一點 *1* 到其他一點 *2*，此方程式可積分為

$$(p + \frac{1}{2}\rho V^2 + \rho gz)_2 - (p + \frac{1}{2}\rho V^2 + \rho gz)_1 = 0 \qquad (3\text{-}7)$$

或 $\quad p + \frac{1}{2}\rho V^2 + \rho gz = C \qquad\qquad (3\text{-}8)$

C 為一常數，此為以壓力在流線上「變化」之「**伯努力方程式**」。

小叮嚀：

檢視此方程式，每一項之單位均為 N/m^2 **或** $N\cdot m/m^3$ **或** J/m^3，**此代表流線上流體單位體積之能量**，若將此方程式乘上一單位體積 v，則此方程式變為

$$pv + \frac{1}{2}mV^2 + mgz = a\ const.\ along\ streamline \qquad (3\text{-}9)$$

其中每一項分別代表壓力能、動能、位能，**故伯努力方程式代表在流線上之「能量守衡定律」**，如下圖所示，在流線上任何一點此三項之合為一常數：

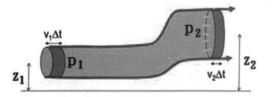

另外，讀者在高中物理中學到的能量守衡是，一物體在墜落時，其位能轉換為動能，但其總和為常數：

$$\frac{1}{2}mV^2 + mgz = C$$

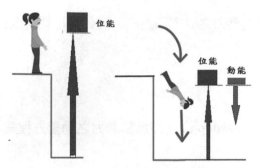

例如多年前曾有一名女子跳樓結果壓死一名賣肉粽小販（該女子之位能轉換為動能，再由小販吸收此能量，Rest in peace），為何上述方程式中並無「壓力」之角色？

固體運動時，其所遭受之壓力為大氣壓，運動中其改變並不大（見下例高空彈跳之估算），故不必考慮壓力，但「管路」流體之流動受壓力（梯度）影響甚巨，所以流體流動時必須考慮到壓力。（自殺不能解決問題，其他生物為何不會自殺？ Because they "go with the flow"！王陽明若無「達觀隨寓兮，奚必予宮」之豁達胸懷，如何在人生大起大落中成為一代宗師？ 降低壓力的好方法就是增加您的動能 – 運動去！）

腦筋急轉彎:Why is potential energy always connecting to a potential future?

When you jump from a tall building, you're losing them both.

伯努力方程式之適用範圍（限制）為：

1. 穩定流場

2. 非黏滯流體

3. 不可壓縮流體（密度為常數）

4. 沿任一流線上

例如下圖 *(a)* 靠近模型飛機及風洞牆壁附近為邊界層，故不適用。*(b)*，在風扇

前後均適用，但因流場與流線均已改變，故 *(3-8)* 式之常數 *C* 會改變。在機翼後的
尾波區 *(wake* 見第八章 *)* 亦不適用。

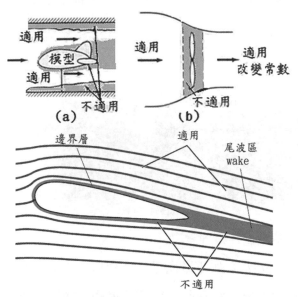

生活實例：拿一張紙，用嘴對著紙面吹氣，咦？紙片翹起來了⋯⋯*Why*？

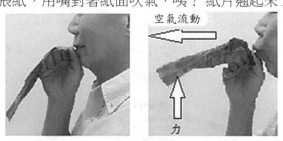

（寫書拍攝）

紙片附近本來都是大氣壓，紙片上面吹氣時速度增加而壓力下降，故形成一向
上之淨力，把紙片撐起。

小小實驗：

設計兩張垂直平行之紙片，吹向兩紙片，觀看結果。

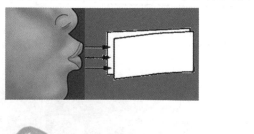

練習題一：

解釋下圖之乒乓球在吹風機傾斜時為何不會掉下來？

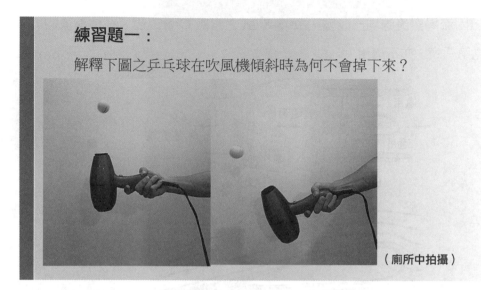

（廁所中拍攝）

生活實例： 飛機上升原理

　　機翼「翼型」*(airfoil)* 如下圖所示，通過機翼上面之空氣因較彎曲之曲面故流經更長之距離，反之在機翼下面之空氣流經較短之距離，但兩股空氣在機翼後面會合 *(Why*？因為其實空氣並沒有動，只是被機翼分開再會合*)*，故所經過之時間相同，造成機翼上方之空氣速度較快，一般約為下方速度之 *1.3～1.4* 倍，視機翼形狀與「攻擊角」*(angle of attack)* 而定。（所以飛機之上升力從何而來？）

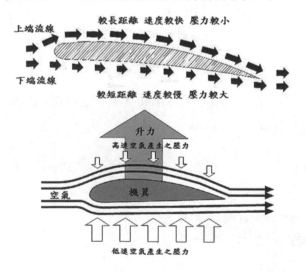

因為機翼上下方之流線之能量均相等，上方之高速造成低壓，故機翼上下面空氣速度之差異而造成壓力差，此壓力差乘上機翼面積，就是產生「向上」之淨力，稱為「升力」(Lift)。

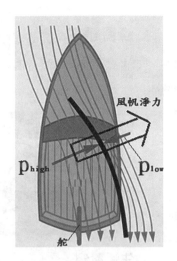

同樣道理，帆船也是利用帆布兩邊風速不一樣產生壓差，即使在逆風時，只要調整風帆攻擊角與舵之方向，還是可以提供前進力量 (所以風帆手需兩手同時分別控制帆與舵)。

生活實例：為何機車不要接近高速之卡車？(火車進站時月台上的嬰兒車千萬要顧好)

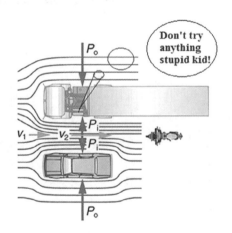

練習題二：

估算波音 747 之最大載重力。

練習題三：

估算 *Toyota 86* 小跑車 *[7]* 在高速公路上其尾端擾流板能增加幾公斤重量之下壓力量？

生活實例：

澳門笨豬跳 *Bungee jump(* 就是高空彈跳)，是全世界最高的高空彈跳，遊客可從 *233* 公尺高的平台一躍而下，感受高速的快感。 請問遊客臉部遭受最大之壓力為何？

解：先求出下降最大速度

$$s = \frac{1}{2}at^2, \quad 233 = 0.5 \times 9.8 \times t^2$$
$$t = 6.8 \text{ s}$$
$$\therefore v = at = 68 \ m/s$$

空氣打到臉上「遲滯點」(見後述) 完全停住，動能轉換為壓力：

$$p_{stag} = \frac{1}{2}\rho v^2 = 0.5 \times 1.2 \times (68)^2 = 2774Pa$$

所以彈跳中感受的最大壓力改變大約是大氣壓之 *3%*。

腦筋急轉彎：

Why did a bungee jumper hit the ground? (He didn't pay a tension.)

What is the similarity between having a sex and bungee jumping? (If the rubber broke, you're dead.)

（新聞照片）

延伸學習：若將人體當作流體粒子時，就像在高空彈跳之路徑上，其壓力參與能量守衡之重要性大不大？（不大！）

　　若將一個水管置於樓頂而向下噴水，散開的水珠就像跳樓女子般，水珠在各處均感受到同樣的大氣壓，過程中只有動能位能互換，與壓力無關，故水珠會加速。那麼假如管子垂直置於大樓牆邊，再於地面上噴出水，則管內之流體會如同水珠加速嗎？重力對此流體有何影響？管內壓力如何改變？（「等速」！越下面的管內壓力越低，最後以大氣壓流出水管，樓上的位能（重力因素）或幫浦形成的推動力（壓力降）就被流體與管壁間之摩擦力抵消了不會加速，見第七章）

練習題四：

強風吹襲至高樓之窗戶，風速為 *65 mph*，窗戶大小為 *0.9 × 1.8 m²*，求窗戶上所承受之力。

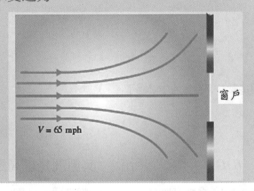

練習題五：

討論下圖各點之能量，以「壓力頭」（*pressure head*）、「動能（動力）頭」（*kinetic head*）、及「位能頭」（*potential head*）之相對大小表示之。

練習題六：

有些動物即使沒有學過流體力學，但卻懂得如何去運用伯努力效應的優點。譬如草原鼠 *(prairie dog)* 或土撥鼠在地下的巢穴一般均有二個洞口，一個是「凸型開口」，一般是在平原上，另一開口為普通開口，一般是藏於樹林中不易被發現，如下圖所示 [8]。 當風以速度 V_o 吹過平原，因為凸出小丘的影響，使得吹過此小丘 (開口) 的平均風速會大於 V_o，而使得洞口內產生負壓造成地洞空氣之流動。假設小丘處空氣速度增加為 $1.1\,V_o$，若風速為 *6 m/s*，請問造成空氣在巢穴中流動之壓力差為若干？此為大自然提供之自然通風系統。(此大自然造成之通風如何流動？)

(不會挖洞也不會把出口造成小山丘之齧齒類動物可能就在宇宙長河中滅絕了。。)

生活實例：

台灣早期使用的滅蚊器是「滴滴涕」*(DDT)*，如下圖所示。 其原理是以高速空氣流場 (低壓) 將 DDT 液體吸至噴嘴口，再將液體用空氣打散成霧狀 *(atomize)*。

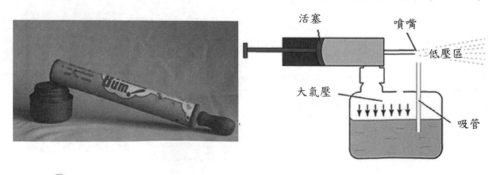

生活實例：汽車油門加速及化油器吸油原理

化油器 [9，10] 吸油箱汽油的原理與噴管噴出 (吸出)DDT 類似，其中「文氏管」產生壓差，使油箱內汽油產生負壓而被吸出。加速踩油門時只是讓閥門打開空氣流量增加，文氏管內速度增加，產生更大之壓差，汽油流量就更大，達到加速目的。

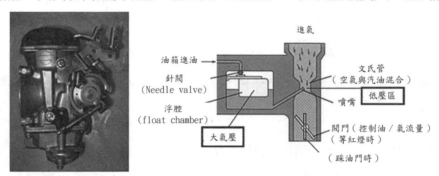

文氏管 (Venturi Tube)：是一種測量管路中的流體體積流率的簡單工具，文氏管測量流量的原理是由意大利物理學家 *Venturi* 發明的，就是由流體通過縮小流道而速度增加時，與外界 (例如油箱) 產生壓力差，並可通過測量壓差來測定通過管道的流量。

生活實例：如何投出變化球？

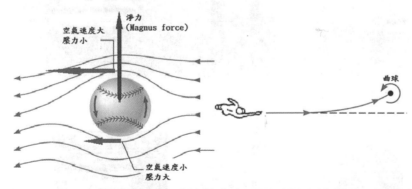

解：如上圖之俯瞰圖，投手若投出水平逆時針之旋轉球，因為黏滯力與「無滑動現象」，棒球前進時左邊接觸之空氣會被拉快，反之，右邊之空氣會被拖慢，而左右兩邊之流線在接觸到棒球之前均為等速 *(uniform flow)*，即每一流線均有 *(3-8)*

式右邊之同樣常數 C，由伯努力方程式可知，俯視棒球左邊之平均空氣速度較大，故壓力較小，反之右邊之壓力較大，故會產生一向左之淨力，而產生右打者之外角滑球 (slider)。同理可證，將球投出時在垂直面旋轉，則會產生伸卡球 (sinker) 或上飄球等變化球。

延伸學習：上述因為物體旋轉，而產生與流體運動垂直方向之力稱為 *Magnus effect*，運動中除了棒球之變化球外，足球中的香蕉球，球轉得越快，弧度越大，其他例子如桌球、網球、排球的上旋或下沉等。*(籃球教練為何教妳投籃時球要旋轉？向哪旋？)*

航運工程之舊瓶新酒：百年前已有利用 *Magnus effect* 運用於航運上，德國工程師 *Flettner* 設計船上之圓筒型轉子 (rotor) 以增加垂直於風速之前進力 *[5]*，但因增加之推力不及轉子之能源消耗而停止研究，但近年轉子效率增加，*Maersk* 聲稱於 *2018* 年將測試新轉子於其船隊，並可節省燃料約 *7~10 %[6]*。

生活實例：無扇葉風扇原理 *[11]* -- 伯努力方程式

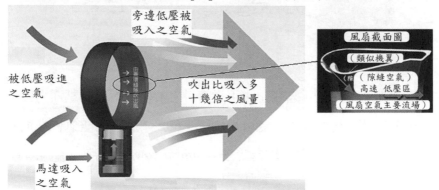

這種新產品由英國發明家戴森（*James Dyson*）首次發表，它的外型包括一個圓柱型的基座，上面接著一個圓環或橢圓環形狀的出風口。這個圓環看似一個薄片，但其實內部是中空的，而且一邊凸出一邊平滑，這樣類似機翼的形狀設計能增加伯努力效應。無葉風扇運作時，基座內的馬達會先從邊緣佈滿許多的細孔吸入空氣，再把這些空氣向上推升到圓環內的中空管道，這個管道在凸出的那一邊，有一圈很窄的縫，空氣從縫中噴出，角度向著前方，經過內環較凸出的部份；此時由於伯努力定律，這些氣流會在圓環中間產生較低的氣壓，因而帶動圓環後方、上下周圍的空氣一起流入，朝著圓環前方吹，可以吹出比吸入更多倍（據說可達 *15* 倍）的風量。

生活實例：喜愛野餐的民眾有沒有遇過類似經驗，每當一陣風吹過，野餐布就會被風吹起，甚至還出現整塊布被吹走的窘境？日本東京理科大學力學系的川村康文教授提供大家一個小秘訣 *[12]*，讓野餐布能在風中屹立不搖，不被吹走的好妙招！首先先用橡皮筋綁住塑膠墊的四角，綑綁長度大約 *6* 至 *7* 公分，接著將綁好的部分，折進塑膠墊下面，其他三個角也用同樣方法綁起，這樣就可以防止塑膠墊被風吹走了。

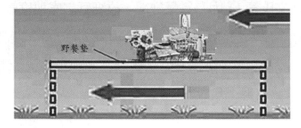

台灣趣聞：屏東車城有個全台最大之福德宮，金紙會自動被一股力量吸入金爐，除了神蹟，讀者可否思考空氣溫度、空氣密度、以流體力學觀點解釋此現象？

（旅遊中拍攝）

科學之解釋為：熱空氣密度低浮起造成流動，爐內形成負壓。

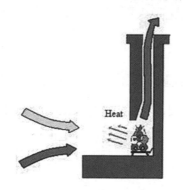

思考類似壁爐之氣流

例題：

下圖為一改變截面積之管路 (文氏管)，因為質量守衡，故細管之處速度較大，壓力較小，故在 *1，2* 兩點之間除了原本已經具有之管路壓力降 (差) 外，更因速度變快而增加壓力降，使測量流場特性更為精確，但其缺點為須提供更大之幫浦力。下圖以 *U* 型壓力計測量兩點之壓力差。

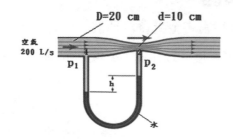

1，2 兩點間不考慮位能差之伯努力方程式，並以「頭」*(head, m)* 表示為

$$\frac{p_1}{\rho g} + \frac{V_1^2}{2g} + z_1 = \frac{p_2}{\rho g} + \frac{V_2^2}{2g} + z_2 \quad \rightarrow \quad p_1 - p_2 = \frac{\rho_{air}(V_2^2 - V_1^2)}{2}$$

因空氣密度遠低於水，故 *U* 型壓力計所測量之壓力差為

$$p_1 - p_2 = \rho_w gh$$

故 $\quad \dfrac{\rho_{air}(V_2^2 - V_1^2)}{2} = \rho_w gh \quad \rightarrow \quad h = \dfrac{\rho_{air}(V_2^2 - V_1^2)}{2g\rho_w} = \dfrac{V_2^2 - V_1^2}{2g\rho_w / \rho_{air}}$

由質量 (體積) 守衡解出速度與液面高度差：

$$V_1 = \frac{Q}{A_1} = \frac{Q}{\pi D_1^2 / 4} = \frac{0.2}{\pi (0.2)^2 / 4} = 6.37 \text{ m/s}$$

$$V_2 = \frac{Q}{A_2} = \frac{Q}{\pi D_2^2 / 4} = \frac{0.2}{\pi (0.1)^2 / 4} = 25.5 \text{ m/s}$$

Q (m³/s) 為「體積流率」*(volume flow rate)*

$$h = \frac{(25.5)^2 - (6.37)^2}{2(9.81)(1000 / 1.20)} = 0.037 \text{ m} = 3.7 \, cm$$

伯努力方程式實驗： 飛機機翼與跑車尾翼

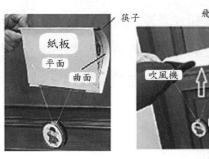

Well, fluid mechanics is fun or what?

流體垂直於流線方向力之平衡

龍捲風如何形成？流體在法線方向也有類似的能量守衡。流體旋轉時「離心力」（*centrifugal force*）被朝向內的重力、壓力、或磁力因素平衡，以保持流體在流線上之彎曲運動。流體粒子上法線方向能量之守衡為 (附錄 *III.2*)

$$(p + \rho \int \frac{V^2}{R} dn + \rho gz\,)_2 - (p + \rho \int \frac{V^2}{R} dn + \rho gz\,)_1 = 0 \qquad (3\text{-}11)$$

或 $\qquad p + \rho \int \frac{V^2}{R} dn + \rho gz = a\ const.\ along\ a\ normal\ line \qquad (3\text{-}12)$

其中 *n* 為法線，*R* 為曲率半徑，此稱為「法線上」之伯努力方程式。

強迫渦漩 *(forced vortex)* 與自然渦漩 *(free vortex)*

流體在法線方向之能量守衡造成了流線彎曲或渦漩。攪拌咖啡時，越靠近杯緣旋轉速度越快，這就是「**強迫渦漩**」，如左下圖。當拔開澡盆的塞子時，自然地會以旋轉越快的方式流出排水口 *(why*？*)*，這就是「**自由(自然)渦漩**」，如右下圖。。

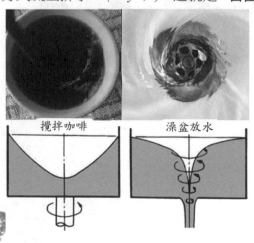

攪拌咖啡　　　　澡盆放水

（飯廳與浴室拍攝）

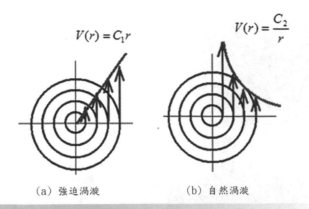

$V(r) = C_1 r$

$V(r) = \dfrac{C_2}{r}$

(a) 強迫渦漩   (b) 自然渦漩

練習題七：

(a) 強迫渦漩及 *(b)* 自然渦漩之速度分佈為 *(見上圖)*：*(a)* $V(r) = C_1 r$ ， *(b)* $V(r) = \dfrac{C_2}{r}$ ，求其壓力分佈及其物理意義（參考壓力 $p(r_o) = p_o$ ）。

練習題八：

下圖水流過小山丘，*2*、*4* 點為水面，求各點之壓力變化。

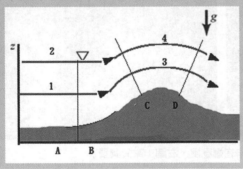

大自然中產生之渦漩（複數 *vortices*）

　　自然界往往有自然渦漩與強迫渦漩同時產生，例如龍捲風、颱風等。龍捲風速度與壓力分佈如圖 *3.3* 所示，龍捲風外緣為自由渦漩，而中心部分（威力強大部分）為強迫渦漩，龍捲風涵蓋地區氣壓均低於大氣壓。

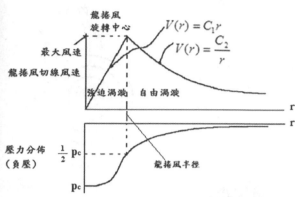

圖 3.3 龍捲風之自然與強迫渦漩

　　$r = 0$ 為龍捲風中心，邊緣為強迫渦漩與自然渦漩之交界處速度最大，外圍較不受影響處速度～為零，壓力為大氣壓，故越往龍捲風內部壓力越低，此壓力差提供內部流體作旋轉時所需之向心力。在中心點速度為零，因為對稱故壓力最低，此壓力差造成一股朝向龍捲風中心，再向上升之流場，造成破壞。

（天人合一？左圖：卡崔娜颶風，右圖：家父頭頂）

　　流體在做迴旋運動時，離旋轉中心越遠處壓力越大，此較大之壓力用來平衡旋轉時產生之離心力，使流體旋轉而不至於飛散。故龍捲風所造成之破壞，除了高速之風速外，還有在短距離之壓力差，可以將建築物摧毀。

生活實例：

海倫·杭特電影「龍捲風」*Twister* 中龍捲風為何會將汽車、牛隻吹起？龍捲風旋轉中心之空氣流場為何？(考慮質量守衡：朝向中心的流體，會合後再向哪裡流？)但是她發明的加了翅膀的小球可能無法乖乖地漂浮在龍捲風中心。

Teacher: What happened to a cow that was lifted into the air by the tornado?

Student: It's an udder disaster!

(You'd better know how to spell utter, kid.)

延伸學習：浴缸放掉水時，為何水流「最後」以旋轉方式流出？因為過程中水流之方向並不完全固定，有可能並不朝向出口，此流速無論多小都會造成對於出口之「角動量」，就是與中心方向垂直之流體動量乘上 (外積) 旋轉半徑，例如冰上舞者，直立旋轉時，若將手縮回胸口，旋轉就加快，就像浴缸出口流體最後以旋轉方式加速流出，這就是「角動量守衡」*(conservation of angular momentum)*。

角動量守衡實驗：將靜止的水瓶往前快推再急停，咦？水在旋轉！*Why?*
(感謝義守機械系同學之啟發)

往前推

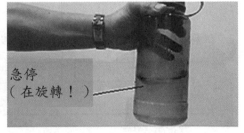

急停
(在旋轉！)

137

靜力壓、停滯壓、動能壓、與全壓

伯努力方程式中的各項單位都是壓力，各有何物理意義？

$$p + \frac{1}{2}\rho V^2 + \rho gz = p_T = a \; const \; along \; a \; streamline$$

1. 第一項 p 代表流體在同樣溫度、體積下靜止時的壓力 -「熱力學壓力」 *(thermodynamic pressure)*，例如水蒸氣表 *(steam table)* 中使用之真實壓力，但 流動的流體只要被探測器碰到速度就改變而無法量測其真正壓力，故用間接方 法如圖 3.4 所示，在管路的表面上鑽一小孔裝上前述之立管壓力計測量之：

$$p(gauge) = \rho gh$$

這樣量測出來的就是前述之「靜壓」。

(問：為何此點之液面會上升？此點壓力比大氣壓高嗎？)

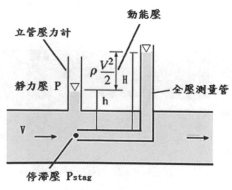

圖 3.4　管路流體壓力分佈圖

2. 第二項 $\rho V^2/2$ 稱為動能壓（*dynamic pressure*），圖 *3.4* 中 *L* 形管之前端流體可以假設被停滯住，稱為「**停(遲)滯點**」（***stagnation point***），其壓力 p_{stag} 稱為「停滯壓」（*stagnation pressure*）*(見前述高空彈跳及大樓窗戶例題)*，因為流體之動能在此點*(理論上)*完全消失而轉換為壓力，故此壓力一定大於靜力壓。若比較上圖二管之液高差：

$$\frac{1}{2}\rho V^2 = p_{stag} - p = \rho g(H - h) \tag{3-13}$$

則流體速度可由下式求出

$$V = \sqrt{\frac{2(p_{stag} - p)}{\rho}} = \sqrt{2g(H - h)} \tag{3-14}$$

3. 第三項 ρgz 稱為「位能壓」（*potential pressure*），代表流體因高度改變而增加或下降的位能所相當之壓力。

4. 靜力壓、動能壓、及位能壓之合 p_T 稱為「全壓」（*total pressure*），伯努力方程式代表任一流線上，流體之全壓為一常數。

如何簡單量出圖 *3.4* 中立管與全壓測量管之壓力差，及流體速度？

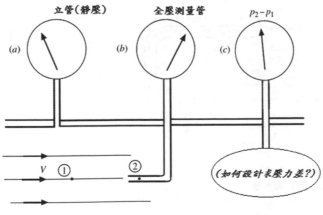

皮托管（*pitot tube*）

工業上利用流體停滯壓與靜力壓之差以及在忽略位能壓之情況下，可使用構造簡單之皮托管求出動能壓，以求出流體流速，其構造示於圖 *3.5*。亨利‧皮托 *Henri*

Pitot 發明了皮托管，並成功地測量出巴黎塞納河的水流量 [13]。

噢，洞口向著河水時管子水位最高

Henri Pitot 測量塞納河的水流量

停滯壓入口孔

靜力壓入口孔

靜壓測量孔

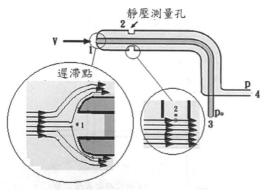

遲滯點

圖 3.5　皮托管構造

　　皮托管構造為兩同心圓管，內管進口處類似遲滯點以測量全壓，外管與流體方向平行處開小孔以測量靜壓，將皮托管置入管路中，並連接例如 U 形壓力計，可測量出 p_2 與 p_1 之差 (進而轉換為流體之速度)，如圖 3.6 所示：

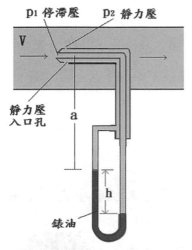

圖 3.6　皮托管連接 U 形壓力計測量流體速度

$$p_1 + \rho g(a+h) = p_2 + \rho ga + \rho_g gh$$

$$\therefore p_1 - p_2 = (\rho_g - \rho)gh$$

此壓力差相當於流體動能壓 $\rho V^2/2$，故流體速度為

$$\therefore V = \sqrt{\frac{2(\rho_g - \rho)gh}{\rho}} \qquad\qquad (3\text{-}15)$$

此測量結果與位置 a 無關。(U 形壓力計內哪邊液油表面較高？)

飛機也用皮托管？

　　皮托管即使構造簡單，但若無 GPS 定位計算速度下，與下述之失速警告風向板一樣，都是最可靠且不需電源啟動 (運作) 之測量儀器之一 (而且都是左右對稱裝設，why ？)，有機會到松山機場三樓觀景台看看飛機機鼻下之小勾勾吧 [14]。

附錄：遲滯點

流場中遇到垂直平面，流體在碰觸點瞬間完全停止，此時流體中之動能部分完全轉換成流體壓力，此理論點稱為「遲滯點」，如皮托管之開口處，以及飛機機鼻處。

遲滯點之物理意義與應用：遲滯點之流體真的停住了嗎？如果真的停住了，流體不是一直累積在這裡嗎？

事實上遲滯點只是數學上的觀念，遲滯點為無窮小之一虛擬「奇點」 *(singularity)*，流體越接近遲滯點速度越慢，但永遠不會接觸到，在接觸前就轉向 (在兩度空間流場中，向下或向上)，飛機就是利用兩度空間遲滯點之觀念，使用「失速警告風向板」*(stall warning vane)*，猜猜這位仁兄是在與飛機 *kiss and say goodbye* 嗎？

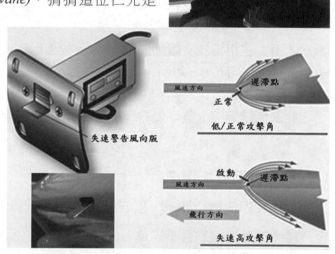

當攻擊 (爬升) 角度過大而失速時，遲滯點就移至風向板下方，往上的空氣就會將其向上扳而啟動警告系統。這位仁兄只是在測試此風向板可否正常彈起而已 *[15，16]*。

練習題九：流速測量

圖 *3.6* 中流體為空氣，錶油為水，在常溫常壓下以皮托管測量速度，當液面差為 *10 cm*，求空氣速度。

3.4

伯努力方程式之應用與影響

自由噴流（*free jets*）

　　咖啡筒快光時小龍頭的流速為何會變小？膀胱內壓力與尿液高度與小便射程有關嗎？在容器內流體之壓力只與高度（位能）有關，那流出容器時呢？

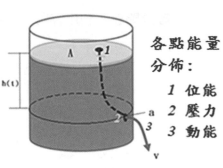

各點能量分佈：

1　位能
2　壓力
3　動能

　　流出容器之流體只受體靜壓影響稱為「自由噴流」。

例題：

計算流體噴出小孔之速度與流體流光所需之時間。

　　解：流體之虛擬流線如上圖所示，在此流線上只有位能與靜壓之互換，在出口處壓力為 ρgh，而此時流體感受到大氣壓（零），所以壓力立刻轉換為動能 $(1/2)\rho v^2$，故：

$$v(t) = \sqrt{2gh(t)}$$

　　若考慮出口摩擦力能量損失（見第七章），速度大約下降為 0.6 倍，此稱為「托里賽利定律」。

　　考慮容器中質量出去 *(Out)* 流率、進來 *(In)* 流率、容器中存留變率 *(Storge)*，即第四、五章討論之 *OIS* 方法，容器內流體之質量平衡為：

$$\dot{O} - \dot{I} + \dot{S} = 0$$

$$\rho a v(t) - 0 + \frac{d(\rho A h(t))}{dt} = 0$$

$$\therefore \frac{dh(t)}{dt} = -\frac{a}{A} v(t) = -\frac{a}{A}(0.6)\sqrt{2gh(t)} = -C_1\sqrt{h}$$

此方程式可積分為

$$2\sqrt{h(t)} = -C_1 t + C_2$$

C_2 可由起始條件 (水面起始高度) 求出。

※ 設計問題： 利用容器之形狀，設計出水位下降速度為常數之漏水容器 (當馬錶用)。

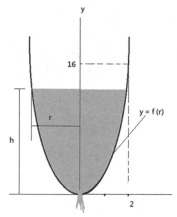

水位下降所減少之體積，相當於流出之體積，由上例可知

$$dQ = -(\pi r^2)dh = -C\sqrt{h}dt$$

若水位下降速度為常數，則

$$\frac{dh}{dt} \propto \frac{\sqrt{h}}{r^2} = a\ const. \quad \therefore h \propto r^4$$

故容器之形狀為 $y(x) = x^4$

水位下降時間相等

生活實例： 古埃及人如何測量時間長短？下圖為古埃及人測量時間之漏水容

器 *Clepsydra [17]*，即水鐘，容器邊的刻痕就代表時間之單位，因為水位下降之速度幾乎為常數，固可計算出經過之時間。(但古埃及人只發明 $y \sim x$ 之容器，再用上寬下窄之刻度表示相同時間之間隔，並未聰明到 $y \sim x^4$ 之設計，也許他們追求的是來世永恆，在世上之時間計算之精細就不太在意了。)

限制流體（*confined flows*）

不同於自由噴流，當流體限制於器具內，壓力事先無法知道，此情況下必須用「質量守衡」（*conservation of mass*）或「連續方程式」（*continuity equation*）(見第四、五章)，以彌補伯努力方程式之不足，使用後述之 *OIS* 方法：

$$\dot{O} - \dot{I} + \dot{S} = 0 \tag{3-16}$$

$\{\dot{Out}\ flowrate\ of\ mass\} - \{\dot{In}\ flowrate\ of\ mass\} + \{\dot{Storage}\ rate\ of\ mass\ in\ C.V.\} = 0$

此守衡觀念將亦應用於動量能量守衡，為工程中最基本重要之觀念之一，在分析工程問題中使用 *OIS* 觀念無往不利，讀者務必了解活用。

「質流量」（*mass flowrate*），$\dot{m}$（*kg/s*）：$\dot{m} = \rho Q$

故質量守衡之 *OIS* 公式中每一項單位均為 *(kg/s)*。

如圖 3.7，當穩定狀態下（*OIS* 中 S 項為零，容器內無增加或減少流體），流體之流進率必須等於流體之流出率：

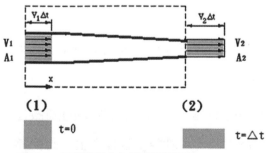

圖 3.7　固定容器中之質量守衡定律

「體積流量」（*volume flowrate*），Q（*m³/s*）：$\quad\quad Q = AV$

「質量守衡」：$\quad \rho_1 A_1 V_1 = \rho_2 A_2 V_2$ $\tag{3-17}$

若流體為不可壓縮，則

$$A_1V_1 = A_2V_2 ， \quad 或 \quad Q_1 = Q_2 \qquad\qquad (3\text{-}18)$$

此為體積「連續方程式」，乃「進退中繩」之含意。

例題：質量守衡

空氣以 *120 m/s*， 密度 *4.18 kg/m³*， 進入一個面積變為一半之噴嘴中，出口速度為 *380 m/s*， 求出口空氣密度

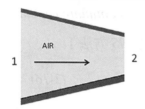

質量守衡，$\dot{m}_1 = \dot{m}_2 = \dot{m}$。

$$\dot{m}_1 = \dot{m}_2$$
$$\rho_1 A_1 V_1 = \rho_2 A_2 V_2$$
$$\rho_2 = \frac{A_1}{A_2}\frac{V_1}{V_2}\rho_1 = 2\frac{120}{380}(4.18) = 2.64 \quad kg/m^3$$

延伸學習：為何出口速度不是變四倍？為何空氣密度會變？(可否用伯努力方程式看看壓力之變化？壓力與空氣密度有何關係？)

※ 空泡化（*cavitation*）

水在一大氣壓下 100℃ 才會沸騰，但若壓力下降到一大氣壓的 4% 時室溫的水就會沸騰，這跟流體力學有何關係？

液體速度增加同時，壓力若下降到一定程度，會造成液體物理性質改變，當下降至液體「飽和壓」（*saturation pressure*）時，「沸騰」就會產生，此稱為「空泡化」，例如在文氏管中，在狹窄處壓力下降，當流量(速度)夠大時就產生蒸發，如圖 *3.8[18]* 所示。例如在輪船之螺旋槳葉片附近的海水，因高速低壓而產生沸騰，

產生水蒸汽泡 (**注意：不是空氣**)，如圖 3.9[19] 所示。

延伸學習：在電影「獵殺 U-571(U-571)」中，德軍「U-boat」潛艇發射魚雷後，為何聲納會聽出咻咻聲？如何降低咻咻聲？(見第八章)

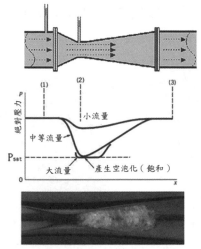

圖 3.8　流體因速度增加壓力下降而產生空泡化

圖 3.9　螺旋槳葉片上海水之空泡化

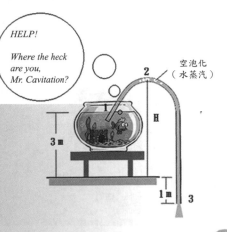

※ 練習題十：

魚缸之吸水管或虹吸管 (*siphoned tube*)，若往上提高則位能越大，使得壓力下降，若使管內不產生空泡化 (就是蒸發產生水蒸汽，不是空氣！)，管子內的水可繼續流動，其可提高之最大高度為何？

　　空泡化在工業上是很嚴重之問題，此類汽泡與附近未飽和液體產生「凝固」，且泡膜會在最微弱處破露，而對外界產生四面八方之「微噴流」*(micro jets)*，如圖 3.10[20] 所示，並產生極大之「壓力瞬變」（*pressure transient*）與噪音，此變化可大到 ~ 690 MPa，對附近之物體產生破壞，例如於旋轉葉片之末端，如圖 3.11[21] 所示。

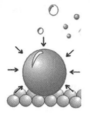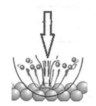

環境壓力
大於氣泡壓力

微噴流形成
破壞氣泡

氣泡破滅
微噴流破壞
環境物質

圖 3.10　空泡化破壞及微噴流形成示意圖

圖 3.11　空泡化破壞之葉片

　　生活實例：學生於工作中傳來其工廠軸承遭破壞之照片（圖 3.12），不知其原由，讀者能猜出其破壞原因，並提出解決方案嗎？

　　*(Hint：潤滑油之物化性質與壓力有關嗎？軸心與軸承之間隙對潤滑油有何影*響？*)*

圖 3.12　空泡化破壞之軸承（高雄某傳產工廠拍攝）

生活實例：潛水夫症

類似於空泡化，人體中也會產生氣泡，稱為潛水夫症或減壓症，例如潛水員急速上浮，會使溶在身體組織內的氣體（主要是氮氣）溶出，在體內形成氣泡致病的。當身體暴露於壓力下降的環境時，氮氣會被釋放到離開身體的氣體中。

若氮氣被逼離體液的速度太快時，氣泡會在身體內形成，造成減壓症的症狀，如皮膚發癢及皮疹、關節痛、神經系統衰竭、麻痺及死亡。

附錄：2009 年新聞報導 [22]: 現年 *45* 歲的莫斯科婦女伊 *x* 娜在搭飛機前往美國加州度假下機時，突然在加州機場昏倒。醫生經檢查驚訝地發現，她的隆乳發生了「爆裂」，可能是由於不堪空中和地面的巨大氣壓差導致……據報道，英國「太空老頑童」、「維珍銀河」太空旅遊公司老闆理查・布蘭森就曾禁止做過隆胸手術的女性進入太空，原因就是擔心她們的乳房可能在空中低氣壓環境下發生爆炸。如果新聞屬實，可能發生之原因為何？

附錄：2017 年新聞報導 [23], 在秘魯就有一位大叔在海底潛泳完上岸之後，整個身體就腫了，大叔是秘魯地區的一名漁民，有的時候會潛水到海底進行一些深海作業。這一天，他從海底上升的時候，犯了一個足以致命的錯誤。由於他在海底向水面上浮的時候，由於速度太快，導致體內血液裡溶化的氮氣釋出形成大量的怪異的氣泡。 上岸之後伴隨著氣泡的產生，他的身體也在上岸之後迅速膨脹起來。身體像充滿氣的皮球一樣鼓鼓囊囊的，而他的胳膊更是比自己之前的胳膊 *5* 倍還要粗。

小叮嚀 ：如何避免產生潛水夫症？ 上升速度不超過旁邊氣泡上升之速度，大約 0.23 m/s。（ 酷愛潛水的指導教授之忠告 ）

所以任何流動流體都可能「含苞待放」或「包藏禍胎」。

※ 流率測量（ *flowrate measurement* ）

一般測量管路流體流率之方法為，將管路內置入一些流場阻礙物，使得此阻礙物上游區（低速、高壓）與下游區（高速、低壓）產生額外之壓力降，進而測量出壓力差與流率，此類阻礙物有「孔口板」（*orifice plate*）、「噴嘴」（*nozzle*）、與「文氏管」，分別如圖 *3.13* 所示。

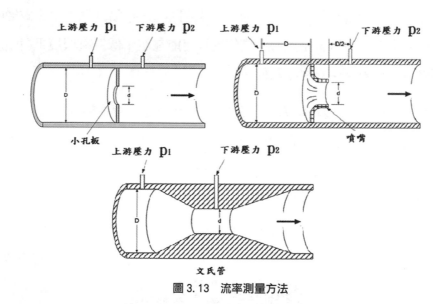

圖 3.13　流率測量方法

$$p_1 + \frac{1}{2}\rho_1 V_1^2 = p_2 + \frac{1}{2}\rho_2 V_2^2 \quad, \quad Q = A_1 V_1 = A_2 V_2$$

$$\therefore Q = A_2 \sqrt{\frac{2(p_1 - p_2)}{\rho[1 - (A_2 / A_1)^2]}}$$

其中壓力差為

$$\Delta p = p_1 - p_2 = \rho g h$$

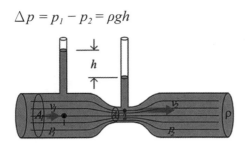

但是實際之流率 Q_{actual} 將小於 Q。

注意：$Q \propto \sqrt{\Delta p}$ 意味流率變大十倍，壓力降則變大百倍，如何設計壓力計以測量壓力變化範圍極大之流率？

例題解答

練習題一

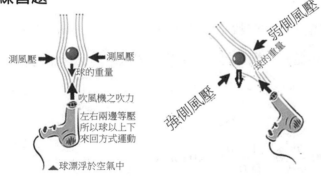

練習題二

解：假設機翼上方之空氣速度 V_1 為下方速度 V_2 之 1.4 倍，飛機速度為 1000 km/hr，由伯努力方程式

$$(p + \frac{1}{2}\rho V^2)_1 = (p + \frac{1}{2}\rho V^2)_2$$

$$\therefore (p_2 - p_1) = \frac{1}{2}\rho(1.4^2 - 1^2)V_2^2$$

$$= \frac{1}{2} \times 1 \times 0.96 \times (\frac{1000 \times 1000}{3600})^2 = 37 \; kPa$$

機翼面積約 *50m × 2m = 100 m²*

故其升力為 *37 kPa × 100 m² = 3.7 × 10⁶ N*

此約為 *38* 萬公斤之最大載重力。

練習題三

解： 擾流板之原理與飛機機翼相同，但較彎曲之面朝下，故產生下壓之力。

Toyota 86 有稍嫌誇張之擾流板，面積約 *1.8 × 0.3 = 0.54 m²*， 假設擾流板下面之空氣速度為上面之 *1.4* 倍，則高速時之下壓之力量 (或重量) 為

$$\therefore (p_2 - p_1) = \frac{1}{2}\rho(1.4^2 - 1^2)V^2$$

$$= \frac{1}{2} \times 1.2 \times 0.96 \times (\frac{120 \times 1000}{3600})^2 = 660 \, Pa$$

$$F = 660 \times 0.54 / 9.8 = 36 \, kg$$

幾乎是一個纖瘦女孩子之重量！下雨時輪胎與地面雨水間形成 *couette flow,* 摩擦力大減，故此增加之重量用以避免產生飄移打滑。(請勿開快車，父母擔心您)

練習題四：

解：
$$V = (65 \frac{mile}{h})(1000 \frac{m}{mile})(\frac{1}{3600} \frac{h}{s}) = 40 \, (m/s)$$

$$p = \frac{1}{2}\rho V^2 = 0.5 \times 1.2 \times (40)^2 = 1016 \, Pa$$

$$F = pA = 1016 \times (0.9 \times 1.8) = 1646 \, (N)$$

約為兩個 (或一個) 胖子的重量。

練習題五

解： 注意，壓力在 *2*、*3* 點均為大氣壓 (表壓為 *0*)

	能量形式		
	動能頭	位能頭	壓力頭
點	$\rho V^2/2$	ρgz	$p(gauge)$
1	中	大	小
2	大	大	0
3	大	0	0

問：水噴出小孔（點 2）所需之力，由何而來？點 1、2 間有無很大之壓力降？點 2、3 間又如何？

練習題六

解：兩個開口之壓力差為

$$(p + \frac{1}{2}\rho V^2)_1 = (p + \frac{1}{2}\rho V^2)_2$$

$$\Delta p = p_1 - p_2 = \frac{1}{2}\rho(V_2^2 - V_1^2) = \frac{1}{2} \times 1.2(1.1^2 - 1) \times 6^2 = 4.5\,Pa$$

練習題七

解：因流線位於水平面（xy 平面上），故 $dz/dn = 0$，

$\partial/\partial n = -\partial/\partial r$，$R = r$，應用 $-\rho g \dfrac{dz}{dn} - \dfrac{\partial p}{\partial n} = \dfrac{\rho V^2}{r}$，

(a) $\dfrac{\partial p}{\partial r} = \dfrac{\rho V^2}{r} = \rho C_1^2 r$, $\therefore p(r) = \frac{1}{2}\rho C_1^2(r^2 - r_o^2) + p_o$

(b) $\dfrac{\partial p}{\partial r} = \dfrac{\rho V^2}{r} = \dfrac{\rho C_2^2}{r^3}$, $\therefore p(r) = \frac{1}{2}\rho C_2^2(\dfrac{1}{r_o^2} - \dfrac{1}{r^2}) + p_o$

另解： 　應用 $(p + \rho \int \dfrac{V^2}{R} dn + \rho gz)_{r=r} = (p + \rho \int \dfrac{V^2}{R} dn + \rho gz)_{r=r_o}$

(a) $\qquad p(r) - \rho \int \dfrac{C_1^2 r^2}{r} dr = p(r_o) - \rho \int \dfrac{C_1^2 r_o^2}{r_o} dr$

$\qquad\qquad \therefore p(r) = \dfrac{1}{2} \rho C_1^2 (r^2 - r_o^2) + p_o$

(b) $\qquad p(r) - \rho \int \dfrac{C_1^2}{r^3} dr = p(r_o) - \rho \int \dfrac{C_1^2}{r_o^3} dr$

$\qquad\qquad \therefore p(r) = \dfrac{1}{2} \rho C_2^2 (\dfrac{1}{r_o^2} - \dfrac{1}{r^2}) + p_o$

渦漩壓力分佈之物理意義：此兩例中均 $\partial p / \partial r > 0$（流體位置越往外壓力越大），流體粒子遭受何力？有何物理意義？

解：流體做旋轉運動時，會產生「離心力」，一般需要提供外力之「向心力」 *(centripetal force)*，以維持旋轉運動，例如駕駛機車過彎時，若騎士不向彎曲方向壓車，則產生之離心力容易產生犁田。同樣道理，流體做旋轉運動時，離旋轉中心越遠處壓力越大，而產生向著旋轉中心之力，類似於提供一個向心力，當此壓力消失時，流體也停止旋轉，故颱風之產生必須要有海面上之高低壓同時存在。另外在杯子中攪動咖啡時，咖啡離旋轉中心越遠液面越高，由等壓等高原理可知，越靠杯

緣壓力越高，故液面也越高，其中提供咖啡旋轉之向心力就是咖啡杯內壁流體離心力所產生之反作用力。

練習題八

解：$1 \rightarrow 2$

AB 間流線曲率半徑為 $R = \infty$，故 1、2 點之間（法線方向）之壓力變化為
$p + \rho gz = a\ const.\ along\ normal\ line\ 1 \rightarrow 2$

$$p_2 = p_{atm} = 0(gauge) , \quad \therefore p_1 = p_2 + \rho g(z_2 - z_1) = \rho g h_{2-1}$$

故此部分壓力變化與靜壓相同。

$3 \rightarrow 4$，$p_4 = p_{atm} = 0(gauge)$

$$p_3 + \rho \int\limits_{any\,point}^{z_3} \frac{V^2}{R}(-dz) + \rho gz_3 = p_4 + \rho \int\limits_{any\,point}^{z_4} \frac{V^2}{R}(-dz) + \rho gz_4$$

$$p_3 = \rho g(z_4 - z_3) - \rho \int\limits_{z_3}^{z_4} \frac{V^2}{R} dz = \rho g h_{4-3} - \rho \int\limits_{z_3}^{z_4} \frac{V^2}{R} dz$$

因上式中之積分項大於零，故點 3 之壓力小於當 CD 為直線時點 3 之壓力，此減少之壓力乃由於流體粒子之離心力所造成。

生活實例：下圖之滑板客通過凹、凸彎時會感受到自己體重為較重或較輕？

（公園拍攝）

練習題九

解：由 Bernoulli equation:

$$\frac{p_1}{\rho g} + \frac{V_1^2}{2g} + z_1 = \frac{p_2}{\rho g} + \frac{V_2^2}{2g} + z_2$$

$$\rightarrow \quad \frac{p_1}{\rho g} + \frac{V_1^2}{2g} = \frac{p_2}{\rho g}$$

$$\rightarrow \quad V_1 = \sqrt{\frac{2(p_2 - p_1)}{\rho_{air}}}$$

其中

$$p_2 - p_1 = \rho_{water} gh$$

求出速度

$$V_1 = \sqrt{\frac{2\rho_{water} gh}{\rho_{air}}}$$

$$= \sqrt{\frac{2(1000)(9.81)(0.1)}{1.25}} = 39.6 \ m/s$$

練習題十

解： $p_1 + \frac{1}{2}\rho_1 V_1^2 + \rho g z_1 = p_2 + \frac{1}{2}\rho_2 V_2^2 + \rho g z_2 = p_3 + \frac{1}{2}\rho_3 V_3^2 + \rho g z_3$

$$V_1 \approx 0 \quad , \quad p_1 = p_3 = 0 \quad , \quad V_2 = V_3 \quad (\text{Why?})$$

$$V_2 = V_3 = \sqrt{2g(3+1)} = 8.9 \ m/s$$

又

$$p_2 = p_1 + \frac{1}{2}\rho V_1^2 + \rho g(3+1) - \frac{1}{2}\rho V_2^2 - \rho g(H+1) = \rho g(3-H) - \frac{1}{2}\rho V_2^2$$

$$p_{sat@15°C} = 1710 \ Pa \quad , \quad p_2 = 1710 - 101000 = -99290 \ Pa$$

$$\therefore H = 9.1 \ m$$

延伸學習： 請問此結果與虹吸管直徑有無關係？若直徑非常小呢？您需要多少吸力使此虹吸管內流體流動？

習題

1. 一個人坐在航行速率為 *10 m/s* 的快艇中，倘若此人將手伸入水中，請問手所
   承受的最大之阻力為何？

   Ans： *500 N*。*(小心，不要把手弄傷了)*

2. 在下圖所示的錫罐上打了幾個小孔，請問圖中哪一個圖表示正確的水流速度變
   化？請證明您的選擇為正確的。

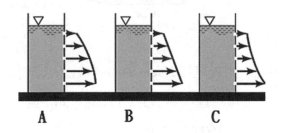

   Ans： A ($v(t) = 0.6\sqrt{2gh(t)}, \quad \therefore h \sim v^2, \quad y \sim x^2$)

3. 無黏性流體穩定的沿著無窮長之圓柱體表面流動，如下圖所示，在距離圓柱上
   游很遠處的流動速度為 V_o 壓力為 p_o。當離開停滯點時，沿著物體表面的流體
   速率為 *V(θ) = 2V_osinθ*，其中 *θ* 為圖示的角度。假設忽略重力與摩擦力，證
   明在表面上 *θ = 0º，30º，90⁰* 之壓力差 (以無單位之 $\dfrac{p - p_o}{\frac{1}{2}\rho V_o^2}$ 表示) 分別為 *1*，
   0，-3。

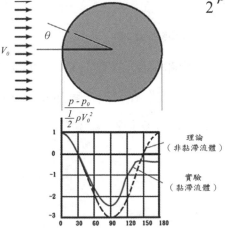

延伸學習：為何大多魚類鳥類眼睛不長在嘴部或頂部（眼睛長在頭頂上）？

4. 下圖之漸縮水管由 *10 cm* 縮小到 *5 cm*， 求管路之流量 *Q*。

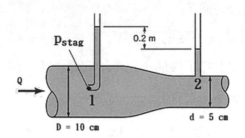

Ans：*3.9 × 10⁻³ m³/s*

5. 水從壓力桶中經一條直徑為 *20 cm* 的水管流出，水管的出口處為直徑 *5 cm* 的噴嘴，水流上升高度可達噴嘴上方 *10 m* 處，如下圖所示。假設流動為穩定、無摩擦及不可壓縮，求在桶中的壓力。

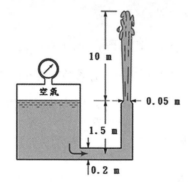

Ans：*98 kPa*。(*與其他數據有關嗎？*)

6. 汽油流經文氏管，如下圖所示。在直徑 *D = 10 cm* 的管中，流速為 *2 m/s*。若黏性效應忽略不計，請問安裝在文氏管喉部 *(d = 5 cm)* 的開口管中，燃料液面與喉部中心點的高度差 *h* 為多少？

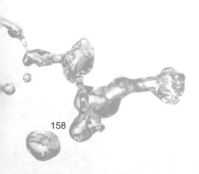

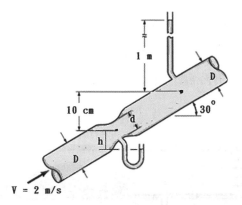

Ans：*1.96 m（*請問此管路推動流體之幫浦應裝置於何端點？如何造成流動？*）*

7. 如果設計風洞內之風速為 *100 m/s*，則錶油高度 *h* 為何？

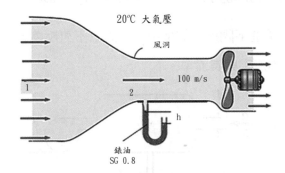

Ans： *0.61 m*

8. 求下圖噴嘴流量計量測出 V_2。

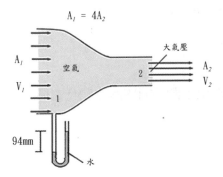

Ans： *39.2 m/s*

9. 將空氣抽入風洞作為汽車測試之用，如下圖所示。*(a)* 當測試區之速度為 *100 km/h* 時，求液壓計讀數；須注意在液壓計的水上方具有 *3 cm* 的油柱高；*(b)* 求出在汽車前方的停滯壓與在測試區壓力之壓差；*(c)* 汽車前方與汽車後方 *(尾波區)* 之壓力差。

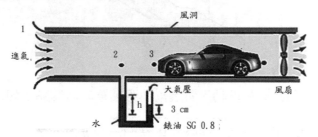

Ans： *(a) 0.071 m，(b) 463 Pa，(c) > 463 Pa (尾波區壓力見第八章)*

10. 空氣在常壓下，流進下圖所示的桶中，假設為不可壓縮流，壓力計高度差 *h* 為 *1.77 m*，求其體積流率與質流率。

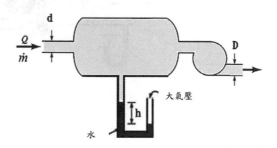

Ans： $Q = 9.54 \times 10^{-3} \ m^3/s$

$\dot{m} = 0.01 \ kg/s$

11. 以本書 *OIS* 方法，求出下圖圓筒內水位變化之微分方程式，圓筒截面積 *A*，小孔面積 *a*。

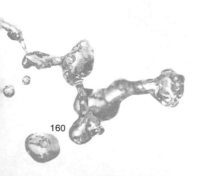

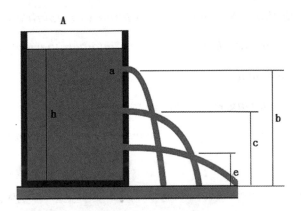

Ans： 若不考慮出口損失

$h(t) > b$ 時

$$A\frac{dh}{dt} + a\sqrt{2g(h-b)} + a\sqrt{2g(h-c)} + a\sqrt{2g(h-e)} = 0$$

$c < h(t) < b$ 時

$$A\frac{dh}{dt} + a\sqrt{2g(h-c)} + a\sqrt{2g(h-e)} = 0$$

$e < h(t) < c$ 時

$$A\frac{dh}{dt} + a\sqrt{2g(h-e)} = 0$$

參考資料：

[1]. *Calculus of variation problems*，*https://www.slideshare.net/solohermelin/calculus-of-variation-problems*

[2]. *https://www.flickr.com/photos/oufti/8917397706*

[3]. *https://www.space.com/8961-head-crash-spotted-solar-wind-earth-magnetic-field.html*

[4]. *Flow Description，Streamline，Pathline，Streakline and Timeline，http://www-mdp.eng.cam.ac.uk/web/library/enginfo/aerothermal_dvd_only/aero/fprops/cvanalysis/node8.html*

[5]. *https://en.wikipedia.org/wiki/Flettner_rotor*

[6]. *http://articles.maritimepropulsion.com/article/Collapsible-Flettner-Rotor10401.aspx*

[7]. *Toyota，http://www.ausmotive.com/2012/06/18/toyota-86-gts-gives-you-wings.html*

[8]. *Pressure Questions， http://cambridgescience.co.uk/JYA/Term2/PressureQuestions.htm*

[9]. *Keihin Fcr Carburetor Information Carburetors Carb， http://2016carreleasedate.com/tag/keihin-fcr-carburetor-information-carburetors-carb-*

[10]. *Carburetor，MECHANICS，https://www.britannica.com/technology/carburetor*

[11]. 沒葉片更涼快 ── 無葉風扇原理圖解，*http://technews.tw/2014/08/09/air-multiplier/*

[12]. *https://www.ettoday.net/news/20160206/619094.htm*

[13]. *Henri Pitot， https://www.researchgate.net/figure/Technicians-using-a-Pitot-Darcy-tube-Darcy-and-Bazin-1865_fig5_268594637*

[14]. *Pitot tube， http://www.edwardsflighttest.com/pics/747-crew-names-1.jpg*

[15]. *Mechanical Movement Indicators - Instrument System，http://okigihan.blogspot.tw/2017/05/mechanical-movement-indicators.html*

[16]. *Safety Warning Device，http://www.vansaircraft.com/cgi-bin/store.cgi ？ ident=1429558654-134-3&browse=fi&product=stall-warner*

[17]. *https://www.pinterest.com/pin/123637952240549245/*

[18]. *Cavitation aggressive intensity greatly enhanced using pressure at bubble collapse*

region，https://www.sciencedaily.com/releases/2016/05/160502093658.htm

[19]. *Rayleigh–Plesset equation，https://en.wikipedia.org/wiki/Rayleigh%E2%80%93Plesset_equation*

[20]. *Cavitation – What it is and how to avoid it，https://www.thehydraulicwarehouse.com.au/cavitation-what-it-is-and-how-to-avoid-it/*

[21]. *Pump Cavitation Damage Control Tips， https://hayespump.com/pump-cavitation-damage-control/*

[22]. *http://www.epochtimes.com/b5/9/7/3/n2578039.htm*

[23]. *http://hk.on.cc/int/bkn/cnt/news/20170907/bknimt-20170907000059127-0907_17011_001.html*

為何有時需要穿別人的鞋（Put yourself in someone else's shoes.）「設身處地」？

古人也懂流體力學觀測法 ─
「若人有眼大如天…」、「以管窺天」！

玉荷包的物流管理也用到流體力學？

您熟知的守衡定理遇到流體還管用嗎？

「刻舟求劍」引為千古笑柄，
但要如何才能找到劍？

4

流體運動學

FLUID KINEMATICS

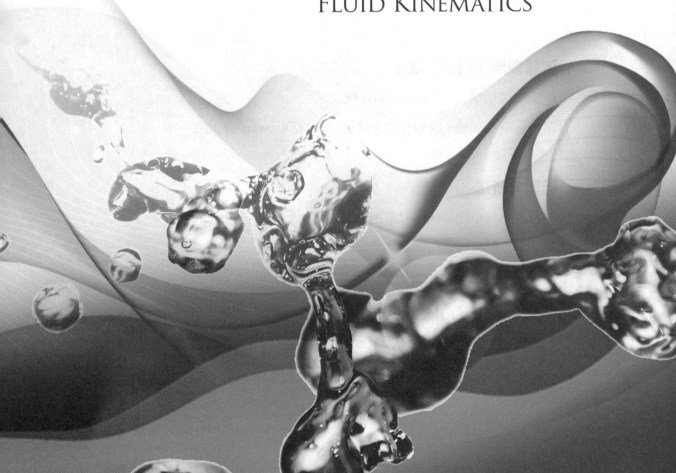

第四章
流體運動學（*Fluid Kinematics*）

在英文中有句俗話：*"in somebody's shoes"* － 就是「改變觀點，設身處地」～ *If you were in somebody else's shoes, you might see a totally different world*。本章就是在觀測、描述、分析流體力學時，使用不同的觀點，所得到之結果，可能會讓讀者大吃一驚，甚至於，您會發現從小學的自然課到大學之普通物理的守衡定律，在流體力學中幾乎都不實用（What ？）， 這是因為我們之前所熟知之守衡定律無法有效地完全應用於流動之流體中。「改變觀點」觀測流體之「特殊部位」，並以更實用之數學方法分析流動時的守衡定律，就是本章之精神。

流體觀測（描述）法：

1. 「拉格蘭吉」*(Lagrangian)* 觀測法
2. 「歐拉瑞恩 (請勿念成尤拉瑞恩)」*(Eulerian)* 觀測法

流體分析法：

1. 「系統」*(system，SYS)* 分析法
2. 「控制容積」*(control volume，CV)* 分析法

「流體動力學」（*fluid dynamics*）利用基本運動原理， $F = ma$ ，以及力與加速度之觀念，描述流體運動；「流體運動學」（*fluid kinematics*）則是利用流體位置、

速度、及加速度，描述流體運動。利用連續性假設，將流體視為由許多的流體質點組合而成，以此整體之流體質點的運動描述流體流動，比個別流體「粒子」運動的分析更為便利。 由流體質點所構成的流場之速度與加速度的描述，將可提供流場詳細的運動情形。

何謂流體運動學？

1。 討論流體運動之影響 (不包括力)

2。 討論流體運動之幾何形狀

3。 討論流體之時間與位置函數

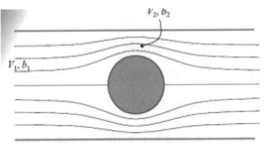

（流體與物體產生之流場（流線））

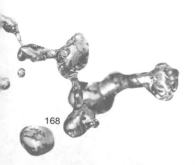

<h1>4.1</h1>

速度場（*velocity field*）

　　第二章介紹了純量之「壓力場」*p (x, y, z, t)*，類似地，流體也會形成一個向量之速度場 *(x, y, z, t)*，流體之位置、速度、加速度等，都可以用流體粒子在此速度場中流過 *(x, y, z)* 的運動表示之。因為流體由無限小的質點緊密結合在一起，故在任何瞬間，任何流體性質（如密度、壓力、速度及加速度）的描述是流體所在位置的函數。這種把流體參數以空間座標的函數來表示的方式稱為流動的「場」（*field*）。速度場 *(velocity field)* 之直角座標的表示式為

$$\vec{V} = u(x,y,z,t)\vec{i} + v(x,y,z,t)\vec{j} + w(x,y,z,t)\vec{k} \qquad (4\text{-}1)$$

式中 *u*、*v* 及 *w* 分別表示 *x*、*y* 及 *z* 方向的速度分量，如圖 *4.1[1]* 所示，若隨時間而變動稱為「非穩態」*(unsteady state)*，反之稱為「穩態」*(steady state)*。依定義得知，質點的速度就是位置向量對時間的變化率。相對於座標系統質點 *A* 的位置向量為 r_A，是時間的函數。在此位置的時間的導數就是質點的速度，速度之定義為

$$\vec{V}_A = d\vec{r}_A / dt \qquad (4\text{-}2)$$

其速度大小為

$$V = \left|\vec{V}\right| = (u^2 + v^2 + w^2)^{1/2} \qquad (4\text{-}3)$$

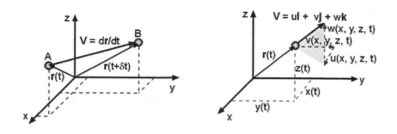

圖 4.1　速度場與速度分量

流體觀測法

古人之「刻舟求劍」為何成為笑柄？

探討流體力學問題時，常用兩種基本的觀測方法。第一種方法稱為「拉格蘭吉法」，就是跟著所有流體移動以期瞭解其物理量（質量、動量、能量）對時間與位置之變化。就猶如在每個流體「粒子」上站著一個觀測者而與流體一起流動，並將所有流體粒子上之資訊（物理量）輸入一個電腦，「整合」所有物理量後再儲存至記憶體以提供流場之整體運動特性。（所以此電腦並無法儲存個別粒子之資訊）

另外一種稱為「歐拉瑞恩法」，觀測者只觀測分析其中某一「特定區間」，並將此區間視為一整體而分析其平均的密度、速度、與溫度（對應於質量、動量、與能量等物理量）之時間變率，並分析這些物理量穿過此區間「表面」之「流率」，以及與「外界」之平衡（例如摩擦力、固定力、壓力、作功、熱傳等），此區間稱為「控制容積」。（為何拉格蘭吉法不需要討論通過「表面」的問題？因為整個流場沒有穿過表面的問題，但「外界」之影響還是存在）控制容積有固定之位置，故觀測此控制容積內任何物理量對時間之變率時，相當於對此物理量取時間之「偏」微分。

Why？ $\dfrac{\partial f(x,t)}{\partial t} = \dfrac{df(x,t)}{dt}\bigg|_{x=constant}$ 此處偏微分定義就是將位置 x 當作常數（固定位置或區域）。

此二觀測法對於觀測流體物理特性涵蓋之範圍大不相同，如圖 *4.2* 所示，當觀測整個撞球檯時，觀測之對象 (流體) 就是包括檯面上及入袋所有的十一顆彈子 (系統)；當觀測之範圍只限定某一區域 (控制容積) 時（圖中之虛擬方塊），此區域有時有彈子，有時空無一物。（讀者現在應該知道 *Lagrangian* 是**觀測系統**，而 *Eulerian* 是**觀測控制容積**了吧？）

Lagrangian 觀測範圍

Eulerian 觀測範圍

圖 4.2　不同觀測法之觀測範圍

生活實例：如何觀測 (或描述) 龍鑾潭鳥類之活動？

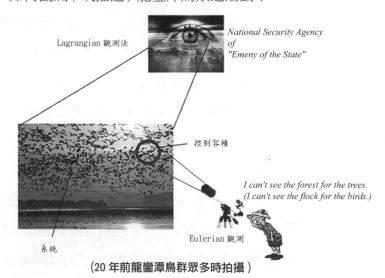

Lagrangian 觀測法

National Security Agency of "Emeny of the State"

控制容積

I can't see the forest for the trees.
(I can't see the flock for the birds.)

系統

Eulerian 觀測

（20 年前龍鑾潭鳥群眾多時拍攝）

觀測法一：將每隻鳥腳上都綁上發射器，然後將每隻鳥發射之信號（各種物理量）輸入一個電腦並記憶每個物理量之「總和量」，就像格列佛遊記中數算小人國的人口而不知道每個人的姓名。（「若人有眼大如天，當見山高月更闊」）。

觀測法二：將望遠鏡對準空中一點（ 或區域 ），觀測飛進飛出（ 以及存留在此區域 ）整體鳥隻數量（各物理量）變化之資訊。（「以管窺天」）

此兩種觀測法各有何優缺點？

一度、二度、三度空間流場

討論流場之空間度主要是想簡化流場之觀測與分析。例如魚在海裡游動是「三維流動」*(three dimensional)*，但在很淺的池中沒有上下游動就是「二維流動」*(two dimensional)*，魚在管子裡被水沖走就變成「一維流動」*(one-dimensional flow)*，如此便可大大簡化其分析。空間度的另一種講法是看流體速度分佈方程式與幾個方向有關，就是幾度空間流場，例如魚在管子裡的速度就只跟徑向 r 有關 (只可能被管壁拖慢)，而與方位角 θ 與軸向 z 無關，如下例所示。

例題：

下圖管路流體為幾度空間流體？

在圓管內流體速度以圓柱座標 (r, θ, z) 表示較方便，速度可表示為

$$\vec{V} = v_r(r,\theta,z)\vec{e}_r + v_\theta(r,\theta,z)\vec{e}_\theta + v_z(r,\theta,z)\vec{e}_z$$

在圓管入口處，因為流體遽遭管路之摩擦力，與幾何形改變狀，造成之流體擾亂，故進口處之速度為複雜之三度空間函數，此處之流場稱為「進口區」*(entrance region)* 或「未成形區」*(undeveloped region)*。但當流體進入管路一段距離後，管壁施予流體之摩擦力 (方向與流體相反) 與壓力梯度造成的推動力 (在流體方向) 均達到定值故合力為零，流體之「速度分布」*(velocity profile)* 不再隨 z 方向 (軸向) 改變，又因流體之速度在 θ 方向對稱，速度只會在 r 方向改變，故成為一度空間流體，此區間稱為「完全成形區」*(fully-developed region)*(見第七章)

$$\therefore \overline{V}(r,\cancel{\phi},\cancel{z}) = \overline{V}(r) = u_r(r) = u_{max}(1 - \frac{r^2}{R^2})$$

穩定與不穩定流體

當流體在空間中任一點的速度不隨時間變化時，即

$$\partial \mathbf{V} / \partial t = 0$$

此種流體稱為「穩定流體」實際上，幾乎所有的流動均呈不穩定型態，意即速度會隨時間變動。「不穩定流體」分析當然較穩定流體困難，因此只要在不損及結果的有效性原則下，對於實際之不穩定流場，有時可假設為穩定流場，而得簡化而誤差不大之結果。

例： 在穩定流體中，使用 *Eulerian* 法觀測流體各點之加速度為何？

解： 零。但是若順著流體用 *Lagrangian* 觀測法，可能會觀測到加速度。*(可以舉例嗎？)*

流線（streamline）

流體在流場中之流動就會形成流線*(有形或無形)*，**流線上任一點上流體之速度方向，即在此點流線之切線方向。** 如圖 *4.3* 所示。若為穩定流體，流線在空間中為固定線條。不穩定流體流線的形狀會隨時間而產生變動。

流線　　瞬間速度

圖 4.3　流線與流體速度　　　　　　　　　　　（旅遊中拍攝）

直角坐標三度空間之速度向量與其各方向之分量，如圖 *4.4* 所示，有下列之幾何關係：

$$\frac{dr}{V} = \frac{dx}{u} = \frac{dy}{v} = \frac{dz}{w}$$

故二度空間流場之速度 $\vec{V} = u(x,y)\vec{i} + v(x,y)\vec{j}$ ，在流線上任一點之斜率與此點之速度分量，如圖 4.5 所示，有以下關係：

$$\frac{dy}{dx} = \frac{v}{u} \tag{4-4}$$

若流速已知，此方程式可積分而求得流線之數學表示法，稱為「流線方程式」。

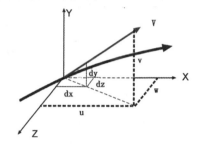

圖 4.4　三度空間速度向量與速度分量關係

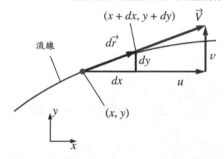

圖 4.5　兩度空間速度向量與速度分量關係

例題：

二度空間流場速度場為

$$\vec{V} = (V_o / \ell)(x\vec{i} - y\vec{j})$$

求其流線方程式。

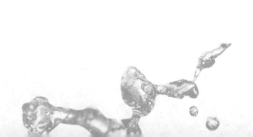

解： $\dfrac{dy}{dx} = \dfrac{v}{u} = \dfrac{-(V_o/\ell)y}{(V_o/\ell)x} = -\dfrac{y}{x}$

$\displaystyle\int \dfrac{dy}{y} = -\int \dfrac{dx}{x}$ ， $xy = C$

此例中若令 $\Psi(x, y)=xy$，在平面上就是各種雙曲線之集合，稱為流線函數（*stream function*），是一個純量場，將在第八章詳述。 若任何點 (x, y) 上此函數之值為一常數時，將這些點連接起來，即 $\Psi(x,y)=xy=C$，這些線就是流線，也就是流體流動時經過的路線，此例中通過 $(0,0), (1,1), (2,2), (3,3)$ 各點之流線示於下圖。

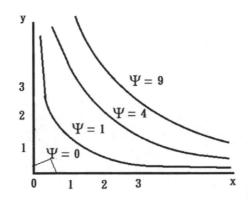

練習題一：

求下列 *2D* 流場之流線方程式，當 $t = 0$ 時，起始位置為 $(x, y) = (0 , 0)$。

$u = Ui$ ， $v = V\cos(kx - \alpha t)j$

腦筋急轉彎 : *Why does a stream always make a good roommate?*

(Because he always likes to "go with the flow")

加速度場（*acceleration field*）

生活實例： 登山時遇到一個陰森的山洞，假設當時天候良好，洞內洞外之溫度為穩定狀況 $(T = T(x, y, z),$ 在任何位置溫度之變率與時間無關 $\partial T / \partial t = 0)$，往洞裡走去為何會感覺溫度下降（您觀測到的溫度有變率）？如果用跑的進去會感覺溫度下降更快，但是這不是一個穩態之溫度場嗎？假如您的身體就是一個溫度計，您會懷疑怎麼會有溫度對時間之變率呢？*Why*？

歐拉瑞恩法觀測流場中固定一點，故其觀測之溫度只與「時間」有關，然而拉格蘭吉法順著流體運動，故其觀測之溫度與「時間」、「位置」均有關，兩者觀測結果不同。假如分別觀測洞裡洞外各固定之點，溫度均與時間無關，故整個山區是一個穩定溫度場，然而走進山洞時，順著流體（就是您的身體）感測到之溫度是隨時間下降的，而且走進去可能測量出每秒下降 $1°C$ $(-1°C/s)$，用跑的可能變下降 $5°C$ $(-5°C/s)$，所以假如把眼睛矇住，你會以為這是一個不穩定的溫度場。

腦內實驗： 在穩定狀態下，流體是否可能有加速度？（例如水流過蓮蓬頭噴嘴，在水流量到達固定之穩定狀態下，若您是隻螞蟻順流而下，當流過噴嘴面積縮小之處，會感受到加速度嗎？）

流體速度為多變數函數，$\vec{V} = \vec{V}(x, y, z, t)$，而其中位置亦是時間之函數，$x = x(t), y = y(t), z = z(t)$，故將速度對時間微分（求加速度）可由下列圖示表示為四項之合：

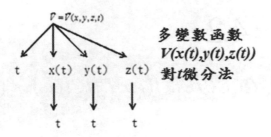

$$\therefore \vec{a} = \frac{d\vec{V}}{dt} = \frac{\partial \vec{V}}{\partial t} + \frac{\partial \vec{V}}{\partial x}\frac{dx}{dt} + \frac{\partial \vec{V}}{\partial y}\frac{dy}{dt} + \frac{\partial \vec{V}}{\partial z}\frac{dz}{dt}$$

$$= \frac{\partial \vec{V}}{\partial t} + u\frac{\partial \vec{V}}{\partial x} + v\frac{\partial \vec{V}}{\partial y} + w\frac{\partial \vec{V}}{\partial z} \tag{4-5}$$

上式右邊第一項 $\left.\frac{\partial \vec{V}}{\partial t}\right|_{(x,y,z)=const}$ 用偏微分，因為還有其他變數 x，y，z，其他三項第一階段微分用偏微分 (同樣理由)，再乘上第二階段微分使用常微分 (因為只有一個變數 t)。**沿著流場量測之加速度項** *(Lagrangian 觀測法）* $\frac{d\vec{V}}{dt}$ 就用特殊符號寫為 $\frac{D\vec{V}}{Dt}$，此微分方式稱為「物質微分」*(material derivative)* 或「實質微分」*(substantial derivative)*，與微積分中之全微分 *(total derivative)* 相同。故順著流體觀測之加速度可寫為：

$$\frac{D\vec{V}}{Dt} = \frac{\partial \vec{V}}{\partial t} + u\frac{\partial \vec{V}}{\partial x} + v\frac{\partial \vec{V}}{\partial y} + w\frac{\partial \vec{V}}{\partial z}$$

其中 $\frac{\partial \vec{V}}{\partial t}$ 項稱為「**在地加速度**」（*local acceleration*），因其微分時與位置無關 (位置為常數)，**故此即為** *Eulerian* **觀測法**（觀測流場中固定一點 *(x, y, z)* 或區域）觀測到之加速度。其他三項 $u\frac{\partial \vec{V}}{\partial x} + v\frac{\partial \vec{V}}{\partial y} + w\frac{\partial \vec{V}}{\partial z}$ 稱為「**流動加速度**」（*advective acceleration*），此加速度之來源為，例如在穩定狀態下，在水中順流之螞蟻因為速度隨位置改變而改變 (例如 $\frac{\partial \vec{V}}{\partial x} > 0$)，故流過蓮蓬頭噴嘴時感受到加速度，且當流體速度越快 (例如 u 越大)，此感受之加速度也越大。當水龍頭轉大時，螞蟻感受之

加速度就是右邊四項之合，**所以螞蟻感受的就是** *Lagrangian* **觀測法**，而我們盯著管路任何固定位置，就是用 *Eulerian* 觀測法。

利用**梯度運算子**（*gradient operator*）：

$$\vec{\nabla} = \frac{\partial}{\partial x}\vec{i} + \frac{\partial}{\partial y}\vec{j} + \frac{\partial}{\partial z}\vec{k}$$

故加速度可用向量運算表示之：

$$\vec{a} = \frac{d\vec{V}}{dt} = \frac{\partial \vec{V}}{\partial t} + (\vec{V} \bullet \vec{\nabla})\vec{V} \tag{4-6}$$

其中 $\frac{d}{dt}(or\ \frac{D}{Dt}) = \frac{\partial}{\partial t} + (\vec{V} \bullet \vec{\nabla})$ 稱為「*Lagrangian* 時間導數」運算子。

例題：

若速度場 $\vec{V} = 3t\vec{i} + xz\vec{j} + ty^2\vec{k}$ ，求此流體流過 *(1, 1, 1)*，時間 *t = 1 s* 之加速度。

解：

$$u = 3t, v = xz, w = ty^2$$

$$\frac{\partial \vec{V}}{\partial t} = \frac{\partial u}{\partial t}\vec{i} + \frac{\partial v}{\partial t}\vec{j} + \frac{\partial w}{\partial t}\vec{k} = 3\vec{i} + y^2\vec{k}$$

$$\frac{\partial \vec{V}}{\partial x} = z\vec{j}, \quad \frac{\partial \vec{V}}{\partial y} = 2ty\vec{k}, \quad \frac{\partial \vec{V}}{\partial z} = x\vec{j}$$

$$\therefore \frac{D\vec{V}}{Dt} = (3\vec{i} + y^2\vec{k}) + (3t)(z\vec{j}) + (xz)(2tz\vec{k}) + (ty^2)(x\vec{j})$$

$$= 3\vec{i} + (3tz + txy^2)\vec{j} + (2xyzt + y^2)\vec{k}$$

$$\therefore \frac{D\vec{V}}{Dt} = (3\vec{i} + y^2\vec{k}) + (3t)(z\vec{j}) + (xz)(2tz\vec{k}) + (ty^2)(x\vec{j})$$

$$= 3\vec{i} + (3tz + txy^2)\vec{j} + (2xyzt + y^2)\vec{k}$$

$$= (3\vec{i} + 4\vec{j} + 3\vec{k})\ m/s^2$$

加速度是向量，故加速度也可用三個分量表示之：

$$\because \frac{D\vec{V}}{Dt} = \frac{Du}{Dt}\vec{i} + \frac{Dv}{Dt}\vec{j} + \frac{Dw}{Dt}\vec{k}$$

故

$$\frac{Du}{Dt} = \frac{\partial u}{\partial t} + u\frac{\partial u}{\partial x} + v\frac{\partial u}{\partial y} + w\frac{\partial u}{\partial z}$$

$$\frac{Dv}{Dt} = \frac{\partial v}{\partial t} + u\frac{\partial v}{\partial x} + v\frac{\partial v}{\partial y} + w\frac{\partial v}{\partial z} \tag{4-7}$$

$$\frac{Dw}{Dt} = \frac{\partial w}{\partial t} + u\frac{\partial w}{\partial x} + v\frac{\partial w}{\partial y} + w\frac{\partial w}{\partial z}$$

讀者可嘗試利用上三式解同樣問題。

在穩定狀態下，流體之加速度還是可能很大，因為流動加速度可能會很大，如下例：

練習題二：

求下圖流體在流經噴嘴處之加速度。流場之速度變化為

$$u(x) = V_o(1 + \frac{2x}{L}) \quad , \quad V_o = 10 \text{ m/s} \quad , \quad L = 1 \text{ m}$$

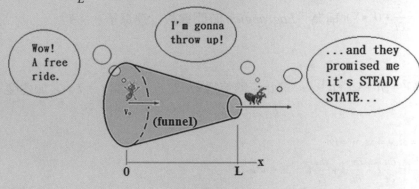

練習題三：

求下圖熱水器當達到穩定狀態時不同觀測法觀測之溫度變率。

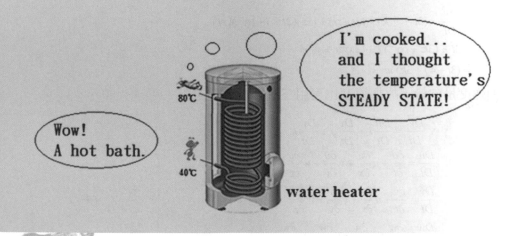

生活實例：

坐上早上八點之高鐵從台北往高雄，八點時台灣溫度分佈為下圖實線，到達高雄時為九點，台灣溫度分佈為虛線，請問此乘客在八點上車與九點下車之一小時內感受多大之溫度變化 $(\triangle T / \triangle t)$？

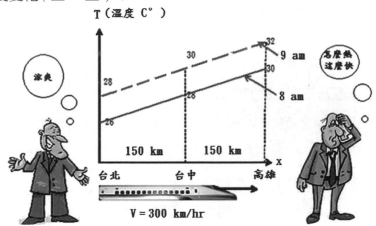

流體為高鐵，故乘客 (或高鐵本身) 所測量之溫度變化是以 *Lagrangian* 觀測方式，所以乘客從台北上車到高雄下車時之間感受之溫度變率為：

$$\frac{DT}{Dt} = \frac{(32-26)\,°C}{1\,hr} = 6\,(°C/hr)$$

此 6 (℃ /hr) 又與 *Eulerian* 觀測方式有何關係？

假如眼睛盯著高雄 (*Eulerian* 觀測法，控制容積是高雄)，發現其溫度變化為

$$\frac{\partial T}{\partial t} = \frac{(32-30)\,°C}{1\,hr} = 2\,(°C/hr)$$

而台北高雄間溫差大約為

$$\partial T = 4\,(°C)$$

而流體需要花一段時間從台北流到高雄才能感受此溫度差，此所需之時間為

$$\frac{\partial x}{v} = \frac{300\,(km)}{300\,(km/hr)} = 1\,hr$$

上二式相除得到流體 (乘客) 純粹因移動而感受之溫度變化，

$$\frac{\partial T}{\partial x}v = \frac{4\,°C}{300\,km}300\,(km/hr) = 4\,(°C/hr)$$

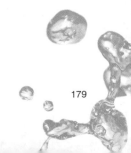

最後得到

$$6\,(°C/hr) = \frac{DT}{Dt} = \frac{\partial T}{\partial t} + \frac{\partial T}{\partial x}v = 2 + 4 = 6\,(°C/hr)$$

Well, fluid mechanics is fun or what ?

練習題四：物流管理中之流體力學

高雄大樹產的玉荷包很有名，一般而言，玉荷包之售價離出產地越遠越貴，在「任何固定」銷售點賣不完的玉荷包之售價隨時間越久越便宜 *(Eulerian* 觀測法*)*，位於大樹農會載送玉荷包物流中心之貨車 *(*流體*)* 將玉荷包運送至台灣各地，若希望貨車載送至各地之價格 *P* 均相同 *(Lagrangian* 觀測之價格變化為零*)*，請問物流中心調度之貨車應以何速度運送玉荷包至台灣各銷售點？此運送方式優缺點為何？

價格與產地距離關係：每遠離大樹 *10* 公里貴 *0.2* 元，

價格與時間之關係：每過一周任何銷售點價格便宜 *14* 元。

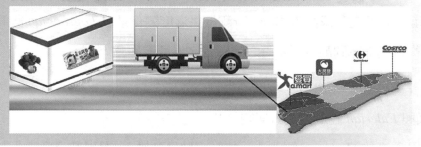

腦內實驗：古人在行船時寶劍落入河中，傳下「刻舟求劍」之千古笑柄，他做錯了啥？您可建議他該如何尋獲寶劍？

這位仁兄把自己當作「系統」中 *(*河水*)* 的一個小粒子 *(*船*)*，用 *"Lagrangian"* 觀測法 *(*順著河水*)* 觀測船下「劍數量」之時間變率 *(D[* 劍 *]/Dt)*，*(*但他無強大的記憶能力，不知道哪掉的也不記得走哪條路線*)*；若能在寶劍落水之時用手機 *(*或大喊*)* 立刻聯絡岸上的人 *(*觀測者*)*，請他們緊盯著落水時當時船下水裡 *(*「控制容積」*)*，用 *"Eulerian"* 觀測法，觀測此控制容積內「劍數量」之時間變率 *(∂[* 劍 *]/∂t)*。*(*當然，岸上觀測者並不需要知道此變率，只要知道此控制容積之位置就好*)*。

控制容積（*control volume*）
與系統（*system*）表示法

由本章敘述可知，當觀測方式不同時，所量測之物理量也隨之不同，用 *Lagrangian* 觀測法是隨著「所有」之流體質點移動而觀察，故其觀察之對象乃所有涵蓋被觀察之流場流體，此稱為「系統」，是指相同物質的集合，可移動、流動或與外界交互作用。「控制容積」是指空間中(虛擬或實際容器)的特定區間，流體可進出其間，故觀測流進流出此特定容積之流體運動、容積內流體之「整體」變化、及與外界作用時，使用 *Eulerian* 觀測法。

生活實例：某大學機械系某班級共 *50* 人，上課教室為 *50511*，可將班上所有 *50* 人當作為一「系統」，用類似電影「全民公敵」中，國家安全部之「太空監視器」監控所有同學*(Lagrangian* 觀測法*)* 任何時間之活動，將教室 *50511* 當作「控制容積」*(Eulerian* 觀測法*)*。 某日上課來了 *40* 人，中間下課時有 *15* 人留下，上完課全部走光，請問在上課時，下課時，上完課後所觀測之人數。

解： 上課時：*system 50* 人，*cv 40* 人

下課時：*system 50* 人，*cv 15* 人

上完課時：*system 50* 人，*cv 0* 人

(前提：此班同學每一位都遵守交通規則，無交通事故，且班上之班對亦無鬧出人命之慮時，*system*「永遠」是 *50* 人)

請問哪一種資訊對導師、巡堂工讀生、 務處比較有用？（控制容積） 哪一種對教育部、補習班比較有用？（系統）？要知道睡覺滑手機學生的姓名學號該用哪種觀測法？(好像兩種方法都測量不出！若要做此細微之觀察，可能要縮小此控制容積，詳見第六章)

不同觀測法之守衡定律

相同於加速度，在不同觀測法(不同觀測對象)下，所得到之守衡定律會相同嗎？

實例：　請問貴班有幾人？答：本班 (系統) 共 50 人

請問貴班有幾人來上課？答：本班共 50 人

請問貴班在上流體力學課時有哪幾個人滑手機？答：本班共 50 人

(貢蝦米？)

咦？質量守衡啊，$M =$ 常數 (50 人)，哪裡錯？

基本守衡方程式：

1.　「質量守衡」（ conservation of mass ）

2.　「牛頓第二定律」（ Newton's 2nd law ）- 動量守衡 (conservation of momentum)

3.　「熱力學第一定律」（ 1st law of thermodynamics ）- 能量守衡 (conservation of energy)

4.　…

以上之方程式均可以用「系統」與「控制容積」兩種方法描述之。

系統：系統為一固定質量之流體，此固定質量之流體集合可流動、變形、與外界交互作用（但總質量不改變），所有力學中的定律均以系統表示。

質量守衡：系統之質量永遠是常數 (注意下式之微分符號)

$$M_{sys} = const \quad , \quad \therefore \frac{DM_{sys}}{Dt} = 0 \qquad (4-8)$$

如下圖之固體與流體之質量守衡。

固體運動 → 形狀守衡 體積守衡 質量守衡

流體運動 → 形狀不守衡 體積守衡 質量守衡

牛頓運動定律（動量守衡）：若外界施與系統一淨力 F，則

產生加速度

$$\vec{F} = M_{sys}\vec{a} = M_{sys}\frac{D\vec{V}}{Dt} = \frac{D}{Dt}(M_{sys}\vec{V}) = \frac{D}{Dt}(sytem\ momentum) \quad (4-9)$$

故牛頓運動定律可寫成

$$\vec{F} = \frac{D}{Dt}(M_{sys}\vec{V}) = M_{sys}\frac{D\vec{V}}{Dt} + \vec{V}\frac{DM_{sys}}{Dt}$$

其中第二項因質量守衡而為零，**故 $F = ma$ 只是系統質量守衡之特例。**（核子反應時第二項不為零）

例題：

下圖假設為完全彈性碰撞且無摩擦力損失，請問結果如何？

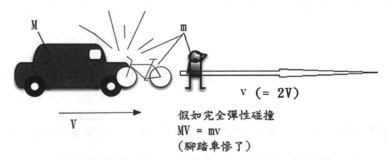

v (= 2V)

假如完全彈性碰撞
MV = mv
(腳踏車慘了)

解：因為動量守衡之觀念，所以單車受損較重，（將有很大加速度）。

能量守衡：

例如將封閉之汽缸與活塞間之氣體當作系統 (因為質量固定)，外界「進入系統」之熱 $Q(J)$，系統「對外」作功 $W(J)$，如下圖所示，則此系統增加之能量 $\triangle E_{sys}$ 為

$$W - Q + \Delta E_{sys} = 0 \, (J) ，$$

將上式對時間微分 (對系統， D/Dt)，

$$\therefore \dot{W} - \dot{Q} + \frac{DE_{sys}}{Dt} = 0 \, (Watt) \tag{4-10}$$

此為「熱力學第一定律」。

系統之總能就是能量密度對系統總質量或總體積的積分：

$$E_{sys} = \int_{M_{sys}} e \, dm = \int_{sys} e \rho \, dV ， \quad e = u + \frac{V^2}{2} + gz$$

其中 $e \, (J/kg)$ 為「單位質量總能」（ total energy ）， $u \, (J/kg)$ 為「單位質量內能」（ internal energy ），內能只與溫度有關，其他兩項為動能與位能。

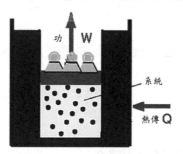

Surprise ？故閣下之前所學的所有守衡定律都是以 *Lagrangian* 觀測系統之結果！但在流體力學的世界裡，這是一個不方便，有時甚至是無用的方法。

控制容積：空間中一「固定容積」（可靜止或移動），流體可流進或流出此容積。

系統與控制容積之關係，可以用圖 *4.6, 4.7* 解釋之。控制容積可以是管路之一段，飛機引擎，氣球 (體積不固定) 等。若要比較系統與控制容積時，需要立足

平等，故在起始時間 t 時，系統與控制容積 (以及個別所包容之流體) 假設完全相同，但時間 $t + \triangle t$ 時就不相同了，在圖 4.6 中，滅火器是控制容積，噴出的泡沫與未噴出之物質是系統，顯然 $\dfrac{D(m_{gas})_{sys}}{Dt} = 0,\quad \dfrac{\partial(m_{gas})_{CV}}{\partial t} < 0 .$。

圖 4.6　系統與控制容積關係

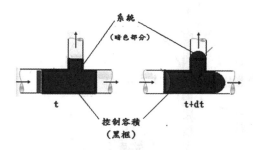

圖 4.7　系統與控制容積關係

　　所有之力學定律均亦可以用控制容積方式描述，有時控制容積法優於系統法，有兩原因：

1. 力學定律以系統法表示雖較簡易，但順著固定質量集合之流體運動而觀測（*Lagrangian* 觀測法），難度甚高。

2. 有時我們不注重所有流體流經之路徑，而只注重一固定區域內（*Eulerian* 觀測法）之流體整體性質，及此區域內的流體與外界產生之影響，有較大

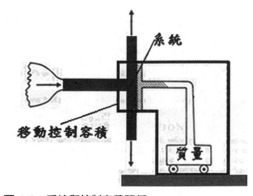

圖 4.8　系統與控制容積關係

之用處。

例如要分析圖 *4.8* 之車體遭受多少外力，產生加速度，流體與車體間之摩擦力等問題時，並不需要知道所有流經車體之流體資訊，而只要分析，「控制容積」內之流入流出流體之質量，動量等關係，大為化簡分析之複雜度。

例題：

若想分析上圖流體與車體間之摩擦力，應如何設置控制容積？

解：如下圖之黑框之控制容積，此時摩擦力成為「外力」，就可分析求出。此摩擦力對於圖 *4.8* 中之控制容積而言是「內力」，就求不出來了。

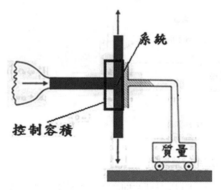

如何以控制容積法表示力學之各種守衡方程式？ 與系統表示法有何關係？

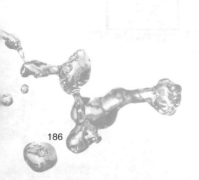

4.4

雷諾轉換定理

（*Reynolds transport theorem，RTT*）

如何連結系統與控制容積中的守衡方程式？

{ 系統守衡定律 }　　　　　　　　　　{ 控制容積守衡定律 }

　　在流體力學分析中，有時我們對流體在所有流場中之運動較有興趣（系統），但有時對流體在一固定範圍及其與周遭環境之間所產生之影響較有興趣（控制容積），故必須將流體力學方程式以系統與控制容積兩種方法表示之，而在任何觀測法或任何觀測空間，均須滿足物理守衡定律，故需要找出此兩種方法間之「橋樑」，即守衡定律在此兩種方法中互相轉換的方式，即為**「雷諾轉換定理」**。

　　要分析流體之各種物理量時，可定義流體之「廣泛特性」（*extensive property*）*B* 與「集中特性」（*intensive property*）*b* 以簡化分析，定義如下表所示：

$$B = bm， 或 b = dB/dm \qquad (4\text{-}11)$$

B(extensive property)	b(intensive property)
B = m（質量）	b = 1
B = mv（動量）	b = v
B = (1/2)mv^2（動能）	b = (1/2)v^2
B = E（能量）	b = e
B = S (entropy)	b = s
…	…

用此 B 與 b 可代表任何流體之物理特性，分析時勿須強調對何種物理特性探討之麻煩。系統之總 B 值可以將 b 乘上密度再對系統的體積積分：

$$B_{sys} = b\rho(volume)_{sys} = \int_{sys}^{\square} b\rho d\forall \qquad (4\text{-}12)$$

大多數的流體力學定律牽涉到流體廣泛特性之「時間變率」（*time rate of change*），例如系統中質量、動量、能量的變率，

$$\frac{DB_{sys}}{Dt} = \frac{D(\int_{sys} \rho bd\forall)}{Dt} \qquad (4\text{-}13)$$

(Why D/Dt ？)

同樣的，在控制容積中的變率可表示為：

$$\frac{\partial B_{cv}}{\partial t} = \frac{\partial(\int_{cv} \rho bd\forall)}{\partial t} \qquad (4\text{-}14)$$

（Why $\partial/\partial t$ ？）

生活實例：學生總人數（系統）之時間變率，與教室內 (控制容積) 學生總人數之時間變率，有何不同？

解：*M (質量，人數…)*

上課鈴響時： $\dfrac{DM_{sys}}{Dt} = 0, \quad \dfrac{\partial M_{cv}}{\partial t} > 0$

下課鈴響時： $\dfrac{DM_{sys}}{Dt} = 0, \quad \dfrac{\partial M_{cv}}{\partial t} < 0$

半夜三更時： $\dfrac{DM_{sys}}{Dt} = 0, \quad \dfrac{\partial M_{cv}}{\partial t} = 0$

所以系統 (人數) 之變率能得到有用資訊嗎？

例題：

下圖除臭器內所含噴劑之系統時間變率，與控制容積之時間變率，有何不同？

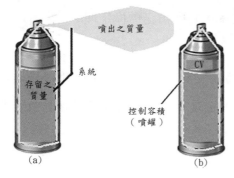

解：若物質為質量，則 $B = m$， $b = 1$，

系統： $\dfrac{DB_{sys}}{Dt} = \dfrac{Dm_{sys}}{Dt} = \dfrac{D(\int_{sys}\rho d\mathcal{V})}{Dt}$

控制容積： $\dfrac{\partial B_{cv}}{\partial t} = \dfrac{\partial m_{cv}}{\partial t} = \dfrac{\partial(\int_{cv}\rho d\mathcal{V})}{\partial t}$

當按下閥門開啟前後，系統 (跑出去與留在罐內的) 總質量不變，故

$$\dfrac{D(\int_{sys}\rho d\mathcal{V})}{Dt} = 0$$

但對控制容積（除臭罐）而言，閥門開啟後，控制容積內之總質量變少，故

$$\dfrac{\partial(\int_{cv}\rho d\mathcal{V})}{\partial t} < 0$$

故一般而言，當有流體流動時

$$\dfrac{DB_{sys}}{Dt} \neq \dfrac{\partial B_{cv}}{\partial t}$$

雷諾轉換定理（附錄 IV. 1）

系統與控制之容積之守衡定律可用「雷諾轉換定律」連接之：

$$\frac{DB_{sys}}{Dt} = \frac{\partial B_{cv}}{\partial t} + \dot{B}_{out} - \dot{B}_{in} \tag{4-15}$$

或　　$$\frac{DB_{sys}}{Dt} = \frac{\partial B_{cv}}{\partial t} + \rho_2 V_2 A_2 b_2 - \rho_1 V_1 A_1 b_1 \tag{4-16}$$

等式左邊是系統方程式，右邊是控制容積方程式，V 與 A 是流體流經控制容積表面（*control surface, CS*）進出口之速度與其面積，右邊第二項是 B 流「出」控制容積之流率，第三項是 B 流「進」之流率，此即雷諾轉換定理。

小叮嚀：

此推導為一維流場，且速度與表面積垂直，故流體單位時間內掃過之體積，為簡單之速度與面積相乘：VA。但若速度不垂直於表面積時該如何計算 B 之流率？

質量守衡

若物質為質量，$B = m$，$b = 1$，使用雷諾轉換定律，

$$\frac{Dm_{sys}}{Dt} = \frac{\partial m_{cv}}{\partial t} + \dot{m}_2 - \dot{m}_1 , \quad \dot{m} = \rho VA \tag{4-17}$$

其中 $\dot{m} = \rho VA \, (kg/s)$ 稱為「質流率」。

以系統之質量守衡而言 *(質量不滅)*，

$$\frac{Dm_{sys}}{Dt} = 0$$

故以控制容積之質量守衡而言，

$$\dot{m}_{out} - \dot{m}_{in} + \frac{\partial m_{cv}}{\partial t} = 0 \qquad (4\text{-}18)$$

此式可以用以下 *OIS* 式表示之：

$$\dot{O} - \dot{I} + \dot{S} = 0$$

$$\begin{Bmatrix} Outflow \ \ rate \\ of \ mass \\ (kg/s) \end{Bmatrix} - \begin{Bmatrix} Inflow \ rate \\ of \ mass \\ (kg/s) \end{Bmatrix} + \begin{Bmatrix} Storage \ rate \\ of \ mass \\ in \ the \ CV \\ (kg/s) \end{Bmatrix} = 0 \qquad (4\text{-}19)$$

此為控制容積法表示之質量守衡定律。例如下圖管路中在「穩定狀態」*(S* 項為零*)* 下流進與流出之質量 *(*與質流率*)* 相等，此稱為 *(*巨觀之*)*「連續方程式」*(continuity equation)*。*(*在第六章中將看到微分形式 *(*微觀之*)* 連續方程式*)*。 在任何時間△ *t* 內，流體在管路任何位置因流動而掃過之體積內質量均相等，故

$$\Delta m = (\rho_1 A_1 v_1)\Delta t = (\rho_2 A_2 v_2)\Delta t$$

質流率定義為：

$$\dot{m} = \frac{\Delta m}{\Delta t} = \rho A v$$

故「連續方程式」為

$$\rho_1 A_1 v_1 = \rho_2 A_2 v_2$$

當密度為常數 *(*不可壓縮流體*)* 時

$$A_1 V_1 = A_2 V_2$$

此稱為「體積流率連續方程式」。

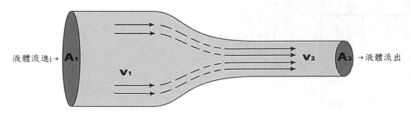

液體流進→ **A₁**　**V₁**　　　　　　　　　**V₂**　**A₂** →液體流出

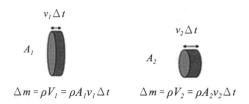

$$\Delta m = \rho V_1 = \rho A_1 v_1 \Delta t \qquad \Delta m = \rho V_2 = \rho A_2 v_2 \Delta t$$

例題：

若流場有數個進出口，則考慮將所有進出口之質流率：

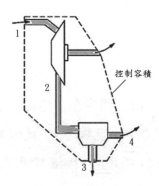

控制容積

$$\sum \dot{m}_{out} - \sum \dot{m}_{in} + \frac{\partial m_{cv}}{\partial t} = 0$$

其中，若流體為不可壓縮 $(\rho = const)$，則在穩態下

$$\sum \dot{m}_{out} = \sum \dot{m}_{in}, \quad \sum Q_{out} = \sum Q_{in}$$

此亦為體積流率守衡。

練習題五：

下圖之容器內之液面會以何速度上升或下降？

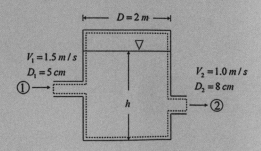

※ 流體速度非垂直於控制容積表面

以上討論之流體進出口速度與控制容積邊界皆為垂直，但當流體速度並非與控制容積之表面垂直或者非等速時，所流進流出之 B 量就會變小。雷諾轉換定理可用控制容積表面上之面積分，而將進與出之流率結合以向量積分通式化表示為（附錄 IV.2)

$$\frac{DB_{sys}}{Dt} = \frac{\partial}{\partial t}\int_{CV}\rho b d\mathcal{V} + \int_{CS}\rho b \vec{V}\bullet\vec{n}dA \qquad (4\text{-}23)$$

對於控制容積上之表面積而言，其單位垂直向量永遠垂直於表面，**方向向外**，如下圖所示，流體速度與此向量內積之「正」、「負」值分別代表「流出」、與「流進」率。

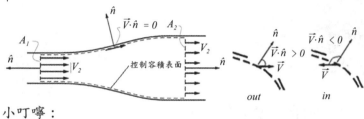

小叮嚀：

$\vec{V}\bullet\vec{n}$ 有何物理意義？

兩度空間向量內積之定義為：$A\bullet B = a_x b_x + a_y b_y$ 計算如下圖所示

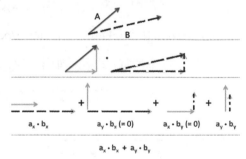

故 $\vec{V}\bullet\vec{n}$ 可用下列圖示法解釋：

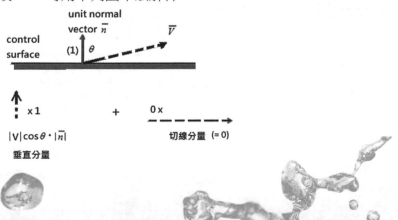

193

當 $0 < \theta < \pi/2$ 代表流體「流出」控制容積 (內積為正值)

當 $\theta = \pi/2$ 代表流體速度與控制容積表面「平行」，故無任何 B 流進或流出

當 $\pi/2 < \theta < \pi$ 代表流體「流進」控制容積（內積為負值）

例如下圖太陽能板，在何角度入射時進入板內之能量最大？

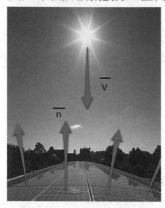

※「物質微分」與「雷諾轉換」之關係

到此讀者應該已經發現，物質微分 (D/Dt) 與雷諾轉換定律 (RTT) 兩者間有非常類似之處：兩者均為將 *Lagrangian* 分析轉換為 *Eulerian* 分析；不同之處，乃物質微分討論無窮小流體質點，而雷諾轉換討論有限容積之流體。事實上，雷諾轉換可當作物質微分的對應積分之觀念 (反之亦然)，兩者均由兩部分構成：「在地」(local) 或「非穩態」(unsteady) 部分的流場對時間之變率，與流體從一區域到另一區域之流動改變 (advective)。兩者均可使用於純量或向量。 此部分將流體力學與微積分觀念，做完美的結合。

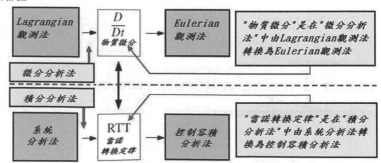

附錄：雷諾數（流體力學重要觀念）

雷諾 *(Osborne Reynolds)* 最著名之研究，就是流體在管道中的流動會從平滑整齊之流場，稱為「層流」*Laminar flow，laminar* 之唸法就像流體中一隻乖乖的綿羊 *lamb-in-our flow(* 快速唸唸看 *)*。速度增加時就轉變至有無數微小「震動」*(fluctuations)* 或微小「渦漩」*(eddies or vortices)* 之紊流 *(turbulent flow)*。雷諾在其經典實驗中描述了從層流到紊流的過程，他使用在較大的管道中引入一小束染色水來檢測不同流速下染色流體的擴散情形。當速度低時，染色層在大管的整個長度上保持平順。當速度增加時，該層在整個流體的橫截面中擴散。

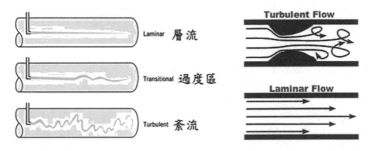

從這些實驗中可以定義出一無單位之**雷諾數** *(Reynolds number)*，其定義為

$$Re = \frac{\rho u L}{\mu}$$

將此方程式上下均乘一個 $\frac{\bar{u}}{L}A$，*A* 為受力之面積，則

$$Re = \frac{\rho \bar{u}L}{\mu} \times \frac{\frac{\bar{u}}{L}A}{\frac{\bar{u}}{L}A} = \frac{\rho \bar{u}^2 A}{\mu \frac{\bar{u}}{L}A} = \frac{inertia\ force}{viscous\ force}$$

（分母之黏滯力請回想兩平板間之剪應力）

此比值乃「**慣性力**」與「**黏滯力**」的比值。其中 *L* 稱為「特徵長度」*(characteristic length)*，在管路流場中即為管路直徑。 實驗證明在管路中：

    Re < 2300 為層流

    Re > 4000 為紊流

例題解答

練習題一

解： $\dfrac{dx}{dt} = U, \quad \dfrac{dy}{dt} = V\cos(kx - \alpha t)$

$x(t) = Ut,$

$y(t) = V\displaystyle\int_0^t \cos(kU - \alpha)\tau d\tau = \dfrac{V}{kU - \alpha}\sin([kU - \alpha]t)$

將 $t = \dfrac{x}{U}$ 帶入 $y(t)$ 取消掉時間 (消掉時間之意義就是在任何時間)

$y(x) = \dfrac{V}{kU - \alpha}\sin([k - \dfrac{\alpha}{U}]x)$

練習題二

解： $v = w = 0$， 且 $u = u(x)$ (一度空間流體)

$\dfrac{Du}{Dt} = u\dfrac{\partial u}{\partial x} = [V_o(1 + \dfrac{2x}{L})]\dfrac{2V_o}{L} = \dfrac{2V_o^2}{L}(1 + \dfrac{2x}{L})$

$\therefore (\dfrac{Du}{Dt})_{x=L} = \dfrac{2V_o^2}{L}(1 + 2) = 600 \ m/s^2$

這是重力加速度之 60 倍！此即流體中螞蟻感受之加速度。(人類在此加速度場中當無活命機會，但螞蟻為何不會昏倒？ 請用尺寸思考)

如果若眼睛緊盯著噴嘴 (控制容積是噴嘴之最縮小處)，看到之流體加速度為何？

練習題三

解： 假設流體路徑為一度空間之 s，T 是溫度，

$\dfrac{DT}{Dt} = \dfrac{\partial T}{\partial t} + u\dfrac{\partial T}{\partial s}$

所以即使溫度場為穩定狀態 $(\partial T/\partial t = 0)$，順著流體流動之螞蟻還是會感受到溫度變化。

練習題四

解：$\dfrac{DP}{Dt} = \dfrac{\partial P}{\partial t} + \dfrac{\partial P}{\partial x}u$ （一度空間流體，P 為價格，u 為卡車速度）

$\dfrac{\partial P}{\partial t} = \dfrac{-14\,NT\$}{1\,week} = -2\,(NT\$/day)$

$\dfrac{\partial P}{\partial x} = \dfrac{0.2\,NT\$}{10\,km} = 0.02\,(NT\$/km)$

貨車觀測之價格變率為 0，故

$\dfrac{DP}{Dt} = 0 = \dfrac{\partial P}{\partial t} + \dfrac{\partial P}{\partial x}u$

$\therefore 0 = -2 + 0.02 \times u$

$\therefore u = 100\,(km/day)$

貨車運送之速度為每天 100 公里，則將貨送到達各銷售點時，在各點觀測到之售價均會相同。(但各地之價格當然分別隨位置與時間而改變)。

練習題五

解：$\sum \dot{m}_{out} - \sum \dot{m}_{in} + \dfrac{\partial m_{cv}}{\partial t} = 0$

$\rho A_2 V_2 - \rho A_1 V_1 + \dfrac{\partial (\rho h A)}{\partial t} = 0$

$\dfrac{\partial h}{\partial t} = \dfrac{1}{A}\left(A_1 V_1 - A_2 V_2\right) = \dfrac{1}{\pi(1)^2}\left(\pi[0.025]^2(1.5) - \pi[0.04]^2(1)\right) = -6.66 \times 10^{-4}\ m/s$

下降！

習題

1. 求下列速度場之加速度

$$\vec{V} = (a+bx)(y\,\vec{i}) + (-cy)\vec{j}$$

Ans：$\vec{a} = [(a+bx)by - cy(a+bx)]\,i + c^2 y j \quad m/s^2$

2. 求下列速度場之流線方程式

$$\vec{V} = (a+bx)(y\,\vec{i}) + (-cy^2)\vec{j}$$

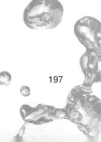

Ans： $\dfrac{dy}{dx} = \dfrac{v}{u} = \dfrac{-cy^2}{(U_o + bx)y}$　　$\displaystyle\int \dfrac{1}{y} dy = -c \int \dfrac{1}{a + bx} dx$

$$\ln y = -\dfrac{c}{b} \ln(a + bx) + d$$

$$y = C(a + bx)^{b/c}$$

3. *Hadley Cell[2]* 是指赤道附近受熱上升的氣流在上升到對流層後，分別向兩極方向移動，之後逐漸冷卻，約在緯度 *30* 度附近沉降，然後由地表向赤道移動，形成一個循環，如下圖所示。假設在某區域的速度場近似於 $u = u_0 y/h$、$v = v_0(1-y/h)$（在 $0 \le y \le h$ 範圍）；以及 $u = u_0$、$v = 0$（在 $y>h$ 區域）。求出流場之流線方程式。

Ans：，$\dfrac{x}{h} = \left(\dfrac{u_o}{v_o}\right)\left[\ln\left(\dfrac{h}{h-y}\right) - \dfrac{y}{h}\right]$

4. 在下圖所示的兩度空間漸擴管中，進口之速度為 U_o，流體在管內之速度為 $u(x,y) = (U_0 + x)i = yj$，求在 *(1, 1)* 點之加速度。

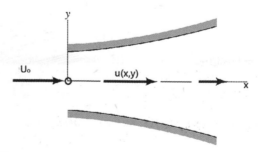

Ans： $\vec{a} = (U_o + 1)\vec{i} + \vec{j}\ m/s^2$

5. 上題流場中壓力之分佈為 $p = p_o - \dfrac{\rho}{2}\left[2U_obx + b^2(x^2 + y^2)\right]$，求通過 (x, y) 點之壓力變化。

   Ans: $\dfrac{Dp}{Dt} = \rho\left[-U_o^2 b - 2U_o b^2 x + b^3(y^2 - x^2)\right]$ Pa/s

6. 已知：不可壓縮、無黏性流體穩定的流過半徑為 R 之圓球，如下圖所示。依據理論分析得知，流體沿流線 A，B 的速度為

   $$\mathbf{V} = u(x)\,\hat{\mathbf{i}} = V_0\left(1 + \dfrac{R^3}{x^3}\right)\hat{\mathbf{i}}$$

   其中 V_o 為圓球前緣甚遠處的上游速度。求：順著流線流動，質點所產生的加速度。

   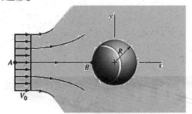

   Ans: $a_x = -3(V_0^2/R)\dfrac{1 + (R/x)^3}{(x/R)^4}$ ， $a_y = a_z = 0$

7. 一個噴嘴以線性設計，用以將流體從 V_1 加速至 V_2，意即 $V = ax + b$，其中 a 與 b 均為常數。倘若流動在 $x_1 = 0$ 處為 $V_1 = 10$ m/s，在 $x_2 = 1$ m 處為 $V_2 = 25$ m/s 的固定值，試決定局部加速度、對流加速度以及流體在點 (1) 與 (2) 的加速度。

   Ans: Local acceleration: $\dfrac{\partial u}{\partial t} = 0$

   Convective acceleration: $\dfrac{\partial u}{\partial x}u = (225x + 150)\vec{i}\ m/s^2$

   $x = 0,\quad \vec{a} = 150\vec{i}\ m/s^2,\quad x = 1,\quad \vec{a} = 375\vec{i}\ m/s^2$

8. 一家食品公司，在位於 $x = a$ 處的工廠生產易腐壞的產品，再沿著 x 軸的銷售路徑販賣這些產品。假設產品售價 P 為產後時間 t 及銷售位置 x 的函數，意即

$P = P(x, t)$；在已知地點的產品售價隨著時間 (因為易腐壞) 而遞減，依據為

$\frac{\partial P}{\partial t} = -80$ 元 /hr。此外，因為運送價格會隨著銷售地點之遠近而增加，依據為

$\frac{\partial P}{\partial x} = 1$ 元 / 公里。倘若希望送貨車沿著運送路徑卸貨時，均能在各銷售點觀測到一樣的零售價格 1000 元，則物流業者之運送速度為何？

Ans： *u = 80 km/hr* (此運送方式優點為售予各銷售點之價格固定，例如批發價都賣 800 元，管控容易，但此運送速度可能招致食物腐敗而降低價值)

9. 在洩洪閘門的正下游區域，水流可能形成逆流的情形，如下圖所示。假設在該區域的速度曲線由二個等速部分組成，一部分具有速度 V_a，另一部分具有速度 V_b。假設渠道之寬度為 *6 m*，請決定水流經控制表面截面 *(2)* 處的淨流率。

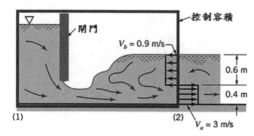

Ans： *3.96 m³/s*

10. 一層油沿著垂直平板流下 (見下圖)，速度分布為 $\mathbf{V} = (V_0 / h^2)(2hx - x^2)\hat{\mathbf{j}}$ ，其中 V_o 與 h 均為常數。*(a)* 請證明油會黏附在平板，而且在油膜最外緣 *(x = h)* 的剪應力為零；*(b)* 假設平板的寬度為 *b* ，請決定在橫跨面 *AB* 上的流率。*(注意：在管中層流的速度曲線亦具有類似的形狀。)*

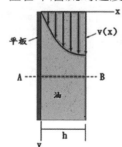

Ans: (a)   *Hint*：若 $\tau_w = \mu \dfrac{dv}{dx}\Big|_{x=0} \neq 0$ ，則流體在平板上有剪應力，" *no-slip* " 條件使得流體黏附在平板上

若 $\tau_w = \mu \dfrac{dv}{dx}\Big|_{x=h} = 0$ ，則油膜外緣 (自由面) 無剪應力

    (b) $Q = \dfrac{2}{3}V_o hb \ \ m^3 / s$

11. 一直線流線如下圖所示，速度為 $v = 3(x^2 + y^2)^{1/2}$ ，求點 *(8 , 6)* 之速度與加速度。

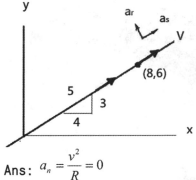

Ans: $a_n = \dfrac{v^2}{R} = 0$

12. 以氣球半徑 R ，氣球空氣密度 ρ ，利用 *OIS* 導出打氣中之氣球質量方程式

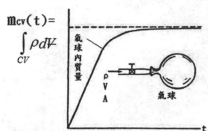

Ans: $\dfrac{4}{3}\pi R^3 (\dfrac{\partial \rho}{\partial t}) + 4\pi\rho R^2 (\dfrac{\partial R}{\partial t}) = \rho_{in} A_{in} V_{in}$

參考資料

[1]. FLUID MECHANICS – THEORY ，*https://ecourses.ou.edu/cgi-bin/ebook.cgi* ？ *doc=&topic=fl&chap_sec=03.4&page=theory*

[2]. Pressure and Winds in Atmosphere – Geography Study Material & Notes ，*https:// exampariksha.com/pressure-winds-atmosphere-geography-study-material-notes/*

日本小學生 30 人 31 腳賽跑有人跌倒時

就像流體「邊界層」！

飛機怎剎車？

流體流動時除了磨擦力外還要付買路錢！

日常生活中任何損益分析都可使用

　「有意思」おいしい‧OIS！

5

有限控制容積分析

FINITE CONTROL VOLUME ANALYSIS

第五章
有限控制容積分析
(*finite control volume analysis*)

為何前一章即使使用歐拉瑞恩觀測法盯著教室 50511（控制容積）還是無法知道誰睡覺滑手機？

控制容積分析可分為兩種：

1. 「有限」（體積非無限小）分析法，因往往得到積分方程式，故又稱為「積分控制容積法」（integral C.V. analysis），如前章與本章所述。

2. 「無限小」（infinitesimally small）分析法，因往往得到微分方程式，故又稱為「微分控制容積法」（differential C.V. analysis），如第六章所述。此兩種方法各有優缺點，有限分析法將控制容積當一整體看待，故可求出此控制容積整體與外界之交互作用，例如對外界產生之力，且此類方程式較為簡單，但此有限容積各處細部之訊息缺乏，例如無法得知各點之速度、壓力、溫度等訊息，就像只觀測控制容積（教室 50511），還是觀測不出誰睡覺滑手機，因為觀測之「範圍」還是「太大」（有限）；反之，無限小分析法將控制容積縮小至一點，故得出之訊息可適用於流場中「各處」（可以將此點置於任何地方，分析結果當然就包括睡覺滑手機的人），但流場整體對外界之影響無法得知（例如無法知道 50511 及全班有多少人），見下章。

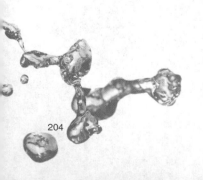

質量守衡 － 連續方程式
(*continuity equation*)

質量守衡？（改繪自 The Far Side 漫畫）

現在延續上一章詳細討論質量守衡。假設系統與控制容積於時間 t 時互相重疊，所含之質量亦相等，如圖 5.1 所示，

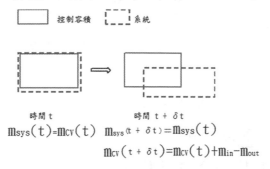

圖 5.1 控制容積與系統之關係

系統的定義為內涵之質量不變的集合體，所以系統內之質量守衡原理可表示為：系統質量隨時間的變化率為零，即 $\dfrac{Dm_{sys}}{Dt} = 0$

由雷諾轉換定理，控制容積內質量之變率為 $\dfrac{\partial m_{CV}}{\partial t}$，淨流「出」控制容積表面

之質流率為

$$\int_{CS} \rho \vec{V} \bullet \vec{n} dA = \dot{m}_{out} - \dot{m}_{in} \tag{5-1}$$

當流體流進流出控制容積之表面時，**若速度為等速，且方向與表面垂直**，則上述之「向量內積」部分可化簡為直接相乘，並考慮多重進出口，故質量守恆為：

$$\frac{Dm_{sys}}{Dt} = \frac{\partial m_{CV}}{\partial t} + \sum \rho_{out} A_{out} V_{out} - \sum \rho_{in} A_{in} V_{in} = 0$$

$$\frac{\partial m_{CV}}{\partial t} + \sum \dot{m}_{out} - \sum \dot{m}_{in} = 0$$

$$\sum \dot{m}_{out} - \sum \dot{m}_{in} + \frac{\partial m_{CV}}{\partial t} = 0 \tag{5-2}$$

或用 *OIS* - 「有意思」おいしい 方法：

$$\dot{O} - \dot{I} + \dot{S} = 0$$

{ 流出控制容積之質量流率 } − { 流進控制容積之質量流率 }

+ { 控制容積內質量之時間變率 } = 0 *(5-3)*

注意：上式中每一項單位均為 *kg/s*。

此稱為「質量守衡定律」或「連續方程式」。

當穩定狀態時：

$$\frac{\partial m_{CV}}{\partial t} = 0$$

故「淨」流出控制容積之質量為零（ $\dot{O} - \dot{I} = 0$ ）：

$$\sum \dot{m}_{out} - \sum \dot{m}_{in} = 0$$

$$\sum \rho_{out} A_{ou} V_{out} = \sum \rho_{in} A_{in} V_{in} \tag{5-4}$$

其中 $\dot{m} = \rho A V = \rho Q$ 稱為「質流率」，故在穩定狀態下，維持質量守衡，所以進、出控制容積「表面」的淨質量流動 (質流率) 變化率為零。必須注意的是，*(5-4)* 式僅限於固定、不變形、且在入出口間具有均一性質、同時流速垂直於入出口的控制

容積。至於針對一般非此特例流況之質量守衡連續方程式，應使用 *(5-1)* 式之積分方法 *(* 見練習題四、五 *)*。

※ 非等速流體

流體流出流進控制容積表面積時，當速度非等速 *(non-uniform flow)*，則在使用 *(5-4)* 式時，必須使用平均速度，在此情況下，*(5.4)* 式中的速度必須是流速在截面垂直分量的平均值，若速度非等速，則可定義截面 *(* 進出口 *)* 面積 *A* 上之平均速度為「體積流率」*(volume flowrate)* 除以截面積：

$$\bar{V} = \frac{\int_A \rho \vec{V} \bullet \vec{n} dA}{\rho A} = \frac{\dot{m}}{\rho A}$$

$(5-5)$

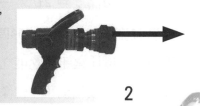

練習題三：

空氣流經圓管如下圖，截面 *2* 之平均速度為 *300 m/s*，求截面 *1* 之平均速度。

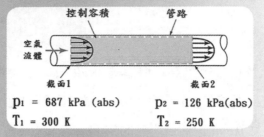

p_1 = 687 kPa (abs)　　p_2 = 126 kPa(abs)
T_1 = 300 K　　　　　T_2 = 250 K

練習題四：

層流（*laminar*）、不可壓縮流體流於圓管內，求截面 *2* 之最大速度與平均速度。

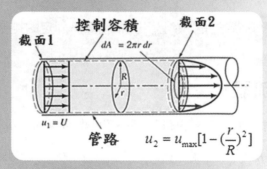

層流流體達到完全成形區（*fully developed region*，速度不再隨管子長度而改變）時，其速度分佈為二次方程式之拋物線方程式（見第七章）：

$$u_2 = u_{max}[1-(\frac{r}{R})^2]$$

代入 *(5.5)* 式積分，*(* 附錄 *V.1)*

$$u_{max} = 2U, \ \frac{u_{max}}{2} = U$$

故層流流體達到完全成形區時，其最大速度為平均速度 U 之 2 倍。（若為紊流，則最大速度比之平均速度之比值下降，因為紊流慣性較大較不受邊界黏滯力影響，故速度分佈較為扁平，就像紅酒瓶之軟木塞，如下圖所示 (左為層流，右為紊流)。

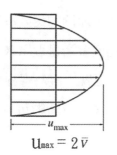
$$\mathrm{U}_{max} = 2\bar{v}$$

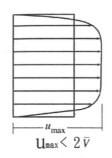
$$\mathrm{U}_{max} < 2\bar{v}$$

練習題五：

紊流管流速度曲線為

$$u(r) = u_{max} \left(\frac{R-r}{R}\right)^{1/7}$$

求平均速度與中心速度(最大速度)之比值。

練習題六：

壓縮機以常溫常壓將空氣打進壓縮機內，其出口之空氣密度為 *1.8 kg/m³*，計算 *(a)* 筒內質量之變率， *(b)* 筒內空氣密度之變率。(此控制容積內質量是否為穩態？)

邊界層理論

真實流體與物體表面間一定有一層區域速度較慢，由於非滑動現象，流體只要接觸到物體表面速度立刻變為零，越往下游，越多較遠離邊界的流體被較慢速的流體拖扯而也變慢，就像日本小學生 *30* 人 *31* 腳賽跑比賽一樣 *[1]*，當第一人倒下時 *(就像 no-slip condition)*，會連續的將隔壁的小學生拉下，而造成附近數個人慢下來，

流體也一樣，速度慢下來的區域就叫「邊界層」。在邊界層外，流體的速度不受邊界影響，不隨位置而變化。在邊界層內，距固定表面越遠，速度會漸趨近原來之速度。邊界層是以速度到達原來速度之 99% 時，其離邊界之位置就定義為邊界層邊緣，$u(\delta)\sim0.99\ U$，δ 為邊界層厚度，此人為定義之虛擬薄層 (有時清晰可見) 如圖 5.2 所示。

(特效化新聞照片)

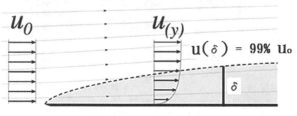

圖 5.2　邊界層示意圖

大氣層中之邊界層 [2]

※ 例題：邊界層之質量守衡

下圖流體流經一平板，速度分佈由等速變為一曲線，可以下列方程式近似

之： $\dfrac{u(y)}{U} = 2\left(\dfrac{y}{\delta}\right) - \left(\dfrac{y}{\delta}\right)^2$, δ 為邊界層厚度。

判斷是否有流體流過 bc 面 ?(是否有垂直方向之速度分量 ?)(附錄 V.2)

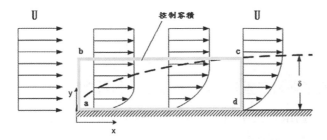

上例以體積當作流量的邏輯來看，左邊進來之流體體積為長方形，而右邊出去是圓弧形 (比較小)，因為質量守衡且為穩態時，故一定有流體流出上平面 (下平面為平板，沒有流體)，如下圖所示，故有流體流出 bc 面，亦即有 y 方向之速度分量，但非常小， $v << u$。

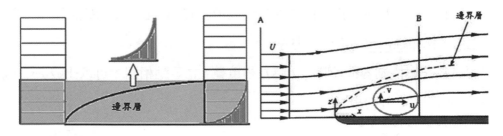

平板上邊界層內還是有垂直速度分量，如上圖所示，然因 $u >> v$，故一般只用水平速度而並不顯示垂直速度分量。

下次坐飛機時，當飛機飛進不濃厚的雲層時，注意看看機翼表面上大約十幾公分薄薄的一層快速流動的流體 (邊界層) 吧。

牛頓第二定率 － 動量守衡

人人熟知的牛頓第二定律 (動量守衡) 就是「系統」中動量之時間變率等於外力：$F=D(m\vec{V})/Dt$，由第四章之動量「集中特性」$b= \vec{V}$，故「系統」之動量守衡為：

{ 系統中動量之時間變率 } = { 所有施予此系統上之力 }

$$\frac{D}{Dt} \int_{sys}^{\square} \vec{V} \rho d\forall = \sum \vec{F}_{sys} \tag{5-6}$$

在流體力學中，外力包括流體本生之力與外界施予之力，流體本生受到之力分為兩類：「體積力」(body force) 與「表面力」(surface force)，其中體積力即為流體重量，表面力又分為平行於表面之黏滯力，與垂直於表面之壓力產生之力。外界所施予之力，例如維持平衡之固定力等。

假設系統與控制容積於時間 t 時互相重疊 (立足點相同才可以比較)，故系統與控制容積所受之外力相等，

$$\sum \vec{F}_{sys} = \sum \vec{F}_{CV} \tag{5-7}$$

在雷諾轉換定律中，若令 $B = mV$，$b = V$，則動量守衡可寫為，

$$\frac{D(m\vec{v})_{sys}}{Dt} = \frac{\partial(m\vec{v})_{CV}}{\partial t} + \sum \vec{V}_{out} \rho_{out} A_{out} V_{out} - \sum \vec{V}_{in} \rho_{in} A_{in} V_{in}$$

$$= \frac{\partial(m\vec{v})_{CV}}{\partial t} + \sum (\vec{V}\dot{m})_{out} - \sum (\vec{V}\dot{m})_{in} \tag{5-8}$$

利用向量表示，以「控制容積」而言

$$\frac{\partial}{\partial t} \int_{CV} \vec{V} \rho d\forall + \int_{CS} \vec{V}(\rho\vec{V} \bullet \vec{n})dA$$

$$= \frac{\partial}{\partial t} \int_{CV} \vec{V} \rho d\forall + \sum \vec{V}_{out} \rho_{out} A_{out} V_{out} - \sum \vec{V}_{in} \rho_{in} A_{in} V_{in} = \sum F_{CV} \tag{5-9}$$

注意：上式中，每一項單位均為 $kg.m/s^2$ 或 (N)，並為一向量方程式，故有三個不同方向的方程式。

在每個方向都可以用 OIS 方式表示：

$$\dot{O} - \dot{I} + \dot{S} = \sum \vec{F}_{CV} \qquad\qquad (5\text{-}10)$$

{ 流出控制容積之動量流率 } – { 流進控制容積之動量流率 }

+ { 控制容積內動量之時間變率 } = { 所有外力之合 }

此為「控制容積法」表示之「動量守衡定律」。

外力中之**壓力**，有時作用顯著，有時不顯著，請看下數例：

例題 *(壓力不顯著之情況)*：

水泥注入平台如下圖所示，求纜繩上之張力。*(假設各種參數)*。

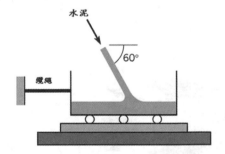

解：假設水泥注入時之質流率與速度

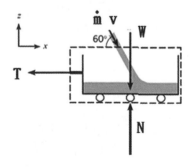

$$\dot{m} = \rho A v$$
$$\dot{m}(v\cos\theta) = -T$$
$$\dot{m}(-v\sin\theta) = N - W$$

小叮嚀： 速度（動量）、力等向量之正負值以座標方向為正，反之為負。

延伸學習： 水泥重量 W 隨時間增加，請問纜繩張力 T 會變大嗎？

例題 (壓力顯著之情況):

火箭推進力測試

在下圖中測試火箭推進力之模型實驗中，欲使火箭「固定」必須要施予水平 F_x 及垂直 F_z 之「固定力」(anchoring force)。在噴嘴出口的廢氣速度與壓力分別為 *1500 m/s* 及 *138 kPa (abs)*，其中出口截面積為 *390 cm²*，廢氣的質流率保持 *10 kg/s* 的固定值。假設廢氣始終為水平流動，求出水平固定力 F_x。

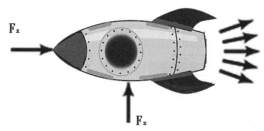

解： 在穩定狀態下

$$\sum\dot{m}_{out}\vec{V}_{out} - \sum\dot{m}_{in}\vec{V}_{in} = \sum F_{CV} = F_{anchor} + F_{press}$$

X 方向：

$$\dot{m}_{out}u_{out} - \dot{m}_{in}u_{in} = F_{x,press}$$

記得速度向右 (x 方向) 為正，力也是，

$$(10)(1500)-0 = F_{anchor} + F_{x,press}$$

火箭水平方向因壓力不同而產生之力可用以下列方式分析：

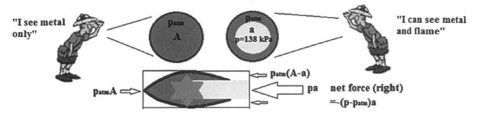

站在火箭正面向右看，看到的是一個大圓，壓力為 p_{atm}，站在後面向左看到的是一個大圓中一個小圓，壓力分別為 p_{atm} 及 p，故壓力對控制容積 (火箭) 產生淨向右 (+) 之外力為

$$p_{atm}A - \left[p_{atm}(A-a) + pa \right] = -(p - p_{atm})a = -(138000 - 101000)(390 \times 10^{-4})$$
$$= -1443 \, (N)$$

$$(10)(1500) - 0 = F_{anchor} - 1443$$
$$\therefore F_{anchor} = 16443 \, N = 16.4 \, kN$$

(此力為正值，代表當初假設 F_x 之方向正確)

延伸學習：請問質量守衡代表控制容積 (火箭) 內之質量有何變化？ F_z 為何？

例題：

若水流流經一楔形體表面，欲固定此物體，須施與多少固定力？

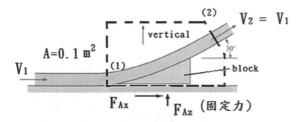

解：此為兩度空間流場： $\vec{V} = u\vec{i} + w\vec{k}$ ，且因壓力均為大氣壓，故不必討論壓力產生之外力。

$$w_2\rho A_2 V_2 - w_1\rho A_1 V_1 = \sum F_z$$

$$V_1 cos\theta \rho A_2 V_1 - V_1\rho A_1 V_1 = \sum F_{Ax}$$

$$V_1 sin\theta \rho A_2 V_1 - (0)\rho A_1 V_1 = \sum F_{Az}$$

$$F_{Ax} = -\rho A V_1^2(1 - cos\theta) = -\dot{m}V_1(1 - cos\theta)$$

$$F_{Az} = -\rho A V_1^2 sin\theta = \dot{m}V_1 sin\theta$$

（F_{Ax} 為負值，此固定力之方向為何？）

練習題七：

將 U 形管置於地面，求地面之反作用力 (固定力)

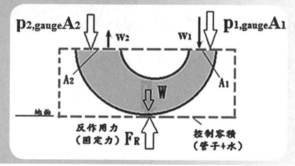

練習題八：

求下圖 U 形管之固定力。

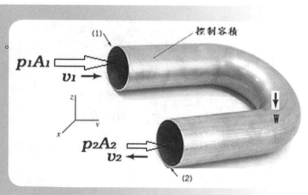

生活實例：飛機降落時如何煞車？

「推力反轉」*(thrust reversal)* 是在引擎上將空氣進氣一部分不經過燃燒而直接被引擎阻擋而改變方向，產生反作用力之阻力，而達到減速之目的。推力反轉在飛機降落時提供額外之減速機制。許多噴氣式飛機上都提供推力反轉系統，以幫助減速並減少煞車皮的磨損，縮短著陸距離。但飛機之主要煞車機制還是輪胎之煞車片，與汽車類似。航空母艦上戰鬥機更用降落傘及地板勾繩將飛機煞住。若干噴射引擎之推力反轉裝置如下圖 *[3，4，5]*。下次坐飛機時，請看看引擎是用哪種煞車型式。

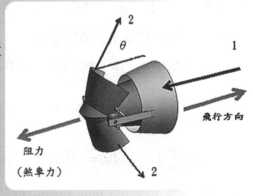

練習題九：

求下圖飛機引擎蜆殼式推力反轉裝置 *[6]* 產生之阻力 F_x。

請自行假設各種所需之參數。

能量守衡

First Law of Thermo: You can't get anything without working for it.

Second Law of Thermo: The most you can accomplish by work is to break even.

Third Law of Thermo: You can't break even.

能量守衡定律:「系統」之總能量是恆定的;例如一個封閉之汽缸內,外界「進入」之熱 $Q(J)$,汽缸內氣體對活塞做功(「對外」)$W(J)$,及汽缸內氣體內總能量改變量△ E_{sys} 之關係如下:

$$\triangle E_{sys} = Q - W$$

或是用時間變率:

$$\frac{DE_{sys}}{Dt} = \dot{Q} - \dot{W} \tag{5-11}$$

故熱力學第一定律(對「系統」而言,注意用全微分 D/Dt)可敘述如下:

{系統內所有總能量之時間變率} =

{進入系統之「淨」熱傳率} + {外界對系統所作之「淨」功率}

$$\frac{D}{Dt}\int_{sys} e\rho d\forall = (\sum \dot{Q}_{in} - \sum \dot{Q}_{out})_{sys} + (\sum \dot{W}_{in} - \sum \dot{W}_{out})_{sys}$$

或 $\frac{D}{Dt}\int_{sys} e\rho d\forall = (\dot{Q}_{net} + \dot{W}_{net})_{sys}$ 　　　　　　(5-12)
　　　　　　　　　　　　　　　　　　　　in　　in

其中物質「總能量」 e(*total energy, J/kg*)可表示為

$$e = \bar{u} + \frac{V^2}{2} + gz$$

$$= \text{「內能」}(internal\ energy) + \text{「動能」} + \text{「位能」} \qquad (5\text{-}13)$$

假設時間 t 時，系統與控制容積重合 (立足點平等)：

$$(\dot{Q}_{net} + \dot{W}_{net})_{sys} = (\dot{Q}_{net} + \dot{W}_{net})_{CV}$$
$$\quad\;_{in}\qquad_{in}\qquad\qquad_{in}\qquad_{in}$$

利用雷諾轉換定律（ $b = e$ ， $B = E$ ）

$$\frac{D}{Dt}\int_{sys} e\rho d\forall = \frac{\partial}{\partial t}\int_{CV} e\rho d\forall + \int_{CS} e\left(\rho\vec{V}\cdot\vec{n}\right)dA$$

$$= \frac{\partial}{\partial t}\int_{CV} e\rho d\forall + \sum e_{out}\rho_{out}A_{out}V_{out} - \sum \vec{V}_{in}\rho_{in}A_{in}V_{in}$$

$$= \frac{\partial}{\partial t}\int_{CV} e\rho d\forall + \sum(e\dot{m})_{out} - \sum(e\dot{m})_{in}$$

故

$$\frac{\partial}{\partial t}\int_{CV} e\rho d\forall + \int_{CS} e\left(\rho\vec{V}\cdot\vec{n}\right)dA = (\dot{Q}_{net} + \dot{W}_{net})_{CV} \qquad (5\text{-}14)$$
$$\qquad\qquad\qquad\qquad\qquad\qquad\qquad\quad_{in}\qquad_{in}$$

(請回憶 : 在熱力學中，我們好像沒常用到 e，而常用到「熱焓 enthalpy」 h，然而上列方程式中為何看不到熱焓 h ？)

但是功 W 分為「有用的功」與「無用的功」，

$$\dot{W}_{net} = \dot{W}_{\substack{net\\useful}} + \dot{W}_{\substack{net\\non-useful}}$$
$$\;_{in}\qquad\;_{in}\qquad\qquad\;_{in}$$

其中 ” in ” 代表進入之功，有用之功包括「活塞」（ $piston$ ）功、「轉軸」（ $shaft$ ）功、…等，無用的功稱為**「流動功」**（***flow work***），代表流體作功過程中除了摩擦力之損失外，維持流體流動所必須提供額外之功，例如流體流進渦輪機，如下圖所示：假想渦輪機是一間房間，流體首先要開門進入房間，若門裡外壓力不同，則必須先作功把門打開，才能進入房間，再與渦輪機葉片做 (有用的) 功，同樣地，流體離開房間時亦須作功打開出去的門，故對於此房間必須提供一個額外的進門與出門之「淨進來之功」，若不提供此額外功則流體無法開門流動，故此流動功無法使用，必須從有用的功中剔除 **(注意：流動功與流體之「動能」無關)**。

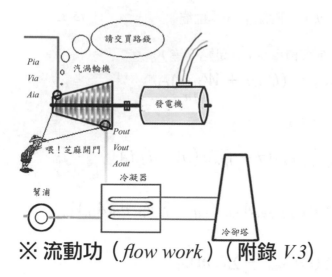

※ 流動功（*flow work*）（附錄 *V.3*）

流動功 W_{flow} 如下圖活塞上所作之功所示，將其代入雷諾轉換方程式，則控制容積之能量守衡為

$$\frac{\partial}{\partial t}\int_{CV} e\rho d\forall + \sum (h + \frac{v^2}{2} + gz)_{out}\dot{m}_{out} - \sum (h + \frac{v^2}{2} + gz)_{in}\dot{m}_{in}$$

$$= (\dot{Q}_{\substack{net\\in}} + \dot{W}_{\substack{net\\in\\useful}})_{CV} \tag{5-15}$$

其中 $h = \breve{u} + \dfrac{p}{\rho}$ 稱為熱焓 *(enthalpy)*，相對於物質之內能 *e*，"*h*" 可視為帶著買路錢的「流動」流體之「內能」*（因為壓力也是一種能量）*。故在熱力學中使用焓 *h* 代替 *e* 來計算流動流體之「總能」。能量守衡定理用 *OIS* 表示為：

$$\dot{O} - \dot{I} + \dot{S} = \sum \dot{Q}_{\substack{net\\in}} + \sum \dot{W}_{\substack{net\\in\\useful}} \tag{5-16}$$

{流出控制容積之能量率} – {流入控制容積之能量率}

　　+ {控制容積內能量對時間變率}

= {淨流入控制容積之熱傳率與有用之功率}

流體流動功：

1. 與封閉系統不同的是，控制容積有質量流進流出

2. 推動此質量流進或流出控制容積所需之功成為流動功

3. 此流動功無法使用，與摩擦力一樣屬於不可逆損失

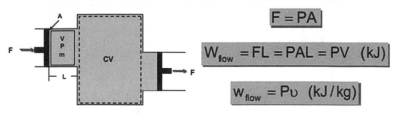

※ 管路流體之能量守衡

應用能量守衡定理於管路穩定流中，如下圖所示之流線管，

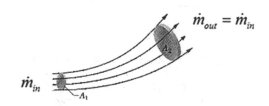

$$\dot{m}\left[(h_{out} - h_{in}) + \frac{V_{out}^2 - V_{in}^2}{2} + g(z_{out} - z_{in})\right] = (\dot{Q}_{net\,in} + \dot{W}_{net\,in\,useful})$$

(單位為 W)

或
$$\left[(h_{out} - h_{in}) + \frac{V_{out}^2 - V_{in}^2}{2} + g(z_{out} - z_{in})\right] = (q_{net\,in} + w_{net\,in\,useful})$$

(單位為 J/kg，代表流體之「能量密度」，是否與伯努力方程式有點像？)

例題：

求下圖渦輪機所作之功（kJ/kg）。

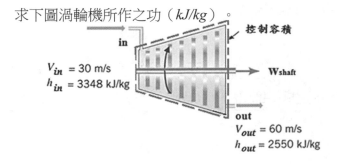

解：$[(h_{out} - h_{in}) + \dfrac{V_{out}^2 - V_{in}^2}{2} + g(z_{out} - z_{in})] = \cancel{q_{net \atop in}} + w_{net \atop useful \atop in}$

$$w_{net \atop useful \atop in} = (h_{out} - h_{in}) + \frac{V_{out}^2 - V_{in}^2}{2}$$

$$= (2550 - 3348)\frac{kJ}{kg} + \frac{(60^2 - 30^2)\frac{m^2}{s^2}[1\frac{J}{N \cdot m}]}{2[1\frac{kg \cdot m}{N \cdot s^2}](1000\frac{J}{kJ})}$$

$$= -797 \, kJ/kg$$

$$w_{out} = 797 \, kJ/kg$$

小叮嚀：

一般在熱力學中均用 kJ/kg，注意第二項之單位轉換（除以 1000），但若每一項均用 SI 單位，例如 J/kg，則不需任何轉換，但答案也將是 SI 單位，J/kg。

當穩定、不可壓縮流體、無作功時，應用能量守衡於任一流線上：

$$\frac{p_{out}}{\rho} + \frac{V_{out}^2}{2} + gz_{out} = \frac{p_{in}}{\rho} + \frac{V_{in}^2}{2} + gz_{in} - (\bar{u}_{out} - \bar{u}_{in} - q_{net})_{in}$$

其中 $(\breve{u}_{out} - \breve{u}_{in} - q_{net \atop in}) = loss$

前兩項之損失來自溫度 (內能) 改變，第三項來自摩擦力（黏滯力）與熱傳，**若損失為零，則能量方程式與伯努力方程式相等。**

練習題十：

求下圖風扇之效率。風扇馬達所用的電為 *0.4 kW*。

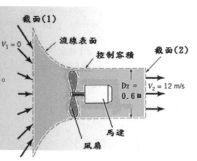

練習題十一：

一般大型風力發電機如下圖所示 *[7]*，效率約 *32%*，求下圖風力發電機之發電量與其風扇柱之固定力。

腦筋急轉彎：*Why do you support renewable energy?"*

Because I'm a big fan

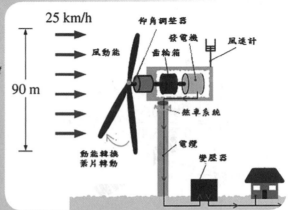

練習題十二：

水庫壩底渦輪機之發電量為 *4.6 MW*，離水面高度為 *115 m*，假設所有之損失相當於 *10 m* 水壓力頭，出口之管路直徑為 *0.75 m*，速度 *12.5 m/s*，求此渦輪機之效率。

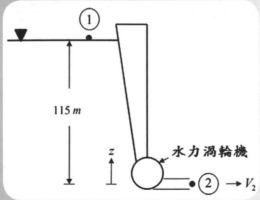

練習題解答

練習題一

解：$\sum \dot{m}_{out} = \sum \dot{m}_{in}$

$\dot{m}_{out} = \dot{m}_{air} + \dot{m}_{fuel}$

$(\rho A V)_{out} = \dot{m}_{air} + \dot{m}_{fuel}$

$\rho_{out} = \dfrac{30 + 0.3}{0.3 \times 500} = 0.202 \ kg/m^3$

練習題二

$$\frac{\partial}{\partial t} \int_{CV} \rho d\!\!\!/ V + \dot{m}_{out} - \dot{m}_{in} = 0$$

解：

0

$\dot{m}_2 = \dot{m}_1$ ， $\rho_2 Q_2 = \rho_1 Q_1$ ，

$V_2 = Q/A_2 = 0.00025/(\pi(0.005)^2/4) = 12.7 \ m/s$

密度不變時，此稱為體積守衡。

練習題三

解：$\dot{m}_2 = \dot{m}_1$ ， $\rho_2 A_2 \overline{V}_2 = \rho_1 A_1 \overline{V}_1$ ，

$\overline{V}_1 = \dfrac{\rho_2}{\rho_1} \overline{V}_2$ ，又 $\rho = \dfrac{p}{RT}$

$\overline{V}_1 = \dfrac{p_2 T_1 \overline{V}_2}{p_1 T_2}$

$= \dfrac{(126)(250)(300)}{(687)(300)} = 45.9 \ m/s$

注意： *1* 連續方程式亦可使用於可壓縮流體。

2 此時壓力與溫度必須用「絕對壓」與「絕對溫度」。

練習題四

解：$\sum \rho_{out} A_{out} V_{out} - \sum \rho_{in} A_{in} V_{in} = 0$

$\sum \rho_{in} A_{in} V_{in} = \rho_1 A_1 U$

$$\sum \rho_{out} A_{out} V_{out} = \rho_2 \int_0^R u_2 2\pi r dr$$

小叮嚀：

上式為何如此積分？ 圓管截面積中，在位置 r 與 r+dr 之間，就像一個戒指，

通過此戒指面積上之速度均為 u(r)，如下圖所示，此戒指之面積為 $2\pi r dr$，

故通過此戒指面積上之體積流量為　u(r)2πrdr

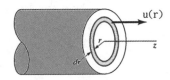

練習題五

解：$\dfrac{\bar{u}}{u_{max}} = \dfrac{\int_0^R u_{max}\left(\dfrac{R-r}{R}\right)^{1/7} 2\pi r dr}{\pi R^2 u_{max}}$

其中積分項

$$\int_0^R u_{max}\left(\frac{R-r}{R}\right)^{\frac{1}{7}} 2\pi r dr = u_{max}\int_0^R\left(1-\frac{r}{R}\right)^{1/7} 2\pi r dr$$

$$= 2\pi u_{max}R^2 \int_0^R\left(1-\frac{r}{R}\right)^{1/7}\left(\frac{r}{R}\right)d\left(\frac{r}{R}\right)$$

$$= 2\pi u_{max}R^2 \int_0^1 (1-\xi)^{1/7}\xi d\xi,\ \xi = \frac{r}{R}$$

$$= 2\pi u_{max}R^2 \int_1^0 \eta^{1/7}(1-\eta)d(-\eta),\ \eta = 1-\xi$$

$$= 2\pi u_{max}R^2\left[-\frac{7}{8}\eta^{\frac{8}{7}} + \frac{7}{15}\eta^{15/7}\right]_1^0$$

$$= 2\pi u_{max}R^2(0.408)$$

故 $\quad \dfrac{\bar{u}}{u_{\max}} = 0.817$

小叮嚀：

上式之積分要注意積分上下限之變換與對調。

練習題六

解：將壓縮筒做為控制容積，使用 *OIS* 觀念：

$$\sum \dot{m}_{out} - \sum \dot{m}_{in} + \frac{\partial m_{CV}}{\partial t} = 0$$

$$\rho_{out} u_{out} A_{out} - \rho_{in} Q_{in} + \frac{\partial m_{CV}}{\partial t} = 0$$

$$(1.8)(210)(\pi(0.03)^2 / 4) - (1.2)(0.3) + \frac{\partial m_{CV}}{\partial t} = 0$$

$$\therefore \frac{\partial m_{CV}}{\partial t} = 0.1 \, kg/s$$

（此為增加率）

$$\frac{\partial m_{CV}}{\partial t} = 0.1 \, kg/s$$

$$\frac{\partial \rho_{CV} V}{\partial t} = 0.1, \quad \therefore \frac{\partial \rho}{\partial t} = \frac{0.1}{V} = 0.16 \, kg/m^3 \cdot s$$

練習題七

解：質量守衡，故

$$\dot{m} = \rho_1 A_1 w_1 = \rho_2 A_2 w_2 \text{，故 } A_1 w_1 = A_2 w_2, \quad w_2 = \frac{A_1}{A_2} w_1$$

動量守衡：

$$\sum \dot{m} w_{out} - \sum \dot{m} w_{in} = F_R - W + F_{press}$$

z 方向：

$$(w_2) \dot{m} - (-w_1) \dot{m} = F_R - W + F_{press}$$

F_{press} 可用上下眼睛觀視方式求出，如下圖方式所示：

(注意：此處練習用錶壓)

$$\therefore F_{press} = (0)(A_1 + A_2 + other\ A) - (p_{1g}A_1 + p_{2g}A_2 + 0 \times other\ A)$$
$$= -(p_{1g}A_1 + p_{2g}A_2)$$

$$\therefore F_R = W + (p_{1g}A_1 + p_{2g}A_2) + \dot{m}(w_1 + w_2)$$

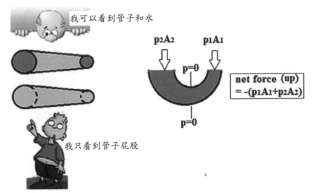

之前所有之例題，都將整個流場與管子看成一個控制容積，故流體與管子間之摩擦力變成「內力」，無法求出，所以要怎樣才能求出摩擦力？

延伸學習： 求出上例流體與 U 形管間之摩擦力。

分析一： 將管子 (不包括流體) 視為控制容積，且不考慮管子重量，摩擦力為 R，因為無任何流體，(此處練習使用絕對壓，*Why*？)

$$0 = F_R - R + F_{press,pipe}, \quad \therefore R = F_R + F_{press,pipe}$$
$$F_{press,pipe} = p_{atm}A - p_{atm}(A - A_1 - A_2) = p_{atm}(A_1 + A_2)$$
$$\therefore R = F_R + p_{atm}(A_1 + A_2)$$

思考問題： 為何 $R > F_R$？(大氣壓是否有幫管路出一份固定力？)

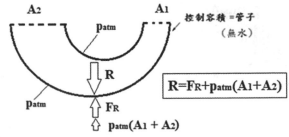

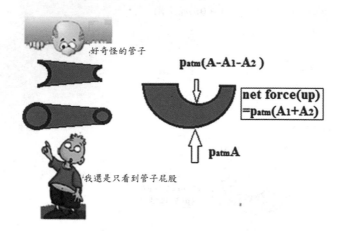

分析二：將流體 (不包括管子) 單獨視為控制容積

注意：對流體而言，摩擦力 R 之方向與管子所受之摩擦力方向相反

$$(w_2)\dot{m} - (-w_1)\dot{m} = -W + R + F_{press,water}$$

注意：此時也要用絕對壓，跟管路一樣，才可比較！

其壓力所造成之外力，亦可用上下觀視圖求出

$$F_{press,water} = 0 - (p_{1a}A_1 + p_{2a}A_2)$$

故 $$\therefore R = \dot{m}(w_1 + w_2) + W + (p_{1a}A_1 + p_{2a}A_2)$$

而 $$F_R = W + (p_{1g}A_1 + p_{2g}A_2) + \dot{m}(w_1 + w_2)$$

$$\therefore R = F_R + p_{atm}(A_1 + A_2)$$

此與管子單獨當做控制容積算出來的一樣，但方向相反 (Why ？)。

此類例題若能融會貫通，其他問題必定游刃有餘。

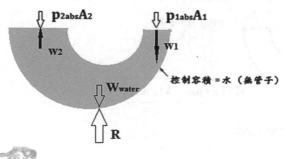

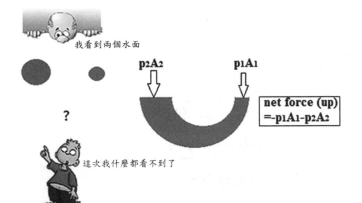

練習題八

解：**解法一**（以管 + 水 為控制容積）

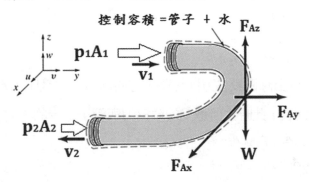

控制容積 = 管子 ＋ 水

$$\vec{V} = u\vec{i} + v\vec{j} + w\vec{k}$$

x 方向動量守衡：

$$u_2\rho A_2 V_2 - u_1\rho A_1 V_1 = F_{Ax}, \quad u_1 = u_2 = 0$$

$$\therefore 0 = F_{Ax}$$

y 方向動量守衡：

$$v_2\rho A_2 V_2 - v_1\rho A_1 V_1 = F_{Ay} + p_{1,abs}A_1 + p_{2,abs}A_2 - p_{atm}(A_1 + A_2)$$

$$(-V_2)\dot{m}_2 - (V_1)\dot{m}_1 = F_{Ay} + (p_{1,abs} - p_{atm})A_1 + (p_{2,abs} - p_{atm})A_2$$

$$-2\dot{m}V = F_{Ay} + p_1A_1 + p_2A_2$$

$$\therefore F_{Ay} = -2\dot{m}V - (p_1A_1 + p_2A_2)$$

（注意：F_{Ay} 為負值，故方向應為向左）

229

解法二（以「管」、「水」分別為控制容積）

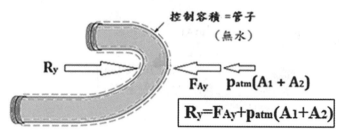

控制容積＝管子

（無水）

$R_y = F_{Ay} + p_{atm}(A_1 + A_2)$

注意：上圖之 F_{Ay} 之方向已改成（正確方向）向左，故

$$F_{Ay} = 2\dot{m}V + (p_1 A_1 + p_2 A_2)$$

以「管」為控制容積而言：

$$0 = -F_{Ay} + R_y - p_{atm}(A_1 + A_2)$$
$$R_y = F_{Ay} + p_{atm}(A_1 + A_2)$$
$$\therefore R_y = 2\dot{m}V + (p_1 A_1 + p_2 A_2) + p_{atm}(A_1 + A_2)$$
$$= 2\dot{m}V + (p_{1,abs}A_1 + p_{2,abs}A_2)$$

（注意：R_y 為正值，故上圖假設之方向正確，方向向右，並且比固定力大）

以「水」為控制容積而言（此時水所遭受的摩擦力與管子遭受的方向相反）：

$$-2\dot{m}V = -R_y + p_{1,abs}A_1 + p_{2,abs}A_2$$
$$\therefore R_y = 2\dot{m}V + p_{1,abs}A_1 + p_{2,abs}A_2$$

此與「管」為控制容積結果相同。

結合此二控制容積，消掉管壁摩擦力 R_z：

$$F_{Ay} = 2\dot{m}V + (p_1 A_1 + p_2 A_2)$$

此結果與解法一相同。

延伸學習：摩擦力 R_y 與固定力 F_{ay} 誰大？為何？

練習題九

解：

首先將控制容積置於「空氣 + 飛機引擎」

空氣進口：$\dot{m}_1, A_1, \rho_1, u_1$

空氣反轉出口：$\dot{m}_2, A_2, \rho_2, u_2$

動量守衡：

$$\sum(\dot{m}\vec{V})_{out} - \sum(\dot{m}\vec{V})_{in} = \sum\vec{F}$$

$$2\dot{m}_2(u_2\cos\theta) - \dot{m}_1(-u_1) = F_x$$

其中 $\dot{m}_n = A_n\rho_n u_n$

質量守衡：$\dot{m}_1 = 2\dot{m}_2$

$$F_x = 2\dot{m}_2(u_2\cos\theta) + \dot{m}_1 u_1$$

(向右，就是控制容積之固定力)

再將引擎 (飛機) 當作控制容積 (不包括空氣)，所產生之反作用力為

$$0 = F_x + R_x \quad \therefore R_x = -(2\dot{m}_2(u_2\cos\theta) + \dot{m}_1 u_1)$$

向左，此即為空氣對引擎之煞車力 (此題不需討論壓力影響，因為比起空氣動量流率項，壓力可以忽略)

練習題十

$$[(h_{out} - h_{in}) + \frac{V_{out}^2 - V_{in}^2}{2} + g(z_{out} - z_{in})] = w_{\substack{net\\useful\\in}} - loss$$

解：

$$w_{\substack{net\\useful\\in}} - loss = (\frac{p_2}{\rho} + \frac{V_2^2}{2} + gz_2) - (\frac{p_1}{\rho} + \frac{V_1^2}{2} + gz_1)$$

$$w_{\substack{net\\useful\\in}} - loss = \frac{V_2^2}{2} = \frac{(12\,m/s)^2}{2[1(kg\cdot m)/(N\cdot s^2)]} = 72\,N\cdot m/kg$$

$$\eta = \frac{w_{\substack{net\\useful\\in}} - loss}{w_{\substack{net\\useful\\in}}}$$

$$w_{\substack{net\\useful\\in}} = \frac{\dot{W}_{\substack{net\\useful\\in}}}{\dot{m}}$$

$$\dot{m} = \rho A V$$

$$w_{\substack{net\\useful\\in}} = \frac{\dot{W}_{\substack{net\\useful\\in}}}{(\rho \pi D_2^2 / 4) V_2} = \frac{(0.4\,kW)[1000\,(N\cdot m)/(kW\cdot s)]}{(1.23\,kg/m^3)[\pi (0.6\,m)^2/4](12\,m/s)}$$

$$= 95.8\,N\cdot m/kg$$

$$\eta = \frac{72}{95.8} = 75.2\,\%$$

練習題十一

解： 控制容積之能量守衡為

$$\dot{m}[(h_{out} - h_{in}) + \frac{V_{out}^2 - V_{in}^2}{2} + g(z_{out} - z_{in})] = \dot{Q}_{\substack{net\\in}} + \dot{W}_{\substack{net\\useful\\in}}$$

$$V_1 = (25\,\text{km/h})\left(\frac{1\,\text{m/s}}{3.6\,\text{km/h}}\right) = 6.94\,\text{m/s}$$

空氣質流率為

$$\dot{m} = \rho_1 V_1 A_1 = \rho_1 V_1 \frac{\pi D^2}{4} = (1.25\,\text{kg/m}^3)(6.94\,\text{m/s})\frac{\pi(90\,\text{m})^2}{4} = 55{,}200\,\text{kg/s}$$

假設進出口之空氣無溫度改變，亦無位能改變，則進口之總功率為

$$\dot{W}_{max} = \dot{m}\frac{V_1^2}{2} = (55{,}200\,\text{kg/s})\frac{(6.94\,\text{m/s})^2}{2}\left(\frac{1\,\text{kN}}{1000\,\text{kg}\cdot\text{m/s}^2}\right)\left(\frac{1\,\text{kW}}{1\,\text{kN}\cdot\text{m/s}}\right)$$

$$= 1330\,\text{kW}$$

故風扇之功率正比於 V^3，實際發電量功率為

$$\dot{W}_{act} = \eta_{\text{wind turbine}}\dot{W}_{max} = (0.32)(1330\,\text{kW}) = 426\,kW$$

假設忽略葉片上摩擦力之損失，則控制容積出口之功率為

$$\dot{m}ke_2 = \dot{m}ke_1(1-\eta_{\text{wind turbine}})$$

$$\therefore \dot{m}\frac{V_2^2}{2} = \dot{m}\frac{V_1^2}{2}(1-\eta_{\text{wind turbine}})$$

$$V_2 = V_1\sqrt{1-\eta_{\text{wind turbine}}} = (6.94)\sqrt{1-0.32} = 5.72 \text{ m/s}$$

使用 x 方向之動量守衡

$$\dot{m}V_2 - \dot{m}V_1 = F_x$$
$$\dot{m}(V_2 - V_1) = (55,200)(5.72 - 6.94) = \textit{-67.3kN}$$

故固定力之方向為 $-x$ 方向。

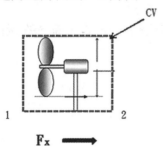

練習題十二：

解：$[\frac{(p_2 - p_1)}{\rho} + \frac{V_2^2 - V_1^2}{2} + g(z_2 - z_1)] = -\dot{W}_{\substack{net \\ useful \\ out}} - Loss$

$$\dot{W}_{\substack{net \\ useful \\ out}} = g(z_1 - z_2) - \frac{V_2^2}{2} - Loss$$

$$= 9.8(115) - \frac{(12.5)^2}{2} - 10(9.8) = 952 \ m^2/s^2$$

$$\dot{m} = \rho A_2 V_2 = 1000(\frac{\pi[0.75]^2}{4})(12.5) = 5.52 \times 10^3 \ kg/s$$

渦輪機完全使用水庫水的位能能量所產生之功率為

$$P = \dot{m}\dot{W}_{\substack{net \\ useful \\ out}} = (952)(5.52 \times 10^3) = 5.26 \times 10^6 \ \frac{m^2}{s^2}\frac{kg}{s}$$

$$\frac{m^2}{s^2}\frac{kg}{s}=\frac{kg{\cdot}m}{s^2}\frac{m}{s}=\frac{N{\cdot}m}{s}=\frac{J}{s}=W$$

$$\eta=\frac{4.6\ MN}{5.26\ MN}=0.875$$

習題 :

1. 假設下圖邊界層內之速度分佈為

   $$\frac{u}{U}=\sin(\frac{y}{2\delta}\pi)$$

   請推導體積流率的表示式，意即由前緣至下游某一位置 x 處，經過截面 (2) 的每單位深度之體積流率。

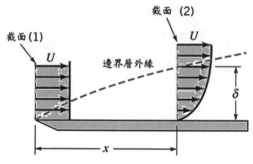

   Ans： $Q=\dfrac{2\delta U}{\pi}(\times 1)\ m^3/s$

2. 直徑 $2\ cm$ 的水噴束射向均質的矩形塊之後產生分流，如下圖所示，其中塊狀物重量為 $10\ N$。倘若要翻倒此塊狀物，請決定最小的體積流率 Q。

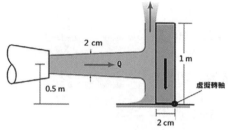

   Ans： $Q=6.3\times 10^{-5}\ m^3/s$

3. 假使一個馬達需要達需要 *300 W* 的電,以便抽風機的風扇能產生直徑為 *50 cm*,速度為 *10 m/s* 的空氣流場,如下圖所示。請估計 *(a)* 風扇的效率;*(b)* 裝置風扇的支撐件固定力。

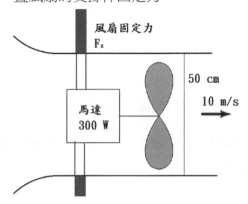

Ans: *(a)* $\eta = 0.39$ *(b) 23.6 N*

4. 求下圖離心幫浦所需之固定力。

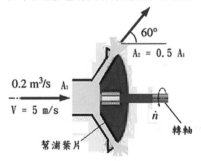

Ans: *500 N*

5. *90* 度之彎管以垂直方向噴水,假設出口壓力為大氣壓,下方進口管路中心壓力為 *10 kPa*,求 *(a)* 固定力, *(b)* 管路內之摩擦力。

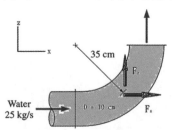

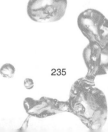

Ans: *(a)* $F_x = 158\ N$ 向左

$F_y = 95\ N$ 向上

(b) $R_x = 953.6\ N$ 其反作用力為 *953.6 N*, 向右施於管路，其值與 F_x 之差乃 $p_{atm}A = (101300)\ A = 795.6\ N$

在 z 方向之 $F_z = R_z$

進口壓力 *10 kPa* 中， *3.43 kPa* 用於轉換為出口高度之位能。

6. 一個 *U* 形管路之質流率為 *14 kg/s*，管路進出口面積為 *113 cm²* 與 *7 cm²*，進出口中心高度差為 *30 cm*，出口為大氣壓，若不考慮摩擦力，求出 *(a)* 進口壓力，*(b)* 此 *U* 形管之固定力。

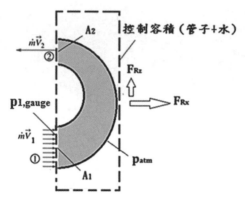

Ans: *(a) 2.94 kPa (b) 343.1 N (向左)*

7. 求下圖產生之反作用力 *T*。

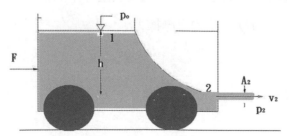

Ans: $F_x = \rho A_2 (2gh)$

向右，故反作用力 $T = -F_x$ 向左

8. 空中加油機以 *20 kg/s*，*30 m/s* 將汽油輸送至戰鬥機上，求戰鬥機在加油時需增加多少上升力？

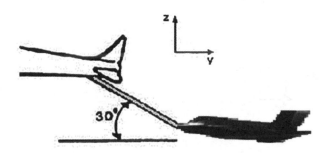

Ans： 戰鬥機須提供 *300 N* 額外之向上升力。

9. 水流經垂直裝置的圓弧管，如下圖所示，管路截面分別為 *0.3 m²* 與 *0.2 m²*。水排出至大氣，水流率為 *85 m³/min*，在截面 *(1)* 與 *(2)* 之間的流體摩擦而產生的壓力損失為 *415 kPa*。請決定水在截面 *(1)* 與 *(2)* 的管中流動時，水的摩擦力 *R* 與方向。

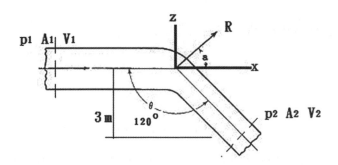

Ans： $R = \sqrt{R_x^2 + R_y^2} = 38919\ N$　$a = \tan^{-1}(\frac{R_z}{R_x}) = 13^o$

10. 如下圖所示 *[8]*，一艘噴射滑水的水上摩托車，推動的推力係將水泵吸經過車身，而後以高速水噴束排出而形成。假設入口與出口的水噴束皆為自由噴束，

請問產生 *2 kN* 推力的流率需求為多少？

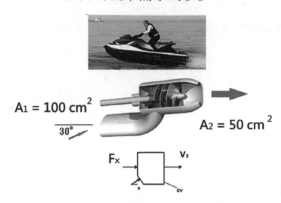

Ans：$Q = 0.133\ m^3/s$

11. 求下圖施予每單位寬度閘門之力與方向。假設速度在截面 *1* 與 *2* 均為等速。

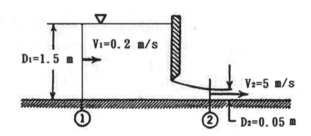

Ans：水施予閘門之力為 *9.98 kN*，向右

參考資料

[1]. *http://blog.goo.ne.jp/sea-sir/e/63e79fab09e9a047a539aef6122a8a8f*

[2]. *http://czysteogrzewanie.pl/2017/04/slaska-uchwala-antysmogowa-przyjeta/*

[3]. *Thrust reversal，https://wikivisually.com/wiki/Thrust_reversal*

[4]. *ENGINE THRUST REVERSERS，http://www.hilmerby.com/md80/md_reverse.html*

[5]. *Why are there various types of Thrust reversal？https://www.quora.com/Why-are-there-various-types-of-Thrust-reversal*

[6]. *Thrust Reverser*，*http://demonstrations.wolfram.com/ThrustReverser/*

[7]. *Wind turbines*，*http://www.explainthatstuff.com/windturbines.html*

The Big Satellite List. 50 Satellites. 30 Words or Less，*http://gisgeography.com/satellite-list/*

[8]. *Join 4，250，000 engineers with over 2，470，000 free CAD files*，*https://grabcad.com/library/water-jet-for-ship-and-boat-1*

為何坐旋轉木馬會頭昏，而摩天輪不會？

店家擺放的風水滾球可以大到上萬公斤！

核子反應器控制棒可以只用重力高速擦入爐內
　　而不撞擊爐底？

管路流體也有「歐姆定律」！

學習流體力學就有 100 萬美金等著你拿！

6

流體微分分析法

DIFFERENTIAL ANALYSIS

第六章
流體微分分析法（*differential analysis*）

怎樣才能觀測到 50511 教室內誰睡覺滑手機？

前章節中討論之有限控制容積法，在應用上非常實用，因其不需控制容積內各點之詳細資訊，其結果是，提供一流體對外界之整體影響，但其與系統都有的缺點就是缺乏流體細部之訊息，例如台灣（控制容積）對大陸的總進出口貿易值可以看出兩岸的經濟活絡度，但無法看出島內每家企業與大陸的交易值。如何得知流場中任何位置流體之資訊？

在第二章流體靜力學中，我們分析流場中一個位於（x, y, z）點之楔形體上力的平衡，再將其縮小成一點，而此點得出之壓力微分方程式所得出之解 p（x, y, z）就可適用於任何位置（x, y, z），因為當初所選用之楔形體並未限制其位置，所以若類似分析流場中任一「點」之各種平衡，就可以將分析出的資訊運用到流場中任何位置，猶如可觀測到教室內每個座位上誰睡覺滑手機。將有限控制容積縮小成「無窮小」（infinitesimally small）之一點，其守衡方程式會以微分方程式表示，故此方法稱為「微分分析法」。但大多數之微分分析法所得出之微分方程式，並非如上述之壓力分佈方程式一般簡單，只有極少數簡單幾何形狀之流場才能求出其解析解，此為微分分析法之缺點，但近年來應用電腦之「計算流體力學」（computational fluid dynamics，CFD）方法已克服此缺點，本章就是以流體微分分析法，讓讀者更加了解流體之運動模式。

流體元素運動學
（*fluid element kinematics*）

流體如何流動？會造成何種結果？流體元素運動的方式可分類為：移動（*translation*）、線性變形（*linear deformation*）（即拉長或壓扁）、旋轉（*rotation*）、及角度變形（*angular deformation*）等，如圖 6.1 所示 *[1]*。流體運動與流體之質量、動量的平衡息息相關，特殊運動方式更可用較簡單的數學完美地描述流場，例如第八章之流線函數與速度勢等。

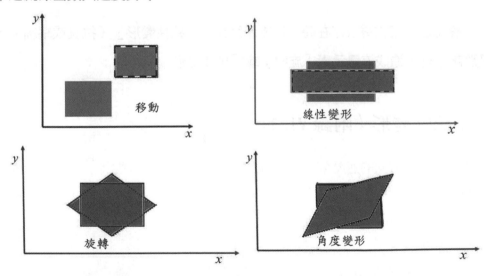

圖 6.1　流體之運動模式

流體運動

流體最簡單之運動是移動，就是流體各點速度相等，速度對任何方向的微分均為零，則元素僅會單純地由一個位置移動至另一個位置如下圖所示。

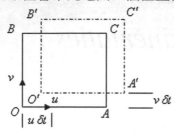

流體中速度若隨位置而改變，即存在「速度導數」，而使得流體產生不同之運動模式。本書將所有九個速度導數分為兩種

1. 「正常導數」 *normal derivatives*: $\dfrac{\partial u}{\partial x}$, $\dfrac{\partial v}{\partial y}$, $\dfrac{\partial w}{\partial z}$，就是速度分量只對其對應之座標求導數。

2. 「交叉導數」 *cross derivatives*: $\dfrac{\partial u}{\partial y}$, $\dfrac{\partial u}{\partial z}$, $\dfrac{\partial v}{\partial x}$, $\dfrac{\partial v}{\partial z}$, $\dfrac{\partial w}{\partial x}$, $\dfrac{\partial w}{\partial y}$，就是速度分量只對其他座標求導數。

一般而言，正常導數存在時，造成流體元素「線性變形」（拉長或壓扁），交叉導數存在時，造成流體元素「旋轉」或「角度變形」。

※ 線性變形（附錄 VI.1）

先考慮單一方向的速度變化，若流體在 x 方向有速度導數（$\dfrac{\partial u}{\partial x} > 0$），則變形如圖 6.2 所示，變長 $\partial u/\partial x \; \delta x \delta t$

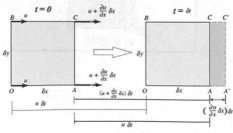

圖 6.2　速度 u 在 x 方向增加時流體元素之移動與拉長

若流體在 y、z 方向亦有速度導數（$\dfrac{\partial v}{\partial y} > 0,\ \dfrac{\partial w}{\partial z} > 0$），則體積增加如下圖所示 *[2]*。

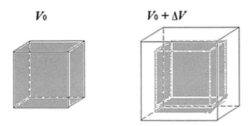

V_0 $V_0 + \Delta V$

則「每單位時間、每單位體積之體積增加率」為

$$\frac{1}{\delta V}\frac{d(\delta V)}{dt} = \frac{\partial u}{\partial x} + \frac{\partial v}{\partial y} + \frac{\partial w}{\partial z} = \vec{\nabla} \bullet \vec{V} \qquad\qquad (6\text{-}1)$$

此稱為「體積擴大率」（*volumetric dilation rate*）（ *接生的美國護士說 "Five fingers dilation"* 就是快生了 *)*。若密度為常數，流體就像是固體一般，即使變形也不改變總體積，所以體積擴大率永遠為零。上式中之單位為 *(1/s)*。

請問此單位之物理意義？

(1/s = (1/s)(m³/m³) = m³/s · m³，每單位時間每單位體積之體積 *(* 增加 *)* 率 *)*

小叮嚀：

$\vec{\nabla} \bullet (\ )$ 稱為「**散度**」（divergence）， 不是「梯度」（gradient）。

散度：一定要跟向量運算（ 內積 inner product），結果是純量，例如對速度取散度：

$$\vec{\nabla} \bullet (\vec{V}) = \left(\frac{\partial}{\partial x}\vec{i} + \frac{\partial}{\partial y}\vec{j} + \frac{\partial}{\partial z}\vec{k} \right) \bullet \left(u\vec{i} + v\vec{j} + w\vec{k} \right)$$

$$= \frac{\partial u}{\partial x} + \frac{\partial v}{\partial y} + \frac{\partial w}{\partial z} \quad (a\ scalar)$$

梯度：一定要跟純量運算，結果是向量，例如對壓力取梯度：

$$\vec{\nabla}(p) = \left(\frac{\partial}{\partial x}\vec{i} + \frac{\partial}{\partial y}\vec{j} + \frac{\partial}{\partial z}\vec{k} \right)(p)$$

$$= \frac{\partial p}{\partial x}\vec{i} + \frac{\partial p}{\partial y}\vec{j} + \frac{\partial p}{\partial z}\vec{k} \quad (a\ vector)$$

　　散度之物理意義：在向量運算中，「發散量」(散度) 表示一個向量場中，定點周圍的無窮小體積的「每單位體積向量場的向外通量」。例如空氣因為加熱或冷卻，在定點處空氣流動的速度產生出一個向量場，當空氣在此點中被加熱時，向所有方向膨脹，因此速度場從該點指向外界，且該點之速度場的發散度具有正值，如下圖 [3]：

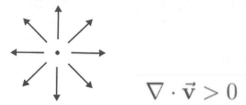

$$\nabla \cdot \vec{v} > 0$$

　　當空氣冷卻並因此收縮時，該點之的速度場的發散量具有負值，如下圖：

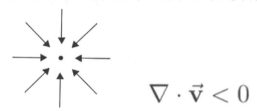

$$\nabla \cdot \vec{v} < 0$$

　　當空氣氣溫不變，空氣只有等速之流動，因此在任何定點中的速度場的發散量為零，如下圖：

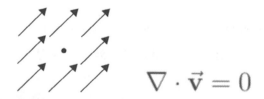

$$\nabla \cdot \vec{v} = 0$$

發散量實例：

　　(a) 雨水速度是一個「向量」，房子是一個「點」，從屋內向「外」之單位體積積水率是「發散量」：$\vec{\nabla} \cdot$ *[(velocity of rain)]*$_{@house}$ = 屋外積水率 / 房屋體積

　　(b) 樹的成長速度是一個「向量」，樹根是一個「點」，「單位體積樹根變大率」是「發散量」：$\vec{\nabla} \cdot$ *[(growth velocity)]*$_{@root}$ = 樹根變大率 / 樹根體積

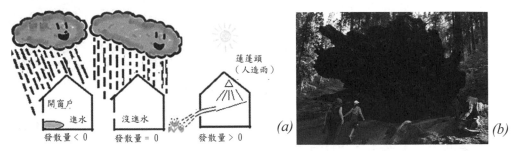

Divergence of rain velocity   (a) (b)

Divergence of growth velocity（旅遊中拍攝）

※ 流體旋轉（附錄 VI.2）

上述之「正常導數」造成元素的線性變形，但是元素的角度並不會改變。「交叉導數」則會造成元素旋轉，也可能會發生角度變形及形狀改變。假設一個兩度空間之流體元素，其 x 方向速度 u 在 y 方向越來越大（$\dfrac{\partial u}{\partial y} > 0$），同樣地，其 y 方向速度 v 在 x 方向也越來越大（$\dfrac{\partial v}{\partial x} > 0$），如下圖所示：

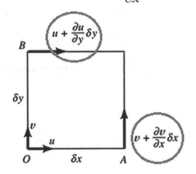

則可求出三度空間流體元素之旋轉角速度，並可定義出一個旋轉向量：

$$\vec{\omega} = \omega_x \vec{i} + \omega_y \vec{j} + \omega_z \vec{k}$$

此向量可用另一向量 - 速度之「捲曲度」（curl）表示之：

$$\vec{\omega} = \frac{1}{2} \, curl \, \vec{V} = \frac{1}{2} \vec{\nabla} \times \vec{V} \quad （乘 1/2 就是中線之旋轉角速度） \qquad (6\text{-}2)$$

求流場捲曲度之向量運算 (「外積」 cross product) 可用下列之「行列式」 (determinant) 表示：

$$\vec{\nabla} \times \vec{V} = \begin{vmatrix} \vec{i} & \vec{j} & \vec{k} \\ \dfrac{\partial}{\partial x} & \dfrac{\partial}{\partial y} & \dfrac{\partial}{\partial z} \\ u & v & w \end{vmatrix} = \left(\dfrac{\partial w}{\partial y} - \dfrac{\partial v}{\partial z}\right)\vec{i} + \left(\dfrac{\partial u}{\partial z} - \dfrac{\partial w}{\partial x}\right)\vec{j} + \left(\dfrac{\partial v}{\partial x} - \dfrac{\partial u}{\partial y}\right)\vec{k}$$

(6-3)

此向量運算之結果亦可定義為「渦漩度」*(vorticity)*，

$$\vec{\xi} = 2\vec{\omega} = \vec{\nabla} \times \vec{V}$$

(6-4)

(ξ 唸做 *[ksai])* 乘上 *2* 倍是為了避免討厭的 *1/2*。

小叮嚀：渦漩度是一個向量，其方向與流體旋轉之關係，類似「右手定則」。

渦漩度單位與散度一樣也是（1/s），有何物理意義？

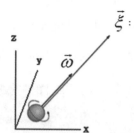

若渦漩度為零， $\vec{\xi} = \vec{\nabla} \times \vec{V} = 0$，稱為「**非旋轉流場**」（*irrotational flow*）。非旋轉流場之重要性在於複雜的流場可大大簡化，可以利用伯努力方程式於流場中任意兩點（不必受限於同一流線），流場亦可以用勢流（*velocity potential*）表示，此容後再敘。

渦漩度實例 [4]

渦漩度之物理意義：渦漩度是描述在某定點附近流體的局部旋轉運動，是一個人為定義的向量場，其根據右手規則，例如海豚被渦漩帶動而旋轉，則「速度」是海豚速度 (流速)，渦漩度就是海豚對旋轉中心的「角速度」的兩倍，如下圖 *[5]*

所示，逆時針旋轉則渦漩度為正值：

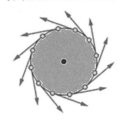

$$\vec{\xi} = \vec{\nabla} \times \vec{V} > 0$$

定點附近之質點速度分佈有順時針旋轉現象，如下圖所示，則渦漩度為負值：

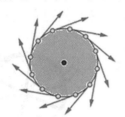

$$\vec{\xi} = \vec{\nabla} \times \vec{V} < 0$$

定點附近之質點速度分佈無旋轉現象，如下圖所示，則渦漩度為零：

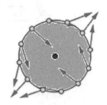

$$\vec{\xi} = \vec{\nabla} \times \vec{V} = 0$$

例題：

下圖流場是否有渦漩度？

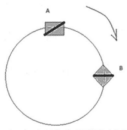 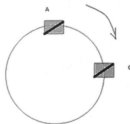

A 至 B，中心線有順時針旋轉，有負值之渦漩度。

A 至 C，中心線沒有旋轉，故渦漩度為零。渦漩度不為零才是旋轉流體。

旋轉流體　　　　　　　　　非旋轉流體

練習題一：

下圖遊樂場之設施是否為旋轉流場？ 是否為自由渦漩或強迫渦漩 (哪一種坐會頭昏) ？哪種渦漩有渦漩度？

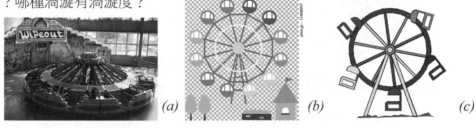

(a)　　　　　　　　　(b)　　　　　　　　(c)

附錄 ： 圓柱座標之渦漩度

渦漩使用圓柱座標較為方便，渦漩度之向量運算為

$$\vec{\nabla} \times \vec{V} = \frac{1}{r} \begin{vmatrix} \vec{e_r} & r\vec{e_\theta} & \vec{e_z} \\ \dfrac{\partial}{\partial r} & \dfrac{\partial}{\partial \theta} & \dfrac{\partial}{\partial z} \\ u_r & ru_\theta & u_z \end{vmatrix}$$

讀者可否嘗試證明強迫渦漩與自由渦漩是否有渦漩度 (強迫渦漩 :

$\vec{V} = u_\theta \vec{e_\theta} = cr\vec{e_\theta}$ ，自由渦漩 : $\vec{V} = u_\theta \vec{e_\theta} = \dfrac{c}{r} \vec{e_\theta}$) ？ ($\neq 0, \equiv 0$)

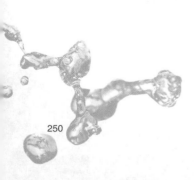

質量守衡

前述之「體積擴大率」與質量守衡有何關係？將空間中任一點當作一個微小的控制容積，再使用質量守衡之 *OIS* 分析法，如下圖所示：

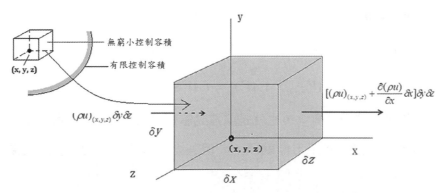

若為穩態、不可壓縮流場，則 (附錄 *VI.3*)

$$\frac{\partial u}{\partial x} + \frac{\partial v}{\partial y} + \frac{\partial w}{\partial z} = 0 \tag{6-7}$$

此稱為 (微分形式或微觀之)「**連續方程式**」（*continuity equation*）。此方程式與「牛頓黏滯力方程式」、「伯努力方程式」，為學習流體力學最重要的方程式，假如要背公式，就背這三個吧。

例題：

兩度空間、穩態、不可壓縮流場 $u = Ax$，$v = ?$

解：

$$\frac{\partial(\rho u)}{\partial x} + \frac{\partial(\rho v)}{\partial y} = 0$$

$$\frac{\partial v}{\partial x} = -\frac{\partial u}{\partial x} = -A$$

$$\therefore v = \int_{x=const} \frac{\partial v}{\partial y} dy + f(x) \quad (Why?)$$

$$= -Ay + f(x)$$

$$\vec{V} = Ax\vec{i} - (Ay + f(x))\vec{j}$$

連續方程式之物理意義：在有限控制容積中，流體在穩定狀態下質量守衡是

$$\dot{m}_{in} = \dot{m}_{out}$$

當流體為不可壓縮流體時，

$$(\rho AV)_{in} = (\rho AV)_{out}, \quad (AV)_{in} = (AV)_{out}$$

此代表流體之「體積守衡」，也就是前述之體積擴大率為零，例如一塊海綿蛋糕，當上下輕壓時，蛋糕水平方向就擴大，但其總體積不變，這就是「**巨觀之質量守衡**」。

至於在無窮小之一點上，例如兩度空間、穩定、不可壓縮流體，

$$\frac{\partial u}{\partial x} + \frac{\partial v}{\partial y} = 0$$

假設 $\frac{\partial u}{\partial x} = 1$，則 $\frac{\partial v}{\partial y} = -1$，在 xy 平面上通過 (x, y) 點速度大小可由下圖了解，當 x 方向速度 u 增加時，y 方向速度 v 就一定下降，故 (6.7) 就是「**微觀之質量守衡**」。

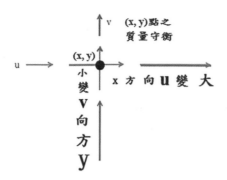

※ 圓柱極座標（*cylindrical polar coordinates*）

當流場位於圓管內時，z 軸為管路軸心方向，當流場到達完全成形區時，用圓柱或極座標較容易表示。（極座標就是圓柱座標在 xy 平面上之投影）

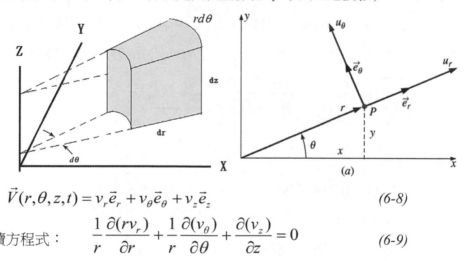

(*a*)

$$\vec{V}(r,\theta,z,t) = v_r\vec{e}_r + v_\theta\vec{e}_\theta + v_z\vec{e}_z \qquad (6\text{-}8)$$

連續方程式：
$$\frac{1}{r}\frac{\partial(rv_r)}{\partial r} + \frac{1}{r}\frac{\partial(v_\theta)}{\partial\theta} + \frac{\partial(v_z)}{\partial z} = 0 \qquad (6\text{-}9)$$

※ 例題：

管路流體到達完全成形區時，有無徑向（*r - direction*）之速度分量？

解：
$$\frac{1}{r}\frac{\partial(rv_r)}{\partial r} + \frac{1}{r}\frac{\partial(v_\theta)}{\partial\theta} + \frac{\partial(v_z)}{\partial z} = 0$$

完全成形

θ 方向對稱

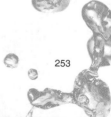

$$\therefore \frac{1}{r}\frac{\partial(rv_r)}{\partial r} = 0$$

$$\therefore rv_r = C, \quad v_r = \frac{C}{r}$$

但速度在 $r = 0$ 不可發散而必須為有限值，$\therefore C = 0$，$\therefore v_r = 0$

無徑向速度分量，流體只有軸向之速度 (但速度為 r 之函數)

$$\therefore v_z(r) = u(r) = u_{max}(1 - \frac{r^2}{R^2})$$

(流體在管路入口附近，有無徑向之速度分量？)

練習題二：

空氣管路中相隔 $10\ cm$ 之三點 A，B，C 之速度如下圖，在 B 點之溫度與壓力為 $10°C$ 與 $345\ kPa(abs)$，求此點之密度梯度 $d\rho/dx$。(假設流場為穩定，均速)。

練習題三：

一兩度空間流場之速度為

$$u = 1.3 + 2.8x \qquad v = 1.5 - 2.8y$$

證明此流體為不可壓縮流體。

練習題四：

一三度空間流場之速度為

$$u = ax + bxy + cy^2 \qquad v = axz - byz^2$$

求速度 w。

動量守衡

在流體力學中，利用微分分析法導出動量方程式，可能是讀者在學習流體力學中最為困難之處，因為其數學最複雜，讀者可以嘗試利用 *OIS* 之分析觀念降低複雜程度。利用前章有限控制容積法，將質量守衡定律運用於流體中任一無窮小之控制容積，最後可以把整個 $\dot{O} - \dot{I} + \dot{S} = \sum F_{CV}$ 寫為

x 方向每單位體積之動量守衡方程式 *(N/m³)(附錄 VI.4):*

$$\rho(\frac{\partial u}{\partial t} + u\frac{\partial u}{\partial x} + v\frac{\partial u}{\partial y} + w\frac{\partial u}{\partial z}) = \rho g_x - \frac{\partial p}{\partial x} + \mu(\frac{\partial^2 u}{\partial x^2} + \frac{\partial^2 u}{\partial y^2} + \frac{\partial^2 u}{\partial z^2})$$

$$\underbrace{}_{1} \quad \underbrace{}_{2} \quad \underbrace{}_{3} \underbrace{}_{4} \quad \underbrace{}_{5} \tag{6-10}$$

1: 在地加速度 *2:* 流動加速度 *3:* 重力 *4:* 壓力梯度產生之力 *5:* 黏滯力

回憶第四章之加速度，讀者應該知道等式左邊四項其實就是 $\rho Du/Dt$ $(= \rho a = \sum f_x)$ - 全微分，代表是用 *Lagrangian* 觀測法觀測系統，但是我們不是用 *Eulerian* 觀測法觀測控制容積嗎？**當縮小到無窮小時已經沒有 *Lagrangian, Eulerian, system, control volume* 的分別了！**（偉大的牛頓！）在熱傳學中也可用無窮小的控制容積法導出能量守衡方程式：$\rho c_p (\partial T/\partial t + u\partial T/\partial x + v\partial T/\partial y + w\partial T/\partial z) = k \vec{\nabla}^2 T + \cdots$ 長得真像吧？

此方程式中與 x 方向有關之處以圈圈標示出：

$$\rho(\frac{\partial \textcircled{u}}{\partial t} + u\frac{\partial \textcircled{u}}{\partial x} + v\frac{\partial \textcircled{u}}{\partial y} + w\frac{\partial \textcircled{u}}{\partial z}) = \rho g\textcircled{x} - \frac{\partial p}{\partial \textcircled{x}} + \mu(\frac{\partial^2 \textcircled{u}}{\partial x^2} + \frac{\partial^2 \textcircled{u}}{\partial y^2} + \frac{\partial^2 \textcircled{u}}{\partial z^2})$$

所以讀者可以嘗試寫出 y，z 方向之動量守衡了吧？

y 方向：

$$\rho(\frac{\partial v}{\partial t} + u\frac{\partial v}{\partial x} + v\frac{\partial v}{\partial y} + w\frac{\partial v}{\partial z}) = \rho g_y - \frac{\partial p}{\partial y} + \mu(\frac{\partial^2 v}{\partial x^2} + \frac{\partial^2 v}{\partial y^2} + \frac{\partial^2 v}{\partial z^2}) \quad (6\text{-}11)$$

z 方向：

$$\rho(\frac{\partial w}{\partial t} + u\frac{\partial w}{\partial x} + v\frac{\partial w}{\partial y} + w\frac{\partial w}{\partial z}) = \rho g_z - \frac{\partial p}{\partial z} + \mu(\frac{\partial^2 w}{\partial x^2} + \frac{\partial^2 w}{\partial y^2} + \frac{\partial^2 w}{\partial z^2}) \quad (6\text{-}12)$$

(讀者若還沒擲筆，給自己以及古今偉大的科學家們，一個大大的讚吧。)

若以向量方式將此三個方程式結合，

$$\rho\frac{D\vec{V}}{Dt} = \rho[\frac{\partial \vec{V}}{\partial t} + (\vec{V} \bullet \vec{\nabla})\vec{V}] = \rho\vec{g} - \vec{\nabla}p + \vec{\nabla} \bullet \vec{\tau}_{ij} \quad (6\text{-}13)$$

(上式中讀者可以分出「系統」與「控制容積」嗎？每一項之單位為何？)

上列方程式組，就是完整的流體以「微分形式」表示之「動量守衡」，稱為**「那福亞 - 史多克方程式」** *(Navier-Stokes Equations， N-S equations)*，連接一個質量方程式，此四個方程式可完整解出四個未知數：u、v、w、 及 p，然而此些方程式為非線性偏微分方程式，因其複雜度，故除非在特殊簡單流場幾何形狀下可以化簡，求出解析解外，大多無解，更因流體產生之紊流加大其複雜性。所幸從 *1980* 年代興起之 *CFD* 軟體及電腦計算之進步，已成為現代工程師在分析流體力學的與實用上不可或缺之工具。

科學趣聞： *Clay Mathematics Institute* 提出之「千禧年大獎」之問題有七個，獎金各 *100* 萬美金，至今只有一題被證明，尚待解答問題其中之一為證明 *N-S* 方程式之解「存在」且「平滑」*(existence and smoothness)*，電影 *"Gifted"*「天才的禮物」中小女孩母親 *Diane* 已證明出只是電影情節，讀者有興趣挑戰此流體力學問題嗎？

※ 那福亞 - 史多客方程式在圓柱座標之表示為：

r 方向：

$$\rho(\frac{\partial v_r}{\partial t} + v_r \frac{\partial v_r}{\partial r} + \frac{v_\theta}{r} \frac{\partial v_r}{\partial \theta} - \frac{v_\theta^2}{r} + v_z \frac{\partial v_r}{\partial z})$$

$$= \rho g_r - \frac{\partial p}{\partial r} + \mu[\frac{1}{r}\frac{\partial}{\partial r}(r\frac{\partial v_r}{\partial r}) - \frac{v_r}{r^2} + \frac{1}{r^2}\frac{\partial^2 v_r}{\partial \theta^2} - \frac{2}{r^2}\frac{\partial v_\theta}{\partial \theta} + \frac{\partial^2 v_r}{\partial z^2}] \qquad (6\text{-}14)$$

θ 方向：

$$\rho(\frac{\partial v_\theta}{\partial t} + v_r \frac{\partial v_\theta}{\partial r} + \frac{v_\theta}{r} \frac{\partial v_\theta}{\partial \theta} + \frac{v_r v_\theta}{r} + v_z \frac{\partial v_\theta}{\partial z})$$

$$= \rho g_\theta - \frac{1}{r}\frac{\partial p}{\partial \theta} + \mu[\frac{1}{r}\frac{\partial}{\partial r}(r\frac{\partial v_\theta}{\partial r}) - \frac{v_\theta}{r^2} + \frac{1}{r^2}\frac{\partial^2 v_\theta}{\partial \theta^2} + \frac{2}{r^2}\frac{\partial v_r}{\partial \theta} + \frac{\partial^2 v_\theta}{\partial z^2}] \qquad (6\text{-}15)$$

z 方向：

$$\rho(\frac{\partial v_z}{\partial t} + v_r \frac{\partial v_z}{\partial r} + \frac{v_\theta}{r} \frac{\partial v_z}{\partial \theta} + v_z \frac{\partial v_z}{\partial z})$$

$$= \rho g_z - \frac{\partial p}{\partial z} + \mu[\frac{1}{r}\frac{\partial}{\partial r}(r\frac{\partial v_z}{\partial r}) + \frac{1}{r^2}\frac{\partial^2 v_z}{\partial \theta^2} + \frac{\partial^2 v_z}{\partial z^2}] \qquad (6\text{-}16)$$

OMG! 真可怕，更別提球座標了，但在管路中較直角座標好用多了。

以下就是 *N-S* 方程式之應用：

※ 練習題五：

導出兩平行平板間之穩定、不可壓縮流體因壓力降而產生之流場的速度分佈如下圖所示 (直角坐標)。(兩平板間之帕遂流場，習題 *1.7*)

如下圖所示 (直角坐標)，

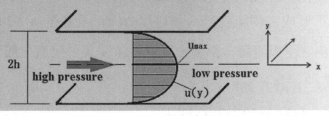

生活實例： 店家擺設的流水滾球是甚麼原理？ 滾球最重可以多重？

當啟動滾球下之幫浦注水時，在座內的水壓將會升高，而球會被稍微提升離開圓柱座，形成一個微小之間隙並會有水流出，此時球因為具有非常小的摩擦力，故可繞任意方向旋轉。

例題:

假設把滾球變成一個直徑為 *1.8 m* 的花崗岩球,置放在直徑 *1.2 m* 的圓柱座上,如下圖所示。若幫浦啟動後會將水池加壓到 *55 kPa*。*(a)* 假設介於球與座之間隙的流動可視為介於二平行板間的帕遂流場,請估計要達成上述狀況所需的幫浦流率;*(b)* 假如幫浦流率增加一倍,請問將會發生什麼樣的結果?

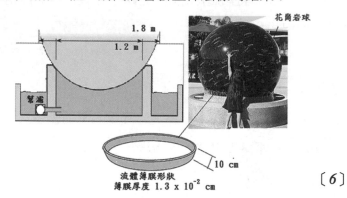

〔6〕

解: 此處在滾球下形成之間隙就是一個寬度 *10 cm*,直徑為 *1.2 m* 之環形帶狀物,在練習題五中之平板流體分析中,每單位深度之平板流之體積流量為

$q = \dfrac{2h^3 \Delta p}{3\mu \ell}(\times 1)$,(兩平板之距離為 *2h)*,

$$q = \frac{2h^3 \Delta p}{3\mu \ell}(\times 1) = \frac{(2)(1.3 \times 10^{-4}/2)^3(55000)}{3(1.12 \times 10^{-3})(0.1)} \times 1 = 8.9 \times 10^{-5} \times 1 \, m^3/s$$

$$\therefore Q = qL \cong 8.9 \times 10^{-5} \times (1.2\pi) = 3.4 \times 10^{-4} \, m^3/s$$

當流量變兩倍時

$$\frac{Q_2}{Q_1} = 2 = (\frac{h_2}{h_1})^3 \qquad \therefore h_2 = h_1(2)^{1/3} = (0.65 \times 10^{-2})(2)^{1/3} = 0.82 \times 10^{-2} \, cm$$

所以水流間隔會增加到 *1.64 mm*，薄薄的這層水，居然可以撐起一萬公斤之花崗岩球。。

Give some respect to the power of fluid mechanics ！

※ 例題：庫耶流場 + 帕遂流場

　　平行的兩板之一若有移動（流體有邊界速度），稱為「庫耶流場」*(見第一章)*，若又有壓力降，則又是「帕遂流場」。假設前例之上平板向右以 *U* 之速度移動，兩板之間流場之速度亦為動量方程式之解，與練習題五相同（*Why*？因為只有邊界條件不同而已）：

$$u(y) = \frac{1}{2\mu}(\frac{\partial p}{\partial x})y^2 + C_1 y + C_2$$

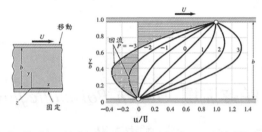

　　兩未知係數可用兩邊界條件求出：（此題座標原點為何要置於下平板而非中心？因為流場非對稱）

B.C #1　$y = 0$，$u = 0$

B.C #2　$y = b$，$u = U$

故　　　$$u(y) = U\frac{y}{b} + \frac{1}{2\mu}(\frac{\partial p}{\partial x})(y^2 - by)$$

或將其非因次化（*non-dimensionalize*）

$$\frac{u(y)}{U} = \frac{y}{b} + \frac{b^2}{2\mu U}(-\frac{\partial p}{\partial x})(\frac{y}{b})(1 - \frac{y}{b})$$

$$= \frac{y}{b} + P(\frac{y}{b})(1 - \frac{y}{b})$$

$$P = \frac{b^2}{2\mu U}(-\frac{\partial p}{\partial x})$$

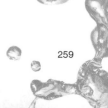

故速度分佈與參數 P 有關，P 為負 (正) 值時壓力梯度在 $x(-x)$ 方向，P 值正比於壓力降，當 $P = 0$ 時無壓力梯度代表純粹庫耶流場，且

$$u(y) = U \frac{y}{b}$$

※ 練習題六：

工業上塗料作業往往用下列方法，下圖之轉帶從塗料油箱中因黏滯附著力而帶動一向上之流量，求此流量與轉帶速度、薄膜厚度之關係。

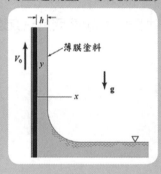

※ 圓管流場（黑根 – 帕遂流場 *Hagen-Poiseuille flow*）

圓形管路流體因壓力降而產生流動稱為哈根 - 帕遂流場，

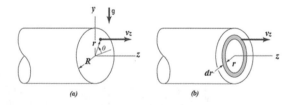

此問題之分析法，第一步要能化簡問題，假設如下：

1. 穩態

2. 不可壓縮

3. 一度空間（速度只與哪個方向有關？）

4. 流體在完全成形區（$\frac{\partial}{\partial z} = 0$）*(Why？)*

5. 流場為水平

$$\vec{V} = v_r\vec{e}_r + v_\theta\vec{e}_\theta + v_z\vec{e}_z$$

4 3

$$v_z = v_z(r, \theta, z, t)$$

3 4 1

$$v_z = v_z(r)$$

那福亞 - 史多客方程式在圓柱座標之表示為：

r 方向：

$$v_r = v_\theta = 0$$

$$\rho(\frac{\partial v_r}{\partial t} + v_r\frac{\partial v_r}{\partial r} + \frac{v_\theta}{r}\frac{\partial v_r}{\partial \theta} - \frac{v_\theta^2}{r} + v_z\frac{\partial v_r}{\partial z})$$

$$= \rho g_r - \frac{\partial p}{\partial r} + \mu[\frac{1}{r}\frac{\partial}{\partial r}\left(r\frac{\partial v_r}{\partial r}\right) - \frac{v_r}{r^2} + \frac{1}{r^2}\frac{\partial^2 v_r}{\partial \theta^2} - \frac{2}{r^2}\frac{\partial v_\theta}{\partial \theta} + \frac{\partial^2 v_r}{\partial z^2}]$$

-gsin θ $v_r = v_\theta = 0$

θ 方向：

$$v_r = v_\theta = 0$$

$$\rho(\frac{\partial v_\theta}{\partial t} + v_r\frac{\partial v_\theta}{\partial r} + \frac{v_\theta}{r}\frac{\partial v_\theta}{\partial \theta} + \frac{v_r v_\theta}{r} + v_z\frac{\partial v_\theta}{\partial z})$$

$$= \rho g_\theta - \frac{1}{r}\frac{\partial p}{\partial r} + \mu[\frac{1}{r}\frac{\partial}{\partial r}(r\frac{\partial v_\theta}{\partial r}) - \frac{v_\theta}{r^2} + \frac{1}{r^2}\frac{\partial^2 v_\theta}{\partial \theta^2} + \frac{2}{r^2}\frac{\partial v_r}{\partial \theta} + \frac{\partial^2 v_\theta}{\partial z^2})$$

-g cos θ $v_r = v_\theta = 0$

z 方向：

$$\rho(\underbrace{\frac{\partial v_z}{\partial t}}_{1} + \underbrace{v_r\frac{\partial v_z}{\partial r}}_{4} + \underbrace{\frac{v_\rho}{r}\frac{\partial v_z}{\partial \theta}}_{3} + \underbrace{v_z\frac{\partial v_z}{\partial z}}_{4})$$

$$= \underbrace{\rho g_z}_{5} - \frac{\partial p}{\partial z} + \mu[\frac{1}{r}\frac{\partial}{\partial r}(r\frac{\partial v_z}{\partial r}) + \underbrace{\frac{1}{r^2}\frac{\partial^2 v_z}{\partial \theta^2}}_{3} + \underbrace{\frac{\partial^2 v_z}{\partial z^2}}_{4}]$$

$$0 = -\rho g\sin\theta - \frac{\partial p}{\partial r}$$

$$0 = -\rho g\cos\theta - \frac{1}{r}\frac{\partial p}{\partial \theta}$$

$$0 = -\frac{\partial p}{\partial z} + \mu[\frac{1}{r}\frac{\partial}{\partial r}(r\frac{\partial v_z}{\partial r})]$$

前兩式可分別積分，結果均為：

$$p(r,\theta,z) = -\rho gr\sin\theta + f(z)$$

$$p = -\rho gy + f(z)$$

故壓力分佈在垂直方向（y 方向）與靜壓相同，而在水平方向（z 方向）為，

$$\frac{\partial p}{\partial z} = \frac{\partial f(z)}{\partial z}$$

故壓力梯度 $\dfrac{\partial p}{\partial z}$ 與 r 或 θ 無關，此在「完全成形區」可視為常數。

z 方向動量方程式可積分為

$$\frac{1}{r}\frac{\partial}{\partial r}(r\frac{\partial v_z}{\partial r}) = \frac{1}{\mu}(\frac{\partial p}{\partial z})$$

$$r\frac{\partial v_z}{\partial r} = \frac{1}{2\mu}(\frac{\partial p}{\partial z})r^2 + C_1$$

$$v_z(r) = \frac{1}{4\mu}(\frac{\partial p}{\partial z})r^2 + C_1\ln r + C_2$$

BC #1: $r = 0$, $v_z = \text{finite}$

BC #2: $r = R$, $v_z = 0$

$$C_1 = 0, \quad C_2 = -\frac{1}{4\mu}(\frac{\partial p}{\partial z})R^2$$

$$\therefore v_z(r) = -\frac{1}{4\mu}(\frac{\partial p}{\partial z})(R^2 - r^2) = -\frac{1}{4\mu}(\frac{\partial p}{\partial z})R^2(1 - \frac{r^2}{R^2})$$

$$= u_{max}(1 - \frac{r^2}{R^2})$$

管路中之總流量為

$$Q = \int_0^R v_z(2\pi r)dr = -\frac{\pi R^4}{8\mu}(\frac{\partial p}{\partial z})$$

平均速度為 $V_{ave} = \frac{Q}{\pi R^2} = \frac{R^2 \Delta p}{8\mu\ell}$

中心最大速度為 $v_{max} = -\frac{R^2}{4\mu}(\frac{\partial p}{\partial z}) = \frac{R^2 \Delta p}{4\mu\ell} = 2V_{ave}$

小叮嚀：兩平板中之帕遂流場 $u_{max} = \frac{3}{2}V_{ave}$ 此比值"1.5"為何比圓管"2"低？請用幾何形狀思考，如果這兩個平板再拿掉一個平版呢(等速流體流過一個平面)？此比值就更低更接近"1"了！

圓管帕遂流場亦可用第一章牛頓黏滯力方程式之控制容積(自由體)摩擦力與壓力之平衡求出。(附錄 VI.5)

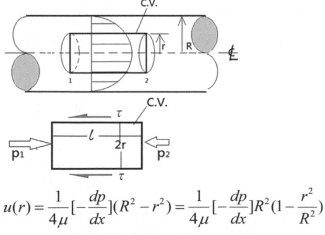

$$u(r) = \frac{1}{4\mu}[-\frac{dp}{dx}](R^2 - r^2) = \frac{1}{4\mu}[-\frac{dp}{dx}]R^2(1 - \frac{r^2}{R^2})$$

此速度分佈為(二次)拋物線方程式。

最大速度（ @r=0 ）為

$$u(0) = u_{max} = \frac{1}{4\mu}[-\frac{dp}{dx}]R^2$$

延伸學習：

壓力降 (pressure drop)

若管路總長度為 L，流體在整個管路內之壓力降 (流體入口壓力 p_{in}，減去出口壓力 p_{out}) $\triangle p$ 可表示為 :

$$\bar{u} = \frac{1}{8\mu}[-\frac{dp}{dx}]R^2 = \frac{1}{8\mu}[\frac{p_{in} - p_{out}}{L}]R^2 = \frac{1}{8\mu}[\frac{\Delta p}{L}]R^2$$

$$\Delta p = \frac{8\mu LQ}{\pi R^4}$$

此公式稱為「帕遂定律」（ Poiseuille's law ）或「黑根 - 帕遂定律」（ Hagen-Poiseuille's law ），是描述流體流經細管（ 如血管和導尿管等 ）所產生的壓力損失，壓力損失和體積流率、動力黏滯係數和管長的乘積成正比，和半徑的四次方成反比例。此定律適用於不可壓縮、不具有加速度、層流、穩定且長度大於直徑十倍以上完全成形區的牛頓流體。

電流也可解釋成一種流體，「水力類比」(hydraulic analogy) 的概念在工程上十分有用 (例如管路之並聯與串聯)。帕遂定律對應於電路中的「歐姆定律」:

$$I = \frac{V}{R}$$

其中壓力差 $\triangle p$ 對應電壓差 V，而體積流率 Q 對應電流 I，則以下式的分母物理量對應電阻 R

$$Q = \frac{\Delta p}{(8\mu L / \pi R^4)}$$

一個管子的等效阻力和半徑倒數的四次方成正比，因此管子的半徑減半，會使管子的阻力變為原來的 16 倍。(試試用普通吸管吸珍珠奶茶之結果)。 歐姆定律和

帕遂定律都是對於輸運現象的一種描述。

幫浦力 (*pumping power*)

因為管路流體在入口處，外界必須提供更高之壓力，以抵銷流體通過管路時產生之摩擦力，換言之，在入口處必須使用幫浦以提高流體入口壓力，也就是幫浦之馬力必須提供一個力量，此力為：

$$F_{pump} = \Delta p A = \Delta p \, \pi R^2 = \frac{8\mu L Q}{\pi R^4} \pi R^2 = \frac{8\mu L Q}{R^2}$$

此力在流經管路時因為流體與管壁間之摩擦力而消失。

摩擦力 (*frictional force*)

管壁上之剪應力 τ_w 可由速度分佈之微分而得知 (為何取負值？)，

$$\tau_w = (-\mu \frac{du}{dr})_{@r=R} = 2\mu u_{max} / R = 4\mu \bar{u} / R$$

故整個管壁上之摩擦力為

$$F_{friction} = \tau_w (2\pi R L) = \frac{4\mu \bar{u}}{R} 2\pi R L = \frac{4\mu \dfrac{Q}{\pi R^2}}{R} 2\pi R L = \frac{8\mu L Q}{R^2}$$

此摩擦力與幫浦力相同！

(了解此部分可使讀者了解管路流體大半矣，加油。)

如何應用 *N-S* 方程式於研究上？

流力應用小故事：核子反應器之控制棒下降減速減震機制

台灣研究國防武器歷經千辛萬苦，多年前某研究機構欲建造自有之特殊非發電核子反應器，當設計反應器控制中子通量之控制棒時，因為保密所以無法向國外購買現成之控制棒，所以一切自己設計。控制棒之要求是，迅速盡快以重力 (不需外界電力) 插入反應器，吸收中子以停止連鎖反應，但是控制棒本身重量以及重力加速度，若以高速撞擊反應器底部，會造成對反應器之損害，故其設計規範為：盡快

下降，但快達到定位前須要在極短距離 *(~ 10 cm)* 內就定位且達到靜止！

　　控制棒在降落時，要盡量減少阻力，故設計控制棒軸心有一管洞，當流體被控制棒擠壓而往上衝時，會經過控制棒與導管間之空隙，以及控制棒中心軸之管洞，因為空隙間黏滯力大，故流體大部分會從管洞中流出，就好像是電流面對兩個並聯之電阻時，大部分電流會流過電阻小的通路，故控制棒會幾乎不受阻力而降落。當控制棒快降落到底時，其前端之如酒瓶木塞之部分會插入底部特殊設計之塞套，兩者之間之間隙很小，故會產生極大之阻力，在此間隙中流體必須滿足：

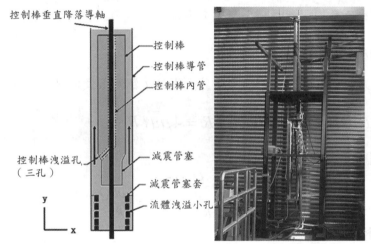

（實驗室中拍攝）

1. 質量守衡，被擠壓之流體會由間隙間往上噴出。

2. 動量守衡，間隙中之流體，必須滿足 *N-S* 方程式，且控制棒為移動邊界 *(Couette flow + Poiseulle flow)*。

　　因為間隙很小，故可用直角坐標之平板流，間隙中之動量方程式為，

$$0 = -\frac{\partial p}{\partial y} - \rho_w g + \mu(\frac{\partial^2 v}{\partial x^2})$$

其解為

$$\frac{v(\xi)}{V} = -1 + P(\xi - \xi^2) + \xi$$

其中 V 為控制棒下降速度，$\xi = x/b$，b 為間隙厚度。壓力參數，

$$P = -\frac{b^2}{2\mu V}(\frac{\partial p}{\partial y} + \rho_w g)$$

由速度分佈，可求出間隙之流量 Q

$$Q_{gap} = 2\pi R \int_0^b v\,dx = 2\pi RVb(-\frac{1}{2} + \frac{1}{6}P)$$

此流量必須與控制棒落入之體積流率 $Q = \pi R^2 V$ 相同，以滿足質量守衡並求出速度 V。

　　此設計在實驗時，發現在最後階段減速區之摩擦力太大，控制棒瞬間停止，而無法完全到定位插入十公分之套管，也無法完全發揮控制棒完全控制中子反應之效果，欲降低此強大阻力之方法，就是嘗試將最下面 *10 cm* 套管打幾個小孔，增加排出流體減低壓力，而使得控制棒不會完全停止，而且當控制棒下降蓋過小孔時，被蓋過之小孔因流體阻力太大就喪失洩溢功能，以控制下降速度不致於太快，就像是階梯式減速，最後實驗與流體力學預測非常符合，控制棒以重力快速達到底部十公分處，然後以緩慢速度在三秒內就定位，而不施予反應器底部任何衝擊力。可惜的是，不久後台灣就完全放棄此類核能國防科技之研究。

　　But，*the power and spirit of fluid mechanics utilized in pursuing excellence will never die*！

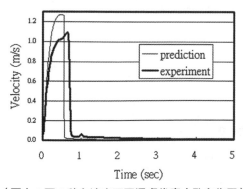

（圖中 1 至 4 秒之速度不平滑處代表小孔之作用）

※ 練習題七：

求出兩旋轉圓桶間之速度分佈

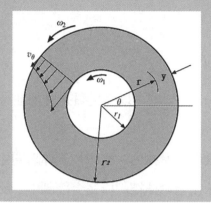

[7] 然後摩西說："連續方程式 + N-S 方程式…"（紅海就分開了）

練習題解答

練習題一

解：

(a) $\vec{\xi} \neq 0$，旋轉流場，強迫渦漩

(b) $\vec{\xi} = 0$，非旋轉流場，自由渦漩

(c) $\vec{\xi} \neq 0$，旋轉流場，強迫渦漩

練習題二

解：

質量守衡：$\cancel{\dfrac{\partial \rho}{\partial t}} + \dfrac{\partial(\rho u)}{\partial x} + \cancel{\dfrac{\partial(\rho v)}{\partial y}} + \cancel{\dfrac{\partial(\rho w)}{\partial z}} = 0$

（穩態）　　　（一度空間流場）

$$\frac{d(\rho u)}{dx} = \rho\frac{du}{dx} + u\frac{d\rho}{dx} = 0$$

$$\frac{du}{dx} \cong \frac{\Delta u}{\Delta x} = \frac{88-83}{0.2} = 25\ \frac{m/s}{m}$$

$$\rho = \frac{p}{RT} = \frac{345000}{\dfrac{8.314}{0.0289}283} = 4.25\ kg/m^3$$

$$\frac{d\rho}{dx} = -\frac{\rho}{u}\frac{du}{dx} = -\frac{4.25}{86}(25) = -1.23\ \frac{kg/m^3}{m}$$

練習題三

解：　$\cancel{\dfrac{\partial u}{\partial x}}_{2.8} + \dfrac{\partial v}{\partial y}_{-2.8} + \cancel{\dfrac{\partial w}{\partial z}} = 0$　　　or　　　$2.8 - 2.8 = 0$

此為不可壓縮之連續方程式。

練習題四

解：　$\dfrac{\partial w}{\partial z} = -\underset{a+by}{\dfrac{\partial u}{\partial x}} - \underset{-bz^2}{\dfrac{\partial v}{\partial y}}$　　　$\dfrac{\partial w}{\partial z} = -a - by + bz^2$

$$\therefore w = -az - byz + \frac{1}{3}bz^3 + f(x, y)\ (m/s)$$

練習題五

解：此問題之分析法，第一步要能化簡問題，假設如下：

1. 穩態

2. 不可壓縮

3. 一度空間流場（那兩度沒有？）

4. 流體在完全成形區（$\frac{\partial}{\partial x} = 0$）*(Why？)*

5. 流場為水平

$$\vec{V} = u\vec{i} + v\vec{j} + w\vec{k}$$

$$3 \qquad 3$$

故只有一個速度分量 *u:*

$$u = u(x, \quad y, \quad z, \quad t)$$

$$4 \qquad 3 \qquad 1$$

$$u = u(y)$$

x 方向：

$$\rho(\frac{\partial u}{\partial t} + u\frac{\partial u}{\partial x} + v\frac{\partial u}{\partial y} + w\frac{\partial u}{\partial z}) = \rho g_x - \frac{\partial p}{\partial x} + \mu(\frac{\partial^2 u}{\partial x^2} + \frac{\partial^2 u}{\partial y^2} + \frac{\partial^2 u}{\partial z^2})$$

$$1 \qquad 4 \quad 3 \qquad 3 \qquad\quad 5 \qquad\qquad 4 \qquad\qquad 3$$

y 方向：

$$\rho(\frac{\partial v}{\partial t} + u\frac{\partial v}{\partial x} + v\frac{\partial v}{\partial y} + w\frac{\partial v}{\partial z}) = \rho g_y - \frac{\partial p}{\partial y} + \mu(\frac{\partial^2 v}{\partial x^2} + \frac{\partial^2 v}{\partial y^2} + \frac{\partial^2 v}{\partial z^2})$$

$$1 \qquad 4 \quad 3 \qquad 3 \qquad\quad -g \qquad\qquad 3 \quad 3 \quad 3$$

z 方向：

$$\rho(\frac{\partial w}{\partial t} + u\frac{\partial w}{\partial x} + v\frac{\partial w}{\partial y} + w\frac{\partial w}{\partial z}) = \rho g_z - \frac{\partial p}{\partial z} + \mu(\frac{\partial^2 w}{\partial x^2} + \frac{\partial^2 w}{\partial y^2} + \frac{\partial^2 w}{\partial z^2})$$

$$1 \qquad 3 \quad 3 \qquad 3 \qquad\quad 5 \qquad\qquad 3 \quad 3 \quad 3$$

故動量方程式可簡化為：

$$0 = -\frac{\partial p}{\partial x} + \mu \frac{\partial^2 u}{\partial y^2}$$

$$0 = -\frac{\partial p}{\partial y} - \rho g$$

$$0 = -\frac{\partial p}{\partial z} \qquad （代表壓力在 z 方向無變化）$$

y 方程式可積分為

$$p(x, y) = -\rho gy + f(x) \qquad （此即為第二章之靜壓分佈）$$

故在 y 方向（垂直方向）壓力的變化與靜壓相同。

x 方程式可積分為

$$\frac{d^2 u}{dy^2} = \frac{1}{\mu} \frac{\partial p}{\partial x}$$

$$\frac{du}{dy} = \frac{1}{\mu}(\frac{\partial p}{\partial x})y + C_1$$

$$u(y) = \frac{1}{2\mu}(\frac{\partial p}{\partial x})y^2 + C_1 y + C_2$$

其中 $(\frac{\partial p}{\partial x})$ 代表壓力在 x 方向之變率，為一個負值（Why？）。兩未知數可用兩邊界條件求出：（此題座標原點為何要置於中心線？待會請用座標原點置於下方平板上再重複此例試試看哪個簡單）

B.C #1　$y = -h$，$u = 0$

B.C #2　$y = +h$，$u = 0$

（此稱為什麼條件？）

$$\therefore C_1 = 0, \quad C_2 = -\frac{1}{2\mu}(\frac{\partial p}{\partial x})h^2$$

故速度分佈為一拋物線：

$$u(y) = \frac{1}{2\mu}(-\frac{\partial p}{\partial x})(h^2 - y^2)$$

$$= \frac{1}{2\mu}(-\frac{\partial p}{\partial x})h^2(1 - \frac{y^2}{h^2})$$

$$= u_{max}(1 - \frac{y^2}{h^2})$$

此速度分佈與圓管類似，亦為拋物線方程式。

兩板之間之流量為

$$q = \int_{-h}^{h} udy(\times 1) = \int_{-h}^{h} \frac{1}{2\mu}(-\frac{\partial p}{\partial x})h^2(1 - \frac{y^2}{h^2})dy(\times 1)$$

$$= \frac{2h^3}{3\mu}(-\frac{\partial p}{\partial x})(\times 1)$$

平板上任意兩點之間之壓力降（*pressure drop*）與壓力梯度之關係為：

$$\frac{\Delta p}{\ell} = \frac{p_{left} - p_{right}}{\ell} = -\frac{\partial p}{\partial x}$$

故單位深度之體積流率為　$q = \frac{2h^3 \Delta p}{3\mu\ell}(\times 1)$

平均速度為　$V_{ave} = \frac{q}{2h(\times 1)} = \frac{h^2 \Delta p}{3\mu\ell}$

中心最大速度為　$u_{max} = \frac{h^2}{2\mu}(-\frac{\partial p}{\partial x}) = \frac{3}{2}V_{ave}$

壓力分佈

$$p(x, y) = -\rho gy + f(x)$$

$$\frac{\partial p}{\partial x} = \frac{df(x)}{dx}, \quad f(x) = (\frac{\partial p}{\partial x})x + p_o$$

$$\therefore p(x, y) = -\rho gy + (\frac{\partial p}{\partial x})x + p_o$$

其中 p_o 為 *(0, 0)* 點之壓力，故流場中，在垂直方向壓力分佈與靜壓相同，而在水平方向（流體流動方向）壓力分佈為線性。

以上分析僅適用於層流，即雷諾數低於 ~ *2000*。 雷諾數定義為

$$Re = \frac{\rho V_{ave}(2h)}{\mu} = \frac{inertia \ force \ of \ fluid}{viscous \ force \ of \ fluid}$$

小叮嚀：此處特徵長度為 2h

當雷諾數大於 ~ 4000 時，流場變為紊流（turbulent flow），流體之黏滯力，尤其在邊界附近，會變成很大，速度分佈亦會改變，管路中心大部分區域流體速度分佈較層流為扁平，而靠近邊界處流體速度變化很大，故最大速度與平均速度之比值較層流為小。

練習題六

解：此問題之分析法，第一步要能化簡問題， 假設如下：

1. 穩態

2. 不可壓縮

3. 一度空間（那兩度沒有？）

4. 流體在完全成形區 *(Why ？)*

5. 流場為垂直

$$\vec{V} = u\vec{i} + v\vec{j} + w\vec{k}$$

$$v = v(x, \ y, \ z, \ t)$$

$$\qquad \qquad 4 \quad 3 \quad 1$$

$$v = v(x)$$

x 方向：

$$\rho(\frac{\partial u}{\partial t} + u\frac{\partial u}{\partial x} + v\frac{\partial u}{\partial y} + w\frac{\partial u}{\partial z}) = \rho g_x - \frac{\partial p}{\partial x} + \mu(\frac{\partial^2 u}{\partial x^2} + \frac{\partial^2 u}{\partial y^2} + \frac{\partial^2 u}{\partial z^2})$$

$$u = 0 \qquad \qquad 5 \qquad \qquad u = 0$$

y 方向：

$$\rho(\cancel{\frac{\partial v}{\partial t}} + u\cancel{\frac{\partial v}{\partial x}} + v\frac{\partial v}{\partial y} + w\cancel{\frac{\partial v}{\partial z}}) = \rho g_y - \frac{\partial p}{\partial y} + \mu(\frac{\partial^2 v}{\partial x^2} + \cancel{\frac{\partial^2 v}{\partial y^2}} + \cancel{\frac{\partial^2 v}{\partial z^2}})$$

　　1　　4　　4　　3　　　-g　　　　4　　3

z 方向：

$$\rho(\frac{\partial w}{\partial t} + u\frac{\partial w}{\partial x} + v\frac{\partial w}{\partial y} + w\frac{\partial w}{\partial z}) = \rho g_z - \frac{\partial p}{\partial z} + \mu(\frac{\partial^2 w}{\partial x^2} + \frac{\partial^2 w}{\partial y^2} + \frac{\partial^2 w}{\partial z^2})$$

　　　　　　w = 0　　　　　5　　　　　w = 0

故動量方程式可簡化為：

$$0 = -\frac{\partial p}{\partial x}$$ 　　　　　　　　　　　　　　（代表壓力在 x 方法無變化）

$$0 = -\frac{\partial p}{\partial y} - \rho g + \mu\frac{d^2 v}{dx^2}$$

$$0 = -\frac{\partial p}{\partial z}$$ 　　　　　　　　　　　　　　（代表壓力在 z 方法無變化）

$\frac{\partial p}{\partial x} = 0$ 代表在薄膜內任何水平方向的壓力均相同，等同於薄膜外界之壓力（大氣壓），然外界之大氣壓與高度（y 方向）無關，故薄膜內壓力在垂直方向相同（ $\frac{\partial p}{\partial y} = 0$ ）。咦？流體靜壓不是跟高度有關嗎？*（因為薄膜很薄，在任何高度之壓力都必須與大氣壓達到平衡。）*

將 y 方向之動量方程式積分：

$$0 = -\rho g + \mu\frac{d^2 v}{dx^2}$$

$$\frac{d^2 v}{dx^2} = \frac{\rho g}{\mu}$$

$$\frac{dv}{dx} = \frac{\rho g}{\mu}x + C_1$$

此時雖未完全解出 $v(x)$，但可立即運用一邊界條件*（以免夜長夢多，增加解題困難）*：薄膜與外界空氣之交界處無拖曳力*（見習題 4.10)*，故

BC #1:   x = h, $\tau_{xy} = \mu \dfrac{dv}{dx} = 0$

$$\therefore C_1 = -\dfrac{\rho g h}{\mu}$$

再積分 $v(x) = \dfrac{\rho g}{2\mu} x^2 - \dfrac{\rho g h}{\mu} x + C_2$

BC #2: $x = 0$，$v = 0$

$$\therefore C_2 = V_o$$

$$v(x) = \dfrac{\rho g}{2\mu} x^2 - \dfrac{\rho g h}{\mu} x + V_o$$

$$q = \int_0^h v(x)\,dx(\times 1) = \int_0^h (\dfrac{\rho g}{2\mu} x^2 - \dfrac{\rho g h}{\mu} x + V_o)\,dx(\times 1)$$

流量 $= (V_o h - \dfrac{\rho g h^3}{3\mu})(\times 1)\ (m^3/s)$

延伸學習：轉帶欲拖曳任何油料之最小速度為何？

練習題七

解：

(a)   用牛頓第二定律，厚度 *dr* 單位長度自由體之力的平衡如下

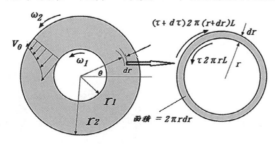

圓柱座標之牛頓黏滯力方程式：

$$\tau = \mu r \frac{d(v_\theta / r)}{dr} \quad \text{帶入上式}$$

$$\mu r \frac{d}{dr} r \frac{d(v_\theta / r)}{dr} + 2\mu r \frac{d(v_\theta / r)}{dr} = 0$$

積分一次

$$r \frac{d(v_\theta / r)}{dr} + 2 \frac{v_\theta}{r} = A$$

$$r \frac{dv_\theta}{dr} - \frac{v_\theta}{r} + 2 \frac{v_\theta}{r} = A, \quad r \frac{dv_\theta}{dr} + \frac{v_\theta}{r} = A, \quad \frac{1}{r} \frac{d(rv_\theta)}{dr} = A$$

$$v_\theta(r) = \frac{A}{2} r + \frac{B}{r}$$

邊界條件：

1. $v_\theta(r_1) = r_1 \omega_1$

2. $v_\theta(r_2) = r_2 \omega_2$

$$A = 2 \frac{\omega_2 r_2^2 - \omega_1 r_1^2}{r_2^2 - r_1^2}, \quad B = \frac{r_1^2 r_2^2 (\omega_1 - \omega_2)}{r_2^2 - r_1^2}$$

(b) 用 *N-S* 方程式：

θ 方向： *($v_r = v_\theta = 0$)*

$$\rho(\cancel{\frac{\partial v_\theta}{\partial t}} + \cancel{v_r \frac{\partial v_\theta}{\partial r}} + \cancel{\frac{v_\theta}{r} \frac{\partial v_\theta}{\partial \theta}} + \cancel{\frac{v_r v_\theta}{r}} + \cancel{v_z \frac{\partial v_\theta}{\partial z}})$$

$$= \rho \cancel{g_\theta} - \frac{1}{r} \cancel{\frac{\partial p}{\partial r}} + \mu [\frac{1}{r} \frac{\partial}{\partial r}(r \frac{\partial v_\theta}{\partial r}) - \frac{v_\theta}{r^2} + \frac{1}{r^2} \cancel{\frac{\partial^2 v_\theta}{\partial \theta^2}} + \frac{2}{r^2} \cancel{\frac{\partial v_r}{\partial \theta}} + \cancel{\frac{\partial^2 v_\theta}{\partial z^2}}]$$

$$0 = \frac{1}{r} \frac{d}{dr}(r \frac{dv_\theta}{dr}) - \frac{v_\theta}{r^2}, \quad 0 = \frac{d^2 v_\theta}{dr^2} + \frac{1}{r} \frac{dv_\theta}{dr} - \frac{v_\theta}{r^2}$$

$$\frac{d}{dr}(\frac{dv_\theta}{dr}) = -\frac{d(v_\theta / r)}{dr}$$

$$\frac{dv_\theta}{dr} = -\frac{v_\theta}{r} + A, \quad \frac{1}{r} \frac{d(rv_\theta)}{dr} = A$$

$$v_\theta(r) = \frac{A}{2}r + \frac{B}{r}$$

與 (a) 結果相同。

延伸學習：此兩圓筒之牆壁剪應力為何？若外筒旋轉，則內筒需提供多少力矩 *(torque)* 才能保持固定？*(此即第一章測量黏滯係數之方法)*。此題並須注意微積分中之「鎖鏈法則」*(chain rule)*。

習題

1. 一個穩定流場之速度方程式為

   $$\vec{V} = a(x^2 y + y^2)\vec{i} + bxy^2\vec{j} + cx^3\vec{k}$$

   其中 a，b，c 為常數。 在何種情況下，此流場為不可壓縮流場？

   Ans： $a = -b$

2. 在某一流場的三個已知速度分量為

   $$u = x^2 + y^2 + z^2$$
   $$\upsilon = xy + yz + z^2$$
   $$w = -3xz - z^2/2 + 4$$

   (a) 求體積膨脹率並解釋所得之結果；*(b)* 求旋轉向量的表示式，並請問此流場是否為非旋轉流場？

   Ans： *(a) 0，conservation of mass*。

   (b) $\vec{\omega} = -(0.5y+z)\vec{i} + 2.5z\vec{j} - 0.5y\vec{k} \neq 0$，旋轉流場

3. 對於一不可壓縮、二維流場，在 y 方向的速度分量為 $v=3xy+x^2y$， 且在 *(0, 0)* 之速度為零， 求 x 方向的速度分量。

   Ans： $u=-1.5x^2+0.33x^3 (m/s)$

4. 在下圖中，流體穩定的在兩垂直、無限長、平行板間向上流動。若為完全成形
   且層流流動。請利用 *N-S* 方程式，決定流量與所有相關參數之關係式。

Ans： *N-S eq*。： $0 = -\rho g - \dfrac{\partial p}{\partial y} + \mu \dfrac{d^2 v}{dx^2}$

速度分佈：

$$v(x) = \frac{1}{2\mu}(-\frac{dp}{dy} - \rho g)h^2(1 - \frac{x^2}{h^2}) = v_{max}(1 - \frac{x^2}{h^2})$$

體積流量 Q

$$Q = \frac{2}{3\mu}(-\frac{dp}{dy} - \rho g)h^3$$

平均速度

$$\bar{v} = \frac{1}{3\mu}(-\frac{dp}{dy} - \rho g)h^2 = \frac{2}{3}v_{max} \ (m/s)$$

5. 如同上題，當流體以自己之重量向下 *(-y)* 方向流動，求速度方程式。

$$\rho(\cancel{\frac{\partial v}{\partial t}} + \cancel{u\frac{\partial v}{\partial x}} + \cancel{v\frac{\partial v}{\partial y}} + \cancel{w\frac{\partial v}{\partial z}}) = \rho g_y - \cancel{\frac{\partial p}{\partial y}} + \mu(\frac{\partial^2 v}{\partial x^2} + \cancel{\frac{\partial^2 v}{\partial y^2}} + \cancel{\frac{\partial^2 v}{\partial z^2}})$$

Ans：
$$-\rho g$$

$$v(x) = -\frac{\rho g}{2\mu}h^2(1 - \frac{x^2}{h^2}) = v_{max}(1 - \frac{x^2}{h^2}) \ (m/s)$$

6. 一個穩定，不可壓縮，兩度空間流場之速度場為

$$\vec{V}(x,y) = (ax + b)\vec{i} + (-ay + c)\vec{j}$$

*(a)*證明此流場滿足連續方程式

*(b)*求此流場之壓力場 *p(x, y)*

Ans: $p(x,y) = \rho(-\dfrac{a^2 x^2}{2} - \dfrac{a^2 y^2}{2} - abx + acy) + C\ (Pa)$

7. 一垂直軸 *(shaft)* 與軸承 *(journal bearing)* 中間充填黏度 *0.1 N· s/m²* 的機油，如下圖所示。假設在軸與軸承間隙的流動特性類似介於兩平行平板，且流動方向的壓力梯度為零之層流流動。當軸的轉速為 *100 rpm* 的情況下，估計克服黏滯力所需的軸扭矩。

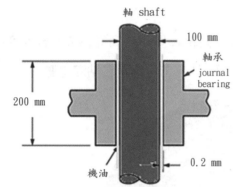

Ans: Γ =0.82 N·m

8. 在下圖所示一不可壓縮、黏性流體充填在兩水平、無限長、平行板之間。若兩平板分別以等速度 U_1 與 U_2 反方向移動，在 x 方向的壓力梯度為零，並且僅考慮由流體重量所導致的物體力。假設層流流動，請應用 *N-S* 方程式，推導出介於平板間速度分佈的方程式。

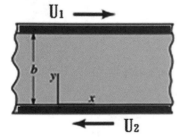

Ans: $u(y) = \left(\dfrac{U_1 + U_2}{b}\right) y - U_2\ (m/s)$

9. 具有固定厚度的黏性流體層，穩定的以重力流經無窮大的傾斜 θ 角度之平板。假設流動為層流；空氣阻力可忽略不計，故自由表面的剪應力為零。請利用 N-S 方程式，決定流體層厚度 h 與單位寬度之流量 Q 間的關係式。

$$0 = -\frac{\partial p}{\partial x} + \rho g \sin\theta + \mu\frac{\partial^2 u}{\partial y^2}$$

Ans： $Q = \dfrac{\rho g h^3 \sin\theta}{3\mu}\ \left(m^3 / s{\cdot}m\right)$

10. 旋轉黏滯係數計 (rotational viscometer) 俯瞰圖如下，高度為 L，若內管旋轉維持角速度 ω，則固定外筒所需之力矩為 Γ，求此流體之黏滯係數。

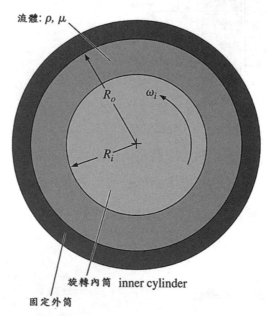

流體: ρ, μ

R_o　ω_i

R_i

旋轉內筒　inner cylinder

固定外筒

Ans： $\mu = \Gamma\dfrac{(R_o - R_i)}{2\pi\omega_i R_i^3 L}\ (N{\cdot}s / m^2)$

參考資料

[1]. *Module 3 : INVISCID INCOMPRESSIBLE FLOW*，*http://nptel.ac.in/courses/101103004/module3/lec2/1.html*

[2]. *Infinitesimal strain theory*，*https://en.wikipedia.org/wiki/Infinitesimal_strain_theory*

[3]. *Intuition for divergence formula*，*https://www.khanacademy.org/math/multivariable-calculus/multivariable-derivatives/divergence-and-curl-articles/a/intuition-for-divergence-formula*

[4]. *https://www.weather.gov/jetstream/vort_max*

[5]. *Vorticity*，*https://en.wikipedia.org/wiki/Vorticity*

[6]. *http://en.m.wikipedia.org/wiki/kugel_fountain*

[7]. *http://us105fm.com/texas-agriculture-commissioner-posts-fake-photo-of-obama-with-che-shirt/*

梵谷也是天文學家？

管路裡會有綿羊！

高速公路中如何產生紊流？

渦旋最大有多大？

醫生的聽診器是在聽紊流！

風洞模型之量測如何應用到真實世界？

7

管路黏滯流體

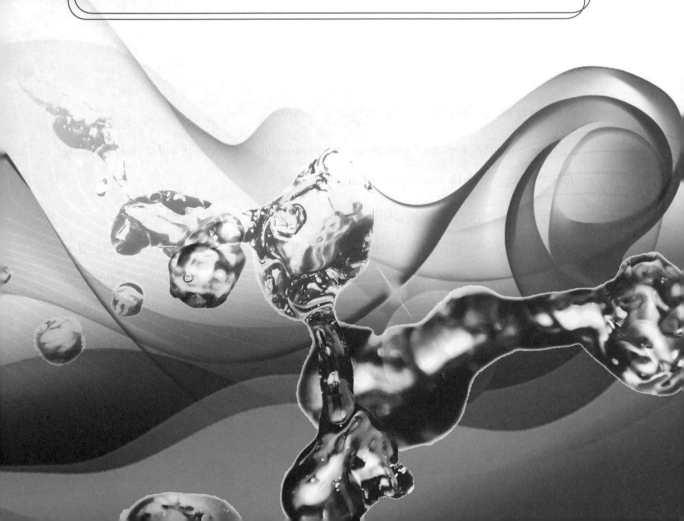

第七章
管路黏滯流體

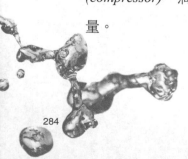

7.1
管路流體特性

What is the greatest invention of the 20th century?

Atomic bomb? Airplane? Computer?... I personally will vote for toilet and plumbing system – "A good flush beats a full house every time."

管路系統在古羅馬就被使用,除了「羅馬浴場」外還應用到供水、排水、衛生設備等。現今管路應用從生技、民生基礎建設、到工業設備等都廣泛使用。一般管路是由管 *(pipe, tube, hose, duct, etc.)*、管件 *(pipe fitting, elbow, T-junction, valve, contraction, expansion, etc.)* 等構成,及控制設備,例如幫浦 *(pump)*、壓縮機 *(compressor)*、渦輪機 *(turbine)*、風扇 *(fan)* 等構成,以便加入能量或由流體產生能量。

管路系統需要考量的有流場型態 (層流與紊流)、管壁摩擦力造成之「主要」壓力降 (損失)、以及管件因改變管路幾何形狀所產生之「次要」壓力降,以做為整體設計時所需流體推動力之考量。管路之黏滯力扮演很重要之角色,除非特例,非黏滯流體之假設在管路中不適用,例如管路中之伯努力方程式須加上黏滯力影響之修正。

　　圓管一般比非圓管較能使用於高壓系統,故液體大多使用圓管 (why ? 請考慮材料與製程),其他截面形狀之管路大多使用於低壓系統 (Why ?),例如冷暖氣管路系統。

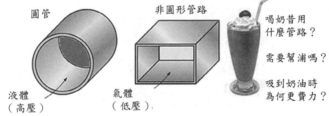

　　管路流體之物理特性 (例如速度分佈),除了少數特例 (例如完全成形之圓管與無窮大兩平板間層流) 外,幾乎都無精確之解析解,大多需要經由實驗或半經驗 (semi-empirical correlation) 方式求得所需之物理量。以流體平均速度為例,必須先求得流經管路之質流率,由下列積分求出,

$$\dot{m} = \rho V_{ave} A_c = \int_{dA_c} \rho u(r) dA_c$$

故以半徑為 R 之圓管流體而言,在任一截面之平均速度為

$$V_{ave} = \frac{\int_{dA_c} \rho u(r) dA_c}{\rho A_c} = \frac{\int_0^R u(r) 2\pi r dr}{\pi R^2} = \frac{2}{R^2} \int_0^R u(r) r dr$$

　　若流場為層流,平均速度為最大速度之一半,紊流則介於 0.5 與 1 之間,如圖 7.1[1] 所示。

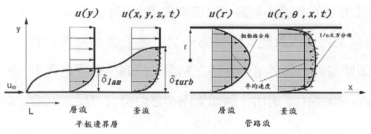

圖 7.1　層流與紊流之速度分佈與平均速度

進口區 (*entrance region*) 與完全成形區 (*fully developed region*)

　　流體進入導管中之前端部分，此區域稱為「進口區」，如下圖所示，在此位置，流體以接近均勻的速度進入管路，當流體在管中流動時，其黏滯效應將造成邊界之無滑動現象。因而，黏滯力對於管路而言極為重要。同樣地，邊界層也會沿著管壁而產生，以致最初的速度曲線會沿著導管（x 軸）而變化，直到流體抵達入口區域遠端的區域，之後因為流體之壓力梯度推動力與黏滯力達到平衡，速度曲線不再隨著 x 軸而變化，此時邊界層的厚度已經發展完成，以致完全充滿管中，即**邊界層厚度為管路半徑**，此即為「完全成形區」。在進口區之流場，可能是複雜的三度空間，不易分析，但在完全成形區 (一般需離進口 10~15 倍管路直徑之長度)，則流體之速度分佈可簡化為一度空間流場：

$$u(r, \theta, x) = u(r), \quad \frac{du(r)}{dx} = 0$$

　　因為速度不再隨 x 方向變化，故速度分佈所引申出之牆壁剪應力，摩擦力，壓力梯度，甚至於熱傳學中 (溫度分佈) 之熱傳率等，在此區域都維持常數，如圖 7.2，及 7.3[2] 所示。管路中之壓力梯度與速度方向相反，故延 x 軸方向之壓力變率為負值

$$\frac{dp}{dx} = -\frac{\Delta p}{\ell}$$

在此區間沒有進口區之壓力梯度陡峭，因為進口區除了管壁之黏滯力外，還有因流體幾何形狀之改變，而增加之能量損失。壓力降之產生主要是力的平衡，管路源頭之壓力所產生的力量需要超過管路的黏滯力。若在傾斜管中，沿流動方向的壓力梯度將會受重量傾斜方向的分力所影響，而此重量對流動的貢獻是增強或減緩，則視流動是往上或往下而定 (見例題二)。

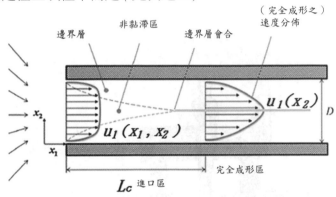

圖 7.2　管路之進口區與完全成形區

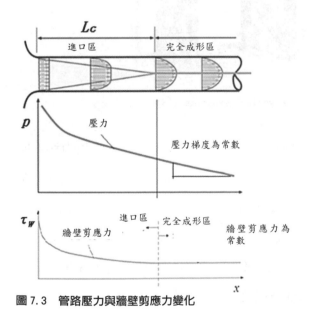

圖 7.3　管路壓力與牆壁剪應力變化

層流 (*laminar flow*)
與紊流 (*turbulent flow*)

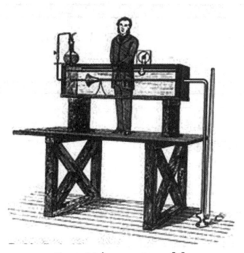

Reynolds' experiment [3]

　　第一位以簡單的設備區分層流與紊流之間的差異的是英國的科學家及數學家雷諾（*Osborne Reynolds*），如圖 *7.4* 所示。當少量染劑流入管路時，沿流動方向將會留有明顯可見的染劑軌跡。當增大管路流量時，其染劑軌跡會因時間及位置的變化而有所更動，且會有突發的間歇性不規則變化出現，例如渦漩 *(eddies, vortices)*、震動 *(fluctuations)* 等。當持續加大流率時，染料的紋路就會模糊不清，且以隨機的方式擴散至整個管截面。此三種流場特性分別定義為「層流」、「過渡」與「紊流」。

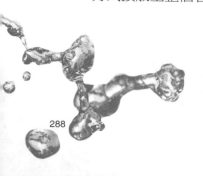

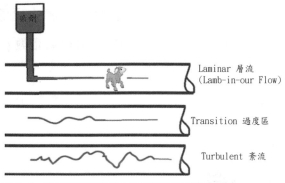

Laminar 層流
(Lamb-in-our Flow)

Transition 過度區

Turbulent 紊流

圖 7.4　染劑因流量增加而由層流改變至紊流

層流　　　　　　　　　　紊流

(看出層流與紊流最明顯之差異嗎？您討厭高速公路上突然變換車道的飆車狂嗎？他們就是紊流的渦漩或震動)

雷諾數 (*Reynolds number*)

雷諾數的定義就是流體慣性力與黏滯力之比值：

$$\text{Re}_L = \frac{inertia\ force}{viscous\ force} \approx \frac{\rho V_{ave}^2 L^2}{\mu \dfrac{V}{L} L^2} = \frac{\rho V_{ave} L}{\mu} = \frac{V_{ave} L}{\nu} \tag{7-1}$$

其中 L 是流場之「特徵長度」*(characteristic length)*，在圓管中就是圓管直徑，在兩平行平板間就是兩板之間隔。 雷諾數主要用來判定流體為層流或紊流外，也可用來比較不同流場間之「**相似性**」*(similarity)*，例如下圖模型車大小不一樣，但若調整其他參數，例如速度，則可得到同樣之雷諾數，亦即，在此二流場中，**其慣性力**

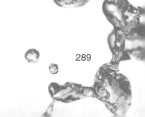

與黏滯力之關係是「類似的」，甚至於真實車與模型車所遭受之摩擦力也是類似的，由此類似性，測量（例如風洞的小飛機小汽車）出的數值就可以雷諾數（以及其他參數）轉換為真實飛機汽車的數值。

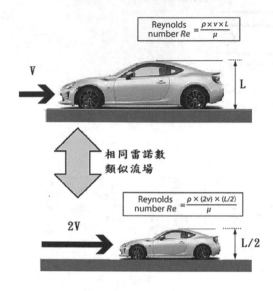

非圓形管路雷諾數

若管路非圓管，則特徵長度使用「水力直徑」 *(hydraulic diameter)*，D_H：

$$D_H = \frac{4A_w}{P_w}$$

(7-2)

其中 A_w 代表「濕」 *(wet)* 的截面積，P_w 代表與管路接觸之「濕」的周圍。（此定義乃為了使圓管之水力直徑與圓管直徑相同）

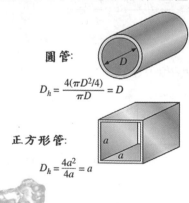

圓管：

$$D_h = \frac{4(\pi D^2/4)}{\pi D} = D$$

正方形管：

$$D_h = \frac{4a^2}{4a} = a$$

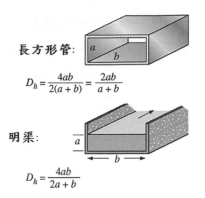

長方形管:

$$D_h = \frac{4ab}{2(a+b)} = \frac{2ab}{a+b}$$

明渠:

$$D_h = \frac{4ab}{2a+b}$$

例題:

(a) 若導管直徑 *0.1 m*，水以 *1 m/s* 的平均速度流入管中，請計算雷諾數值；*(b)* 若管徑為奈米級尺度 *100 nm*，而平均速度為 *1 μ m/s*，則雷諾數值又為多少？(奈米尺度流體可能到達紊流嗎？)

解:

(a) $\quad \mathrm{Re}_D = = \dfrac{\rho V_{ave} L}{\mu} = \dfrac{(1000)(1)(0.1)}{1 \times 10^{-3}} = 100{,}000$ (紊流)

(b) $\quad \mathrm{Re}_D = = \dfrac{\rho V_{ave} L}{\mu} = \dfrac{(1000)(1 \times 10^{-6})(100 \times 10^{-9})}{1 \times 10^{-3}} = 1 \times 10^{-7}$ (層流)

例題:

將雷諾數以質流率 *(kg/s)* 表示之。

解: 質流率定義為: $\dot{m} = \rho V_{ave} A_c$

$$V = V_{avg} = \frac{\dot{m}}{\rho A_c} = \frac{\dot{m}}{\rho(\pi D^2 / 4)} = \frac{4\dot{m}}{\rho \pi D^2} \quad \text{and} \quad \nu = \frac{\mu}{\rho}$$

故 $\quad \mathrm{Re} = \dfrac{VD}{\nu} = \dfrac{4\dot{m}D}{\rho \pi D^2 (\mu / \rho)} = \dfrac{4\dot{m}}{\pi D \mu}$

腦內實驗：日常生活中紊流比層流更為常見，因為大部分流體（水、汽油、空氣）的黏滯係數都比較小。如果將流動的水改為密度相似的蜂蜜，但其黏滯係數比水大 *3000* 倍，所以要維持蜂蜜與水的雷諾數相等，則必須要將蜂蜜的速度增加至水的 *3000* 倍，所需的驅動壓力將會大到非常不合理。（何謂驅動力？）

延伸學習：估計下列流場之雷諾數，

a. 蜂蜜從湯匙流下

b. 冰島的冰河移動

c. 微血管中的血液流動

d. 游泳健將游百米

e. 在太平洋上空的波音 *747*

f. 月球對地球之旋轉（月球上沒有空氣喔）

腦內實驗：精子在精液中游動與人在蜂蜜中游泳哪個困難？

精子游動時 $Re \sim 10^{-4}$，人游泳時 $Re \sim 4 \times 10^{6}$，所以即使將游泳池的水改為蜂蜜，以精子的活動力克服精液的黏滯力，其力爭上游與卵子受精的困難度還是人類在蜂蜜池內游泳的千萬倍以上！

以尺寸而言精子游過陰道的速度相當於人類以 *12.5 m/s* 的速度持續跑上 *45* 分鐘。所以給形成您的精子－史上最強的游泳健將（百米速度跑馬拉松）一些敬意吧。

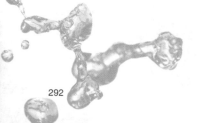

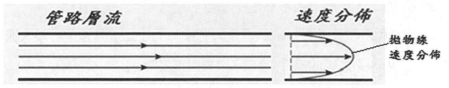

7.3

管路層流

流體力學中能夠以精確解析解求得速度分佈的例子不多，「穩定 (沒有加速度)、層流、不可壓縮、完全成形」之平滑圓管內之流場，是一個重要例子。在上述條件下，流體中每一個流體粒子均沿軸線方向等速前進，而速度大小只與徑向位置 (r) 有關 – 從管壁的無滑動現象之零速度，漸增至離管壁最遠剪應力最小 (事實上為零，因為速度對稱) 的中心線之最大速度，再由對稱性而言，最大速度也必須發生於中心線。

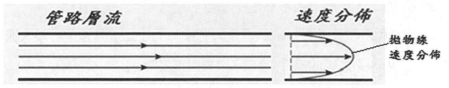

層流速度分佈

在穩定、完全成形的管路 (圓管或兩平行平板) 層流內，流體的壓力降推動力與黏滯力達到平衡。 速度從管壁的無滑動現象 (速度斜率最大)，漸增到中心速度達到最大 (速度斜率為零)，剪應力也變為零，這不像庫耶流場的剪應力是常數，所以速度分佈也不會是線性，而最有可能的就是一個拋物線 (證明見附錄 *VII.1*)

$$u(r) = \frac{1}{4\mu}[-\frac{dp}{dx}]R^2(1-\frac{r^2}{R^2}) \qquad (7-3)$$

其中最大速度 u_{max} 發生於 *r = 0*

$$u(r) = u_{max}(1 - \frac{r^2}{R^2}), \quad u_{max} = \frac{1}{4\mu}[-\frac{dp}{dx}]R^2 \qquad (7\text{-}4)$$

注意：$[-\dfrac{dp}{dx}]$ 為正值且為一常數。

練習題一：

求出兩個無窮大平板間因為壓力降造成之流體速度分佈，以及平均速度與最大速度之關係。

(此題本書已出現三次，希望讀者對於分析「有限」與「無窮小」的自由體「力的平衡」能駕輕就熟)

小叮嚀：此處以中心為座標原點較簡單

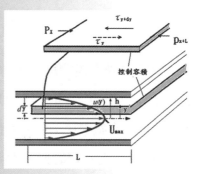

練習題二：

20℃的甘油在直徑 *75 mm* 的垂直圓管中向上流動，其管中心最大流速為 *1 m/s*，求此一 *10 m* 長圓管的水頭(高度)損失與壓力降。

抛物線速度分佈實驗：

網路購買之紅色染料，
與糖漿用微波爐加入混合，
然後注入裝滿沒有染色糖漿的針筒。

(需要練習很多次，買很多瓶糖漿)

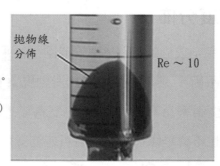

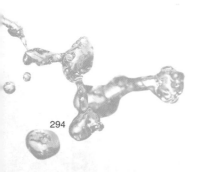

7.4

管路紊流

"When I meet God, I'm going to ask him two questions: why relativity? And why turbulence? I really believe he'll have an answer for the first." ~ *Werner Heisenberg* (海森堡).

多年前在高雄飛台北的班機上，突然發生劇烈震動，飛機遇到亂流 (紊流) 了⋯，平穩後驚魂未定的乘客旋即爆笑－乘客的咖啡從機艙頂上滴下來。紊流之產生是物理界至今未解之謎團，其發生的隨機性就像開車時遇到突然跑出的狗一樣。流體的許多重要特性 (剪應力、壓力降、熱傳率等)，都與紊流有密切關係，例如下述之紊流震動強度代表流體額外的剪應力，所以也必須在已經很可怕的 *N-S* 方程式中再加入紊流動量傳輸率 (可能這也是千禧年百萬美金大獎還沒人領的原因)。管路中產生紊流時，流體速度對時間之變化如圖 *7.7* 所示。

圖 7.7　紊流速度與時間關係

紊流之瞬時速度 *(instantaneous velocity)* 可定義為 :

$$u(x,t) = \bar{u} + u' \qquad\qquad (7\text{-}5)$$

其中 u' 稱為速度「震動」，在紊流中，其他之物理量也有類似之關係，例如

$$v = \bar{v} + v', \quad p = \bar{p} + p', \quad T = \bar{T} + T'$$

平均速度 (此時是對時間平均，與之前對位置平均 V_{ave} 不同) 可由下式測量出：

$$\overline{u(x,t)} = \frac{1}{t}\int_0^t u(x,t)dt = \frac{1}{t}\int_0^t (\bar{u}+u')dt = \bar{\bar{u}} + \bar{u'} = \bar{u}$$

故震動量之平均值為零。

注意： $\overline{u'} = \dfrac{\int_0^T u' d\tau}{T} = 0$ 但 $\overline{(u')^2} = \dfrac{\int_0^T (u')^2 d\tau}{T} \neq 0$ *(Why？)*

一般表示紊流震動強度乃使用

$$\sqrt{\overline{(u')^2}}, \sqrt{\overline{(v')^2}}, \sqrt{\overline{(w')^2}}, \sqrt{-\overline{u'v'}} \quad 等表示法。$$

（ 試試看 $-\rho\,\overline{u'v'}$, $\rho\,\overline{u'^2}$ 等項的單位，跟什麼一樣？所以其物理意義為何？ ）

生活實例： 紊流有聲音！

飛機所造成之紊流渦漩可發出很大的聲音 *[4]*，即使小如血管，當血管收縮或產生腫瘤阻塞時，用聽診器就可聽出血液變成紊流之聲音。

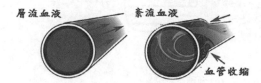

宇宙中之紊流：「星空」*(Starry Night)[5]* 是文森·梵谷眾多畫作中最為大眾熟知的作品之一。巨大的、捲曲旋轉的星雲，一團團誇大了的星光，展現了一個高度誇

張變形與充滿強烈震撼力的星空景象。一個個呈漩渦流動的星辰，敏感而不穩定。

　　科學家們在這幅舉世聞名的藝術品中卻看到了另一種美麗：流體力學的「紊流」現象，右圖為哈伯望遠鏡拍攝的 *"Whirlpool Galaxy"* 星雲之旋轉紊流，與在藝術家眼中之炫麗不謀而合 *[6]*。

渦漩有多大？

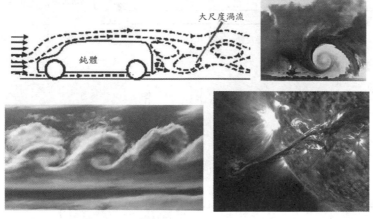

(Bigger than you can ever think of ！)

※ 紊流邊界層（*turbulent boundary layer*）

當流體流過平板一段距離後，形成的「層流」邊界層 (流體速度類似管路層流)

就成為「紊流」邊界層，如圖 7.8 所示，大致分為三層：(1) 接連邊界之「層流次層」(laminar sublayer)，其黏滯力與層流相同；(2) 「緩衝層」(buffer layer)，具有一些紊流一些層流特性；及 (3) 「紊流層」(turbulent layer)，此區域之動量 (甚至熱量) 之傳輸主要是由於巨觀之流體擾動 (所以 $\rho\overline{u'^2}$ - $\rho\overline{u'v'}$ 的物理意義為何？**就是剪應力！**為何 - $\rho\overline{u'v'}$ 帶負號？例如在順 (逆) 時針的紊流小渦漩裡，若 u' 向右時 v' 要向上還是向下才能讓此渦漩保持順 (逆) 時針旋轉？自己畫看看)，就像游泳池亂打水花的小孩把水珠潑到各處，所以此區域之巨觀黏滯力 (或熱傳率) 比分子間的大到千倍以上，如圖 7.9 所示，若將此變大之黏滯力也用 (1.1) 式之速度梯度表示，則亦可定義出紊流之黏滯係數 (與流體性質無關)，稱為「渦流黏滯係數」(eddy viscosity)，亦遠大於物質本身之黏滯係數。

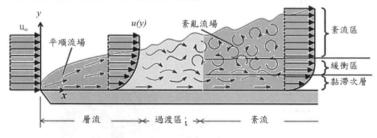

圖 7.8 紊流邊界層

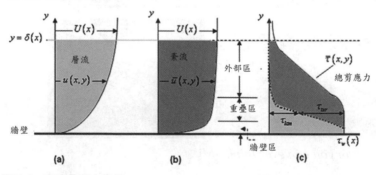

圖 7.9 紊流黏滯力分佈

紊流速度分佈

圓形管路中紊流速度分佈最簡單之表示法，為經驗方程式 (冪次定律) 速度曲

線（*power-law velocity profile*）

$$u(r) = u_{\max}(1 - \frac{r}{R})^{1/n} \qquad\qquad (7\text{-}6)$$

在上式中，雷諾數的函數，通常 n 的值是介於 6 到 10 之間。圖 7.10[7] 即為一些由冪次定律求得的典型紊流速度曲線。要注意的是，紊流的速度曲線與層流的速度曲線比較，較為「扁平」，因為紊流之慣性力遠大於黏滯力，故大部分區域之流體不受牆壁剪應力影響。

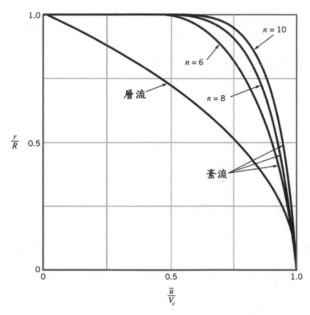

圖 7.10　圓形管路層流與紊流之速度分佈

小叮嚀：

冪次定律速度曲線在靠近牆壁處並不適用，主要是由於在該處的速度梯度為無窮大，故不可使用此曲線，如第一章所述求出牆壁之剪應力。除此之外，在 r ＝ 0 時也不能滿足 du/dr ＝ 0，因此在管路中心將無法精確地使用，但此速度曲線，在大部分的管路截面上均得到可以合理的近似值。

管路壓力降 – 主要損失

腦內實驗：用吸管吸飲料時所需之吸力 (壓力降) 與哪些因素有關？

管路流體能量損失之簡單表示法就是「壓力降」(pressure drop) $\triangle p$，由圓管層流之平均速度與壓力降之關係 ((7-3) 式) 如下 :

$$u_{max} = 2u_{ave} = \frac{1}{4\mu}\left[\frac{\Delta p}{L}\right]R^2, \quad \therefore \Delta p = p_{in} - p_{out} = \frac{32\mu L u_{ave}}{D^2} \quad (7\text{-}7)$$

任何管路要克服壓力損失之驅動力（例如用吸管吸奶茶）都與管路之長度、流體密度、流速成正比，而與管路直徑成反比，甚至管路粗糙度有關 :

$$\Delta p_L = f\frac{L}{D}\frac{\rho u_{ave}^2}{2} \quad (7\text{-}8)$$

f 稱為「達西摩擦因子」(Darcy friction factor)，由圓管之牆壁剪應力可證明

$$f = \frac{4\tau_w}{\frac{1}{2}\rho u_{ave}^2} = \frac{4F_{fric}}{\frac{1}{2}\rho u_{ave}^2 A} \quad (7\text{-}9)$$

也就是無因次的牆壁剪應力，F_{fric} 與 A 為摩擦力與管壁面積，乘上四倍是為了將 f 寫成適合圓管的 (7-8) 式的形式，然而在第八章定義平板上之摩擦因子 (阻力係數) 時就不需要乘四倍，請比較 (8-34) 式 。

$$u(r) = 2u_{ave}(1 - \frac{r^2}{R^2})$$

故牆壁剪應力為

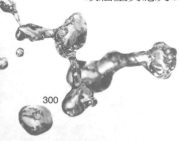

$$\tau_w = -\mu \frac{du}{dr}\bigg|_{r=R} = -2u_{ave}\mu(-\frac{2}{R}) = \frac{4u_{ave}\mu}{R}$$

因此層流之達西摩擦因子為

$$f = \frac{64\mu}{\rho D u_{ave}} = \frac{64}{\text{Re}} \tag{7-10}$$

在層流中，摩擦因子只與雷諾數有關，而與管壁光滑與否無關，因為流體之黏滯力主要發生在靠近牆壁處 (見圖 7.9(c))，故牆壁粗糙度產生之影響 (例如擾動) 馬上就被黏滯力吸收而消失。

例題：

求出兩平板間壓力降造成流動流場 (帕遂流場) 之達西摩擦因子 f。

解：由第六章之證明，間隔 $2h$ 兩平板間之帕遂流場速度分佈為

$$u(y) = u_{max}(1 - \frac{y^2}{h^2})$$

兩板之間單位深度之流量為

$$q = \int_{-h}^{h} u dy(\times 1) = \int_{-h}^{h} \frac{1}{2\mu}(-\frac{\partial p}{\partial x})h^2(1 - \frac{y^2}{h^2})dy(\times 1) = \frac{2h^3}{3\mu}(-\frac{\partial p}{\partial x})(\times 1)$$

平板上任意兩點之間之壓力降與壓力梯度之關係為：

$$\frac{\Delta p}{L} = \frac{p_{left} - p_{right}}{L} = -\frac{\partial p}{\partial x}$$

故 $\quad q = \frac{2h^3 \Delta p}{3\mu L}(\times 1)$

平均速度為 $\qquad u_{ave} = \frac{q}{2h(\times 1)} = \frac{h^2 \Delta p}{3\mu L}, \quad \therefore \Delta p = \frac{3\mu L u_{ave}}{h^2}$

壓力降與牆壁剪應力之關係：

$$\Delta p(2h \times 1) = 2(L \times 1)\tau_w, \quad \tau_w = \frac{h\Delta p}{L}$$

由達西摩擦因子定義：

$$f \equiv \frac{8\tau_w}{\rho u_{ave}^2} = \frac{8h\Delta p}{\rho u_{ave}^2 L} = \frac{24h\mu L u_{ave}}{\rho u_{ave}^2 Lh} = \frac{48\mu}{\rho u_{ave}(2h)} = \frac{48}{\text{Re}_{2h}} \text{ (特徵長度為 } 2h\text{)，故此}$$

兩平面間單位深度流體之壓力降為

$$\Delta p = f \frac{L}{2h} (\frac{1}{2} \rho u_{ave}^2)$$

以上討論之壓力降若以高度 (m) 表示，則可定義「壓力頭損失」(head loss) h_L:

$$h_L = \frac{\Delta P_L}{\rho g} = f \frac{L}{D} \frac{u_{ave}^2}{2g} \tag{7-11}$$

此類壓力損失是來自於管壁之摩擦力，存在於所有管路中，稱為「主要損失」(major loss)。壓力頭損失 (高度) 可以解釋為「位能」，例如「假想」幫浦必須被提高多少公尺，才能彌補流體與牆壁間產生摩擦力之損失，其相對之幫浦功率為 (湊湊單位看看)：

$$\dot{W}_{pump,L} = Q\Delta p_L = \frac{\dot{m}\Delta p_L}{\rho} = Q\rho gh_L = \dot{m}gh_L \tag{7-12}$$

能量損失與伯努力方程式

利用能量守衡的觀念亦可瞭解管路流體之壓力降損失，若考慮能量損失於不可壓縮穩流中，在上游 (點 1) 與下游 (點 2) 間的能量方程式為

$$\frac{p_1}{\rho g} + \frac{u_1^2}{2g} + z_1 = \frac{p_2}{\rho g} + \frac{u_2^2}{2g} + z_2 + h_L \tag{7-13}$$

其中每一項均為高度 (m) 之單位。 h_L 代表流體從 1 流到 2 所損失之高度 (能量)，當流體達到完全成形區，速度不再改變時

$$(\frac{p_1}{\rho g} + z_1) - (\frac{p_2}{\rho g} + z_2) = h_L \tag{7-14}$$

黏性力在流體中造成能量之損失，h_L，(以高度 m 表示)，要提供進口區比出口區更多的壓力與位能(高度)，來彌補摩擦力的損失。

練習題三：

油體(比重 SG = 0.9，運動黏度 $\nu = 2.8 \times 10^{-4}$ m^2/s)流動，在直徑 8 cm 的圓管中流動，試計算流動每單位長度的水頭損失 h_L。

紊流之主要損失

不同於層流，當流體速度增加，流場變成紊流時，管壁之粗糙度增加就會加強流場之混亂度，增加摩擦力，故管路之無單位主要損失除了與雷諾數有關外，亦與相對粗糙度，ε/D，有關，紊流之摩擦因子也可表示為

$$f = \phi(\mathrm{Re}, \frac{\varepsilon}{D})$$

穆迪 (Moody) 收集上萬個實驗數據，將此摩擦因子與雷諾數之關係畫出，再經過許多人之實驗與改進，即為現今普遍使用之穆迪圖 (Moody chart)，示於圖 7.11[8]。 這是流體力學中最重要的圖表之一。(小時候讀過「百人鞋」文章，穆迪圖也可稱為「萬人圖」了)。

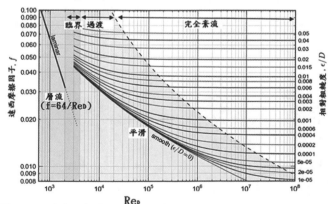

圖 7.11 穆迪圖表 (Moody Chart)

在等口徑管內之主要壓力降 (損失) 就可以用摩擦因子表示：

$$(p_1 - p_2) = \rho g(z_2 - z_1) + \rho g h_L = \rho g(z_2 - z_1) + f\frac{L}{D}\frac{\rho u_{ave}^2}{2} \quad (7\text{-}15)$$

在穆迪圖中的整個紊流範圍內，可應用下式求摩擦因子

$$\frac{1}{\sqrt{f}} = -2.0\log(\frac{\varepsilon/D}{3.7} + \frac{2.51}{\mathrm{Re}\sqrt{f}}) \quad\quad (7\text{-}16)$$

穆迪圖就是該方程式的圖形表示，且該式即為將管流壓力降的數據以曲線適配方法而得的，此式也稱為柯布克公式（*Colebrook formula*）。使用該公式的困難點在於該公式為 f 的隱函數，亦即在一些已知條件下（*Re* 和 ε/D），我們必須使用疊代方法 *(trial-and-error)* 才能獲得精確的 f 值。在不需運用疊代的方法下，可以近似於慕迪圖關係式的適當方程式，例如哈蘭方程式（*Haaland equation)*，方程式如下：

$$\frac{1}{\sqrt{f}} = -1.8\log\left[(\frac{\varepsilon/D}{3.7})^{1.11} + \frac{6.9}{\mathrm{Re}}\right] \quad\quad (7\text{-}17)$$

上述之公式均稱為「半經驗公式」。

例題：

水以速度 *0.1 m/s* 流經直徑 *0.2 m* 的水平塑膠圓管，請利用穆迪圖求出每公尺的壓降值。

解：

壓力降表示為

$$\Delta p = f\frac{L}{D}\frac{\rho V^2}{2}$$

先將流體之雷諾數求出

$$\text{Re} = \frac{\rho VD}{\mu} = \frac{(1000)(0.1)(0.2)}{1.1 \times 10^{-3}} = 1.8 \times 10^4, \quad \text{此為紊流}$$

假設為平滑管壁,則由穆迪圖,$f = 0.026$

$$\Delta p = f\frac{L}{D}\frac{\rho V^2}{2} = (0.026)(\frac{1}{0.2})[\frac{(1000)(0.1)^2}{2}] = 0.65\ Pa/m$$

延伸學習 : 或是使用 (7-23) 式

$$\frac{1}{\sqrt{f}} = -1.8\log\left[(\frac{\varepsilon/D}{3.7})^{1.11} + \frac{6.9}{\text{Re}}\right] = -1.8\log\left[0 + \frac{6.9}{1.8\times10^4}\right]$$

$$\therefore f = 0.025$$

例題 :

設計水力發電機,求下圖水力渦輪機之功率。

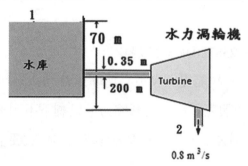

解 : 在 1,2 兩點間之能量守衡為

$$\frac{p_1}{\rho g} + \frac{V_1^2}{2g} + z_1 = \frac{p_2}{\rho g} + \frac{V_2^2}{2g} + z_2 + h_{turbine} + h_{L,major}$$

其中 1,2 點之速度均可假設為零,故渦輪機之壓力頭 (供給發電) 為

$$h_{turbine} = z_1 - h_{L,major}$$

管路之流速為

$$V = \frac{Q}{A} = \frac{0.8}{\pi(0.35)^2/4} = 8.32\ m/s$$

雷諾數為

$$\text{Re} = \frac{\rho VD}{\mu} = \frac{(1000)(8.32)(0.35)}{1 \times 10^{-3}} = 2.9 \times 10^6$$

故為紊流，假設管路為鑄鐵，粗糙度為 0.00026 m，

$$\frac{\varepsilon}{D} = \frac{0.00026}{0.35} = 0.00074$$

由穆迪圖可知，在此範圍內摩擦因子為 f = 0.018

故管內壓力頭損（主要損失）為

$$h_{L,major} = f\frac{L}{D}\frac{V^2}{2g} = (0.018)\frac{200}{0.35}\frac{(8.32)^2}{2(9.8)} = 37\, m$$

故水庫位能壓力頭能提供發電只剩下

$$h_{turbine} = z_1 - h_{L,major} = 70 - 37 = 33\, m$$

轉換為發電功率

$$\dot{W}_{turbine} = \dot{m}gh_{turbine} = \rho Qgh_{turbine}$$
$$= (1000)(0.8)(9.8)(33) = 258720\, W = 259\, kW$$

一般水力渦輪機之效率約為 80%，故能提供發電之功率只有約 206 kW，原來水庫可提供之壓力頭（高度），因為必須克服管路之摩擦力，只剩下不到一半，這還是高估了，因為還有其他的「次要損失」，而次要損失有時並非「次要」。

管路壓力降 ─ 次要損失

　　大部分管路系統是經由多個直管組成的，其他附加的元件（如閥 *(valve)*、彎管 *(bend)*、T 接頭 *(T-junction)*、管路變大、縮小等），使得系統的總壓力頭損失增加。這類的損失一般稱為「次要損失」（*minor losses*），以高度表示為 $h_{L,\,minor}$。

　　原則上，對所有可能產生損失之元件而言，亦可以用壓力損失表示，決定損失或壓力降最普遍的方法就是使用無因次的「損失係數」（*loss coefficient*，K_L），損失係數的定義為

$$K_L = \frac{h_{L,\min or}}{(u_{ave}^2 / 2g)} = \frac{\Delta p_{\min or}}{\frac{1}{2}\rho u_{ave}^2} \tag{7-18}$$

故若流經元件時損失係數 $K_L = 1$，則壓降 $\triangle p$ 等於流體的動能壓，$\rho u^2/2$。

　　管路增加之元件所產生之 (次要) 壓力損失，也可以用「相當之管路長度」 *(equivalent length)* 產生類似於 (主要) 管壁摩擦力損失表示之：

$$h_L = K_L \frac{u_{ave}^2}{2g} = f \frac{L_{equiv}}{D} \frac{u_{ave}^2}{2g}$$

$$\therefore L_{equiv} = \frac{D}{f} K_L \tag{7-19}$$

閥門1, 2點之壓降 ＝ 管路3, 4點之壓降

$\Delta P = P_1 - P_2 = P_3 - P_4$

一般之管路連接物之壓力降等效長度 (以直徑之倍數表示) 列於下表 [9]:

管路連接物	等效長度
45° elbow	15
90° elbow	25
Tee	60
Gate valve, open	6
Globe valve, open	300

一般常見之管路次要壓力損失之損失係數，K_L， 列於下表 [10]。

a. Elbows		
Regular 90°, flanged	0.3	
Regular 90°, threaded	1.5	
Long radius 90°, flanged	0.2	
Long radius 90°, threaded	0.7	
Long radius 45°, flanged	0.2	
Regular 45°, threaded	0.4	
b. 180° return bends		
180° return bend, flanged	0.2	
180° return bend, threaded	1.5	
c. Tees		
Line flow, flanged	0.2	
Line flow, threaded	0.9	
Branch flow, flanged	1.0	
Branch flow, threaded	2.0	
d. Union, threaded	0.08	
e. Valves		
Globe, fully open	10	
Angle, fully open	2	
Gate, fully open	0.15	
Gate, $\frac{1}{4}$ closed	0.26	
Gate, $\frac{1}{2}$ closed	2.1	
Gate, $\frac{3}{4}$ closed	17	
Swing check, forward flow	2	
Swing check, backward flow	∞	
Ball valve, fully open	0.05	
Ball valve, $\frac{1}{3}$ closed	5.5	
Ball valve, $\frac{2}{3}$ closed	210	

管路變大或縮小

許多管路系統包含多個不同的傳輸段，即管路直徑改變，此時，因流動面積的變化造成的損失，是無法以完全發展流的主要損失（摩擦因子）計算，而需使用類似於管路元件之次要損失表示。

流體可經各種不同的入口形狀從貯槽進入管路，如圖 7.12 所示，一個明顯減

少入口損失方法為將入口處修飾成圓弧狀， K_L 值就可明顯減少。

圖 7.12 貯槽進入管路之損失係數

（所以做人有菱有角，做事會順暢嗎？）管徑縮小所產生之損失，如圖 *7.13* 所表示。當上游之管路直徑遠大於下游管路時（$A_2 / A_1 = 0$）*(儲存槽連接管路)*， $K_L = 0.50$，漸漸變化成無面積變化的狀況（$A_2 / A_1 = 1$）， $K_L = 0$。 圖 *7.14* 則為管徑突增的損失係數，當下游管路直徑遠大於上游管路時 *(管路連接儲存槽)*，上游流體進入下游的動能，因與貯槽中的流體混合，而被黏滯效應消耗，使得流體完全趨於靜止。因此，其壓力損失等於一個動能頭，或 $K_L = 1$ 。

注意：無論管徑突增或突減，計算壓力損失之動能頭 *($\rho V^2/2$)* 時，均用小管徑之速度。

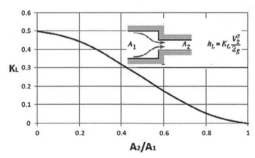

圖 7.13 突縮管的損失係數

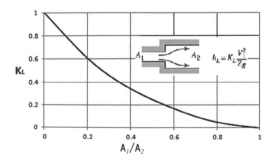

圖 7.14 突增管的損失係數

利用動量與能量守衡，突增管損失係數亦可證明為

$$K_L = \left(1 - \left[\frac{A_1}{A_2}\right]\right)^2$$

管路所有壓力損失

管路中若有各種管壁之摩擦力造成之主要壓力損失，以及各種附加元件與管路大小突增突減之次要損失時，其所有之壓力損失就是各種損失之和，例如以壓力頭（高度）表示：

$$h_{L,total} = h_{L,major} + h_{L,\min or}$$

$$= \sum_i f_i \frac{L_i}{D_i} \frac{V_i^2}{2g} + \sum_j K_{L,j} \frac{V_j^2}{2g} \qquad (7\text{-}20)$$

例題：

水穩定以流率 $5.6 \times 10^{-4}\ m^3/s$ 流經直徑 $2\ cm$ 水平之鍍鋅 U 形彎曲鐵管系統，並連接一垂直 T 管往上垂直噴出，如下圖所示，計算系統之壓力降。

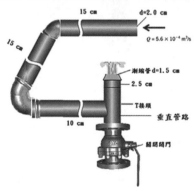

解：

主要損失：

$$h_{L,major} = f \frac{L}{D} \frac{V^2}{2g}, \quad L = 0.15 + 0.15 + 0.1 + 0.025 = 0.425\ m$$

$$V = \frac{Q}{A} = \frac{5.6 \times 10^{-4}}{\frac{1}{4}\pi(0.02)^2} = 1.78\ m/s$$

$$Re = \frac{\rho V D}{\mu} = \frac{(1000)(1.78)(0.02)}{1.12 \times 10^{-3}} = 3.2 \times 10^4$$

故流體為紊流，鍍鋅鐵管之粗糙度比值為

$$\frac{\varepsilon}{D} = \frac{1.5 \times 10^{-4}}{0.02} = 7.5 \times 10^{-3}$$

由穆迪圖，$f = 0.038$

$$h_{L,major} = f \frac{L}{D} \frac{V^2}{2g} = 0.038 \frac{0.425}{0.02} \frac{(1.78)^2}{2(9.8)} = 0.13 \, m$$

次要損失：

管徑突減：

$$\frac{A_2}{A_1} = (\frac{1.5}{2})^2 = 0.56, \quad K_L = 0.2$$

$$h_{L,minor} = \sum K_L \frac{V^2}{2g} = [2(1.5) + 2 + 0.2] \frac{V^2}{2g} = 0.84 \, m$$

$$h_{L,total} = h_{L,major} + h_{L,minor} = 0.13 + 0.84 = 0.97 \, m$$

小叮嚀：

$\dfrac{h_{L,minor}}{h_{L,major}} = \dfrac{0.84}{0.13} = 6.5$，故次要損失是主要損失之 6.5 倍！在此例中「**次要**」比「**主要**」還重要。

腦內實驗：抽水馬桶須提供多少壓力頭才能將排泄物沖入排水管？

(看看水箱比馬桶高多少)

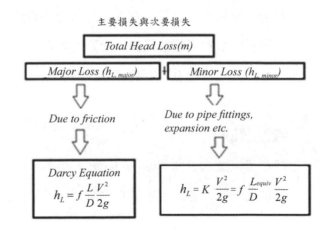

主要損失與次要損失

7.7

非圓形管路

輸送流體管路的截面很多並非都是圓形，英文統稱此類管路為 *duct*，其中流體流動狀況會受截面形狀影響。然而，許多圓管的結果亦可應用在其他形狀的管路，只須將其稍加修正。

應用「水力直徑」，可以得到實用而且容易應用的結果。水力直徑（$D_h = 4A/P$）也被用來定義壓力損失：

$$\Delta p = f\,\frac{L}{D_h}\,\frac{\rho V^2}{2}$$

雷諾數：$\mathrm{Re} = \dfrac{\rho V D_h}{\mu}$ 與相對粗糙度：$\dfrac{\varepsilon}{D_h}$

完全發展紊流的計算，在非圓形截面的管路內，通常需使用穆迪圖的數據，而其直徑則須以水力直徑來代替。對紊流而言，此類計算的準確性通常在 *15%* 之內。*(* 請用水力直徑計算前述兩平板間帕遂流場之達西摩擦因子，並比較差異 *)*。

練習題四：

45℃ 空氣進入截面 *1 m × 0.03 m*
收集太陽能之管路，求其壓力降

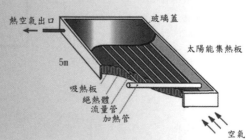

練習題解答

練習題一

解：

此處使用無窮小（薄）之控制容積（單位深度）表面力之平衡：

$$(p \times dy \times 1)_x - (p \times dy \times 1)_{x+L} + (\tau \times L \times 1)_y - (\tau \times L \times 1)_{y+dy} = 0$$

$$\tau_{y+dy} = \tau_y + \frac{d\tau}{dy} dy$$

$$\left(\frac{p_x - p_{x+L}}{L}\right) dy = \frac{d\tau}{dy} dy, \quad \tau = -\mu \frac{du}{dy} \qquad （為何負值？）$$

$$\frac{d^2u}{dy^2} = -\frac{1}{\mu}\left(\frac{\Delta p}{L}\right)$$

積分一次：

$$\frac{du}{dy} = -\frac{1}{\mu}\left(\frac{\Delta p}{L}\right)y + C_1$$

因為速度對中心 $(y = 0)$ 對稱，故 $C_1 = 0$，再微分一次

$$u(y) = -\frac{1}{2\mu}\left(\frac{\Delta p}{L}\right)y^2 + C_2$$

非滑動條件 $u(h) = 0$，故

$$C_1 = \frac{1}{2\mu}\left(\frac{\Delta p}{L}\right)h^2$$

$$u(y) = \frac{1}{2\mu}\left(\frac{\Delta p}{L}\right)(h^2 - y^2)$$

將壓力降改成壓力梯度，$\dfrac{\Delta p}{L} = -\dfrac{dp}{dx}$

$$\therefore u(y) = \frac{1}{2\mu}\left[-\frac{dp}{dx}\right](h^2 - y^2) = \frac{1}{2\mu}\left[-\frac{dp}{dx}\right]h^2\left(1 - \frac{y^2}{h^2}\right)$$

$$= u_{max}\left(1 - \frac{y^2}{h^2}\right)$$

$$u_{max} = \frac{1}{2\mu}[-\frac{dp}{dx}]h^2$$

$$\bar{u} = \frac{2\int_0^h u(y)dy \times 1}{2 \times h \times 1} == \frac{2}{3}u_{max}$$

(讀者是否亦可用厚度為 2y 之非無窮薄之有限控制容積，分析力之平衡並得到更簡單且相同結果 (習題 1.7) ？ 活用控制容積 (自由體) 的力之平衡，可解出一些複雜之工程問題，讀者務必熟習之)

延伸學習： 求出此兩平板間每單位深度流體之牆壁剪應力，摩擦力，壓力降，幫浦力，幫浦功率。

練習題二

解： 垂直之圓管進口 $z_1 = 0$，出口 $z_2 = L$

假設流體是層流

$$u_{ave} = \frac{1}{2}u_{max} = \frac{1}{2}(1) = 0.5\ m/s$$
$$Re = \frac{\rho u_{ave}D}{\mu} = \frac{(1260)(0.5)(0.0075)}{1.5} = 32 < 2000$$

故層流假設正確。若管路與水平面傾斜角度 θ，則所產生之壓力降將改變如下式所示，當流體向上流時 θ 為正值，故推斷流體之力量下降，速度減少，反之流體向下流時 θ 為負值，速度增加。管路平均速度與壓力降關係

$$u_{ave} = \frac{(\Delta p - \rho gL\sin\theta)D^2}{32\mu L}, \theta = 90^o$$

$$\Delta p = \frac{32\mu Lu_{ave}}{D^2} + \rho gL$$

$$= \frac{(32)(1.5)(10)(0.5)}{(0.0075)^2} + (1260)(9.8)(10) = 1.66 \times 10^5\ Pa$$

或表示為壓力頭損：

$$\left(\frac{p}{\rho g} + z + \frac{u^2}{2g}\right)_1 = \left(\frac{p}{\rho g} + z + \frac{u^2}{2g}\right)_2 + h_L, u_1 = u_2, z_2 - z_1 = L$$

$$p_1 = p_2 + \Delta p$$

$$\therefore h_L = \frac{\Delta p}{\rho g} - L = \frac{1.66 \times 10^6}{(1260)(9.8)} - 10 = 3.43$$

所以在進口出 (管路底部) 須提供之幫浦力，主要是克服垂直管路內流體之重力。

練習題三

解：

流體平均速度為

$$V = \frac{Q}{A} = \frac{2.8 \times 10^{-4}}{\pi(0.08)^2/4} = 0.056 \, m/s$$

雷諾數

$$\mathrm{Re} = \frac{\rho VD}{\mu} = \frac{VD}{v} = \frac{(0.056)(0.08)}{6.5 \times 10^{-4}} = 6.9 \quad \text{，故為層流}$$

$$f = \frac{64}{\mathrm{Re}} = \frac{64}{7} = 9.3$$

$$h_L = f\frac{L}{D}\frac{V^2}{2g} = (9.3)\left(\frac{1}{0.08}\right)\left[\frac{(0.056)^2}{2(9.8)}\right] = 0.019 \, m/m$$

練習題四：

解： *at 45℃*

$$\rho = \frac{p}{RT} = \frac{101000}{\dfrac{8.314}{0.0029}318} = 0.11 \, kg/m^3$$

$$\dot{m} = \rho Q = 0.11(0.15) = 0.1665 \, kg/s$$

$$D_h = \frac{4A_w}{P_w} = \frac{4(0.03)(1)}{2(1+0.03)} = 0.05825 \ m$$

$$V = \frac{Q}{A} = \frac{0.15}{(0.03)(1)} = 5 \ m/s$$

$$\text{Re} = \frac{\rho V D_h}{\mu} = \frac{(0.11)(5)(0.05825)}{1.93 \times 10^{-6}} = 1.66 \times 10^4$$

此為紊流，使用下式，假設管路壁面平滑

$$\frac{1}{\sqrt{f}} = -2.0 \log(\frac{\varepsilon/D}{3.7} + \frac{2.51}{\text{Re}\sqrt{f}})$$

因為此為隱函數方程式，讀這可嘗試使用 *trial-and-error* 方法

$f = 0.017$

故壓力降為

$$\Delta p = f\frac{L}{D_h}\frac{\rho V^2}{2} = (0.027)\frac{5}{0.05825}\frac{(0.11)(5)^2}{2} = 32.3 \ Pa$$

習題：

1. 求出半圓管路裝滿水之水力直徑。

   Ans： $D_h = 2\pi R^2 /(\pi R + D)$

2. 甘油在 *40*℃ 流入下圖管路，其進出口壓力分別為 *827 kPa* 及 *101 kPa*，求 *(a)* 水平， *(b)+15°*， *(c)-15°*，時管路之流率。

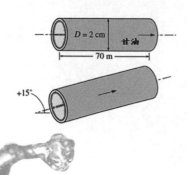

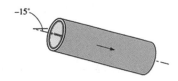

Ans： *(a) 4.87 kW (b) 5.12 kW (c) 4.60 kW*

3. 空氣於 *1 atm，* 室溫下注入下圖商用鋼板之管路中 *(ε = 4.5 × 10⁻⁵ m)*，求出 *(a)* 管路之水力直徑，*(b)* 流體之雷諾數，*(c)* 達西摩擦係數，*(d)* 管路壓力降，*(e)* 風扇須提供多少功率以克服壓力損失？

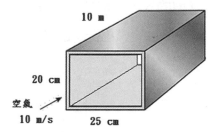

Ans： *(a) $D_h = 0.22m$*

(b) Re = 315790

(c) 使用 *Moody chart，f = 0.02*

(d) $\Delta P = 54.5\,Pa$

(e) $\dot{W}_{pump} = 27.3\,W$

4. 由儲水槽流出之流率因出口為突縮管而會降低流量，若使用無摩擦力之漸縮管，則流出同樣之流量之漸縮管管路直徑與突縮管直徑之關係為何？

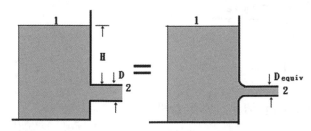

Ans：

$D_{equiv} = 0.904D$

故使用突縮管之流量會下降 ~ *18 %*。

5. 水槽高度在湖面上 *4 m*，連接之管路直徑 *15 cm*， 長度 *40 m*，其中有三個 *90* 度漸彎管，方向為垂直於湖面。 將湖水以 *0.06 m³/s* 流量打入蓄水槽之幫浦需多少電力？

   Ans： $\dot{W}_{pump} = 6800 \, W$

6. 如下圖所示，水流透過一根短圓管由一貯槽流入另一貯槽中，已知短圓管的長度為其直徑的 *N* 倍，而水頭損失發生在圓管內的入、出口端。假設主要損失不超過其次要損失的 *10%*，而且摩擦因子為 *f = 0.02*，求出此時的最大 *N* 值。

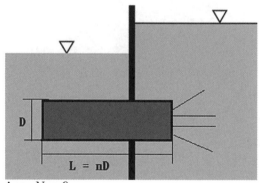

Ans： *N = 9*

7. 求下圖水流過一漸縮管因摩擦力而損失之壓力頭。假設 *f = 0.02*。

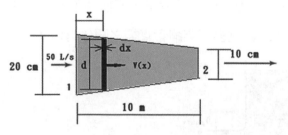

Hint： 在 *x* 處直徑 *d* 之微小管路面積上之摩擦力壓力頭為

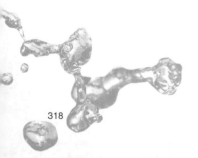

$$dh = f\frac{V^2}{2gd}dx = \frac{fQ^2}{2g(\frac{\pi}{4})^2 d^5}dx$$ ，d 與 x 之關係為何？

Ans：　　　$h = 0.968\,m$

8. 一水平之管路直徑 D_1 連接一突增管直徑 D_2，求兩端壓力差最大時之直徑比值，以及此比值下之損失與壓力差。

Ans：

$$D_2 = \sqrt{2}D_1$$

Head loss:

$$h_L = \frac{1}{4}\frac{V_1^2}{2g}$$

壓力差

$$\frac{\Delta p}{\rho g} = \frac{1}{2}\frac{V_1^2}{2g}$$

9. 兩水庫水面高度差 *10 m*，由兩條管路串聯連接，管 *A* 直徑 *10 cm*，長度 *20 m*，*f = 0.02*，管 *B* 直徑 *16 cm*，長度 *25 m*，*f = 0.18*，兩管連接處為突增管連接，*(a)* 求流量，*(b)* 若需流量 *15 L/s*，水庫高度差應為多少？

Ans：

$$Q = 0.04712\,m^3/s = 47.12\,L/s$$
$$h_r = 1.103\,m$$

10. 流體於室溫下流入直徑 *25 cm*，長 *450 m* 之鋼管，其粗糙度為 *3.2 mm*，其總損失為 *7.3 m*，求其流量。

Ans：

$$Q = VA = 6.8 \times 10^{-2}\,m^3/s$$

由雷諾數並可測試假設為紊流之正確性。

11. 水流過下圖突縮管，計算

a. 質流率

b. p_2

c. 流體對於此管路施予之力

d. 外界對此管路之固定力

$A_1 = 0.002\ m^2$

$A_2 = 0.001\ m^2$

1

2

$\rightarrow u_1$

$\rightarrow u_2 = 8\ m/s$

p_1

$p_2 = 200\ kPa$

Ans:

a. $\quad\quad \dot{m} = \rho Au = 1000(0.001)(8) = 8\ kg/s$

b. $\quad\quad p_1 = 227200\ Pa = 227.2\ kPa$

c. 向右 $\quad R = 436.4\ N$

d. 向左 $\quad F = 335.1\ N$

12. 水流入一個等邊三角形截面之管路，截面積 $0.12\ m^2$，所有管路損失為每 $100\ m$ 損失頭為 $2\ m$，$\varepsilon = 0.0018\ m$，求其流量。

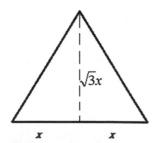

$\sqrt{3}x$

x $\quad$ x

Ans:

$$Q = uA = 1.98(0.12) = 0.238\ m^3/s$$

13. 畫出兩平板間之紊流 *Couette flow* 之速度分佈。

參考資料

[1]. *Mechanical Engineering Sedikit hal terkait dengan mesin dan mekanika*，*https://mechanicals.wordpress.com/2014/03/23/macam-macam-aliran-fluida/*

[2]. *Viscous Flow in Pipes*，*http://s6.aeromech.usyd.edu.au/aero/fluidmechanics9.php*

[3]. *https://en.wikipedia.org/wiki/Osborne_Reynolds*

[4]. *Airplane vortex*，*https://en.wikipedia.org/wiki/File:Airplane_vortex_edit.jpg*

[5]. *Van Gogh – Starry Night*，*https://en.wikipedia.org/wiki/File:Van_Gogh_-_Starry_Night_-_Google_Art_Project.jpg*

[6]. *https://www.spacetelescope.org/images/archive/top100/*

[7]. *Turbulent Velocity Profile*，*http://www.nuclear-power.net/nuclear-engineering/fluid-dynamics/turbulent-flow/power-law-velocity-profile-turbulent-flow/*

[8]. *FLUID MECHANICS – THEORY*，*http://www.ecourses.ou.edu/cgi-bin/ebook.cgi？topic=fl&chap_sec=08.3&page=theory*

[9]. *Matching Lube Oil Systems to Machinery Requirements*，*http://www.machinerylubrication.com/Read/687/lube-oil-systems*

[10].*HEAD LOSS COEFFICIENTS*，*https://vanoengineering.wordpress.com/2012/12/30/head-loss-coefficients/*

高屏大橋橋墩為何會倒塌？

卡車行駛時為何要把斗篷升起？

野雁飛行為何呈「人」字形？

自行車比賽選手為何呈「I」字形？

休旅車如何省油？郵輪呢？

魚雷如何更快更安靜？

高爾夫球為何要打凹洞？

足球乒乓球為何平滑？

籃球為何要用凸出顆粒？

「吃藥」、「交女朋友」是「線性」還是「非線性」？

流體力學、熱對流、以及化工的質傳，在邊界層內
　　都是類似相通的！

8

外部流體

EXTERNAL FLOWS

第八章
外部流體 (*External flows*)

當古典樂遇上搖滾歌曲： 本章介紹古典流體動力學中美麗的樂章 – 非黏滯流體之「流線函數」與非旋轉流體之「速度勢」，雖然它們並不是流體真正的物理量，但其完美的數學使流場更容易分析，然而其缺點就是缺乏黏滯力與紊流等因素而與實驗無法吻合；所幸偉大的普朗多建立起近代流體力學之里程碑 – 邊界層理論與紊流之發展，完美地結合古典與近代流體力學，奠定現今航太科技之基礎。

8.1

流線函數 (*stream function*)
與速度勢 (*potential flow*)

二維流線 (A happy dude who "goes with the flow")

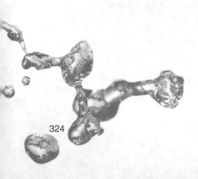

流線函數

流線是流體真實的流動路線，從「兩度空間」(三度不行噢) 的連續方程式 ($\partial u/\partial x + \partial v/\partial y=0$) 關係中，「一定」可以找出描述此流場速度的一個純量場，定義為 $\partial\Psi/\partial y \equiv u, \partial\Psi/\partial x \equiv -v$ (帶進上式看看)，此方程式就是流線函數 Ψ，Ψ 唸做 [psai]，此函數可由 $\Psi = \int u dy$ 或 $\Psi = -\int v dx$ 積分而得。(附錄 VIII.1) (此純量場與流線關係為何?)

問題：「流線」存在於三度空間，但為何只有二維流體有「流線函數」？

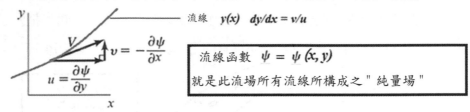

使用流線函數有兩個優點：

1. 流場之二未知數 $u(x, y)$ 及 $v(x, y)$ 減少為只有一個未知數 $\Psi(x, y)$。

2. 在任何流線上其流線函數之值等於一個常數 (就像溫度場中其值等於一個「常數」之各點連接起來就是「等溫線」)，如下圖所示

$$\Psi(x, y)=C \qquad \text{(on a streamline)} \tag{8-3}$$

例如第四章例題流線函數 $\Psi(x, y)=xy$ 代表平面上所有雙曲線之集合所構成的純量場。將此純量場 (流線函數) 中數值為一常數的各點連起來就是一條流線，如下圖流體通過機翼及圓柱時之流場，在任何一條流線上流線函數一個是定值。

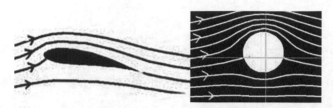

在實用上,流線函數之值並不太重要,流線函數之間函數值的「差異」才重要。因流體無法穿透流線,故流線對流體而言就像是「銅牆鐵壁」一般,任兩條流線就構成一個(兩度空間之)管路,且此兩條流線間之流體之體積流量就是一個常數(質量守恆),如下圖所示,在兩流線(流線函數分別為 $\Psi + d\Psi$ 及 Ψ)之間,流經 AC 曲線及流經 ABC 線之流量相等,就如同漁夫在河裡捕魚,可以把網子放在 AC 曲線上,也可以放在 AB 及 BC 兩條垂直線上,其所捕獲之漁量都相等。

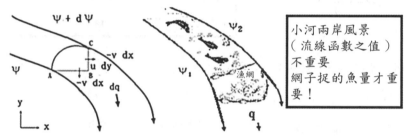

故任兩流線其流線函數為 Ψ_1 及 Ψ_2,其間流過之流量為

$$q = \psi_2 - \psi_1 \qquad\qquad (8\text{-}5)$$

位於上面之流線 Ψ_2 若大於下面之流線 Ψ_1,則定義 $q > 0$(流動向右);反之,則 $q < 0$(流動向左),如下圖所示。

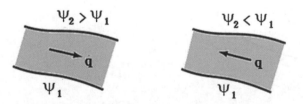

練習題一:

$\vec{V} = Ax\vec{i} - Ay\vec{j}, \quad A = 1.0\ s^{-1}$,畫出流線函數。

※ 非黏滯、非旋轉流場

動量方程式中之黏滯力項造成此方程式非常複雜難解，當流場為非黏滯且為下述「非旋轉」時，有兩項重要結果（何種情況下，可假設為非黏滯流體？）：

1. 伯努力方程式可應用於任何位置而不必跼限於同一流線上。*(附錄 VIII.4)*

2. 此流場稱為「勢流」*(potential flow)* 可以用一個類似流線函數 *(下述之速度勢 velocity potential)* 的純量場表示之，而代替三個速度分量。

  故在非旋轉流場中，「任意兩點」間可以應用伯努力方程式如下：

$$\frac{p_1}{\rho} + \frac{V_1^2}{2} + gz_1 = \frac{p_2}{\rho} + \frac{V_2^2}{2} + gz_2 \qquad (8\text{-}8)$$

※ 速度勢

非旋轉流場 *(勢流)* 中，例如在 z 方向之渦漩度為零：$\partial u/\partial y - \partial v/\partial x = 0$，則一定存在一個函數 φ，（唸做 *[fai]*）稱為「速度勢」*(velocity potential)*，其定義為 $\partial \varphi/\partial x \equiv u, \partial \varphi/\partial y \equiv v$（帶進上式看看），引申到三度空間，所以速度就是此速度勢之「梯度」:*(附錄 VIII.5)*

$$\vec{V} = u\vec{i} + v\vec{j} + w\vec{k} = (\frac{\partial}{\partial x}\vec{i} + \frac{\partial}{\partial y}\vec{j} + \frac{\partial}{\partial z}\vec{k})\phi = \vec{\nabla}\phi \qquad (8\text{-}10)$$

故在非旋轉流場中，速度可表示為一純量 φ 之「梯度」，這代表 ϕ 函數上任何點之速度必定垂直於 ϕ，所以流線函數 Ψ 與速度勢 ϕ 有何幾何關係？垂直！與流線函數的優點類似，速度勢將三個未知函數 u, v, w 化簡為一個函數。

速度勢與流線函數有兩點不同：

1. 速度勢是由非旋轉性質得來，而流線函數是由連續方程式（質量守恆）得來。

2. 速度勢可適用於三度空間流場，而流線函數只能適用於兩度空間流場。

因為速度勢只存在於非旋轉流場，故滿足下列拉普拉氏方程式:（附錄

VIII.6)：

$$\frac{\partial^2 \phi}{\partial x^2} + \frac{\partial^2 \phi}{\partial y^2} + \frac{\partial^2 \phi}{\partial z^2} = 0$$

(8-12)

在 (2D) 非旋轉流場中，流線函數也必定滿足拉普拉氏方程式：

$$\frac{\partial u}{\partial y} - \frac{\partial v}{\partial x} = 0 \quad \frac{\partial\{\partial\Psi/\partial y\}}{\partial y} - \frac{\partial\{-(\partial\Psi/\partial x)\}}{\partial x} = 0, \ 故$$

(8-13)

或在兩度空間之圓柱座標 (即極座標) 可寫為

$$\frac{\partial}{\partial r}(r\frac{\partial \psi}{\partial r}) + \frac{1}{r}\frac{\partial^2 \psi}{\partial \theta^2} = 0$$

或

$$\frac{\partial \psi}{\partial r} + r\frac{\partial^2 \psi}{\partial r^2} + \frac{1}{r}\frac{\partial^2 \psi}{\partial \theta^2} = 0$$

例題 : 一個 *2D* 流場，*u = 2y, v = 4x,* 求其流線函數。

解 : $\Psi = \int u\,dy = \int 2y\,dy = y^2 + f(x)$, (x is a constant)

$= -\int v\,dx = -\int 4x\,dx = -2x^2 + g(y)$, (y is a constant)

∴ $\Psi (x, y) = -2x^2 + y^2$

請問此流場是否為非旋轉流場？是否滿足拉普拉氏方程式？ *(No. No.)*

小叮嚀： 速度勢只存在於非旋轉流場，但流線函數一定存在於 2D 之流場 (旋轉或非旋轉)，因為再複雜的流場都有其物理的流線也都必須滿足連續方程式，但是旋轉流場之流線函數不是拉普拉氏方程式的解！

在兩度平面上，任一條流線，與任一條速度勢曲線，互有垂直關係，此可由下解釋之：

在任一條流線上，

$$(\frac{dy}{dx})_{along\,\psi=const} = \frac{v}{u}$$

同理，在任一條速度勢曲線上，由一點 *(x, y)* 移動至另一點 *(x+dx, y+dy)*，其速度勢改變量 $d\phi$ 為零，

$$d\phi = \frac{\partial\phi}{\partial x}dx + \frac{\partial\phi}{\partial y}dy = udx + vdy = 0$$

故

$$\left(\frac{dy}{dx}\right)_{along\,\phi=const} = -\frac{u}{v}$$

這代表流線之斜率與其對應速度勢曲線之斜率，相乘等於 "*-1*"，故此二組曲線互相垂直，所以若知道流線曲線就可畫出速度勢曲線 (假如是非旋轉流場)，讀者請試試看。

同樣在圓柱座標 *(r, θ, z)* 中，速度與速度勢之關係可表示為

$$r^2 = x^2 + y^2, \quad \theta = \tan^{-1}(y/x)$$

$$\vec{V} = \vec{\nabla}\phi = \frac{\partial\phi}{\partial r}\overline{e_r} + \frac{1}{r}\frac{\partial\phi}{\partial\theta}\overline{e_\theta} + \frac{\partial\phi}{\partial z}\overline{e_z} = v_r\overline{e_r} + v_\theta\overline{e_\theta} + v_z\overline{e_z}$$

$$v_r = \frac{\partial\phi}{\partial r}, \quad v_\theta = \frac{1}{r}\frac{\partial\phi}{\partial\theta}, \quad v_z = \frac{\partial\phi}{\partial z} \tag{8-14}$$

而圓柱座標的拉普拉氏方程式為

$$\nabla^2\phi = \frac{1}{r}\frac{\partial}{\partial r}(r\frac{\partial\phi}{\partial r}) + \frac{1}{r^2}\frac{\partial^2\phi}{\partial\theta^2} + \frac{\partial^2\phi}{\partial z^2} = 0 \tag{8-15}$$

速度勢與流線函數特性列於下表 :(下表中 Ψ 不是純量函數嗎？怎麼可以當成向量求外積？假如把流線函數當作向量 : $\vec{\Psi} = \Psi_z\vec{k}$，就可以用較簡單的向量運算表示，有興趣之讀者可深入研究)

	速度勢	流線函數
定義	$\vec{V} = \nabla\phi$	$\vec{V} = \nabla \times \vec{\psi}$
連續方程式(conuity) $(\nabla\cdot\vec{V}=0)$	$\nabla^2\phi = 0$	自動符合
非旋轉流體 $(\nabla\times\vec{V}=0)$	自動符合	$\nabla\times(\nabla\times\vec{\psi})=\nabla(\nabla\cdot\vec{\psi})-\nabla^2\vec{\psi}=0$
In 2D: $w = 0, \frac{\partial}{\partial z} = 0$		
	$\nabla^2\phi = 0$ for continuity	$\psi = \psi_z$, $\nabla^2\psi = 0$ for irrotationality
直角坐標 Cartesian (x, y)	$u = \frac{\partial\phi}{\partial x}$ $v = \frac{\partial\phi}{\partial y}$	$u = \frac{\partial\psi}{\partial y}$ $v = -\frac{\partial\psi}{\partial x}$
極座標 Polar (r, θ)	$u = \frac{\partial\phi}{\partial r}$ $v = \frac{1}{r}\frac{\partial\phi}{\partial\theta}$	$u = \frac{1}{r}\frac{\partial\psi}{\partial\theta}$ $v = -\frac{\partial\psi}{\partial r}$

流線函數與速度勢之應用

流線函數與速度勢有諸多類似之處，其中之一就是在非旋轉流場中這兩種函數，均為拉普拉氏運算子之解，亦即：

$$\frac{\partial^2 \psi}{\partial x^2} + \frac{\partial^2 \psi}{\partial y^2} = 0, \quad \nabla^2 \Psi = 0$$

$$\frac{\partial^2 \phi}{\partial x^2} + \frac{\partial^2 \phi}{\partial y^2} + \frac{\partial^2 \phi}{\partial z^2} = 0, \quad \nabla^2 \phi = 0$$

小叮嚀：速度勢可以存在於三度空間

線性與非線性如何應用於流體力學？

假設「吃藥」是一種「運算」，當頭痛又胃脹時，下圖有兩種吃法（來自老婆吃藥的靈感）：

兩種藥分開 *30* 分鐘再吃（兩個互不干擾之獨立運算），結果病都好了（兩個獨立結果）；假如兩種藥一起吃（兩種藥「組合後」再「運算」），會有前述兩個結果（頭痛好了、胃脹好了）之組合嗎？

 運算結果：

所以，有些事情一起做（兩個函數加起來之和做運算求結果，例如兩種藥一起吃等結果），與分別做（個別函數運算結果相加，例如兩種藥間隔一段時間再吃等結果），若兩種結果相等（病好了）就是「線性」*(linear)*，不相等（病沒好，一起吃沒效）就是「非線性」*(non-linear)*。（所以「吃藥」是「線性運算子」嗎？）

線性之定義為 *O{af + bg} = aO{f}+ bO{g} = aF + bG* 其中 *O* 代表運算，*a*、*b* 為任意常數，*f*、*g* 代表函數，*F*、*G* 代表運算結果。

小測驗：下列運算子那些是線性？

$(\ )^2, \sqrt{(\ )}, \sin(\ ), e^{(\ )}, \ln(\ ), \tan(\ ),$ *take medicine,* 交女朋友，

$\frac{d}{dx}(\ ), \int(\ ), L\{(\ )\}, F\{(\ )\}, \nabla(\ ), \nabla \bullet (\ ), \nabla^2(\ ),...$

第一行都不是（中藥與西藥不可一起吃。同時交兩個女朋友，情人節也許會收到兩份禮物去兩次摩鐵，但是會有雙倍的快樂嗎），第二行都是。

拉普拉氏運算子是一個「線性運算子」，例如流線函數之組合

$$\frac{\partial^2(\Psi_1+\Psi_2)}{\partial x^2} + \frac{\partial^2(\Psi_1+\Psi_2)}{\partial y^2} = \left(\frac{\partial^2\Psi_1}{\partial x^2} + \frac{\partial^2\Psi_1}{\partial y^2}\right) + \left(\frac{\partial^2\Psi_2}{\partial x^2} + \frac{\partial^2\Psi_2}{\partial y^2}\right) = 0 + 0 = 0 \qquad (8\text{-}16)$$

同理速度勢之組合：

$$\frac{\partial^2(\phi_1+\phi_2+\phi_3)}{\partial x^2} + \frac{\partial^2(\phi_1+\phi_2+\phi_3)}{\partial y^2} + \frac{\partial^2(\phi_1+\phi_2+\phi_3)}{\partial z^2} = 0 + 0 + 0 = 0 \qquad (8\text{-}17)$$

此線性關係很有用，例如 Ψ_1、Ψ_2 為某二特定流場所對應之兩個流線函數，則其線性組合得到之新的流線函數 $\Psi = \Psi_1 + \Psi_2$，就代表一個真實存在流場的流線函數，將此新流線函數中數值為常數的各點連起來就是真實的流線，而且就是當初兩個流場加在一起變成一個新流場的流線。

Laplace 方程式被譽為人類智慧之最美麗簡潔方程式，只用了五個數學符號，∇、*2*、Ψ、=、*0*，就可以應用於流體力學、熱傳學、核子工程、電磁學到天體物理及大自然，都可用此方程式完美的詮釋，難怪「法國之牛頓」聲稱他的研究中不需要上帝存在之假設，此段話震驚了拿破崙與宗教界。本書將以三種基本流場之線性組合為例說明其應用。

(**腦筋急轉彎**：誰是「英國的 *Laplace*」？*)*

拉普拉斯 / 拉格蘭吉 / 拿破崙

流體與人類世界中充滿了線性關係，使得分析簡單又得到完美的結果，就像東西方之諺語：「種瓜得瓜種豆得豆 (種瓜豆得瓜豆 *LOL!*)」、" *As a man sows (two seeds), so shall he reap (two fruit)*"，例如下述不同流場之結合的例子；但亦充滿了非線性關係，例如 *N-S* 方程式、紊流、「搏二兔不得一兔」、" *two-time*" 等，產生了混亂，但也造成了出乎意料之驚奇。

等速流體 (*uniform flow*)

等速流體之流線均為平直且平行，同時速度的大小均為定值的流動。圖 *8.1(a)* [1] 所示為 $u = U$，$v = 0$ 之等速流體，由連續方程式可知

$$u = \frac{\partial \psi}{\partial y}, \quad v = -\frac{\partial \psi}{\partial x}$$

故流線函數就是將速度積分為

$$\psi = Uy \qquad\qquad (8\text{-}18)$$

同樣地，速度勢表示則為

$$u = \frac{\partial \phi}{\partial x}, \quad v = \frac{\partial \phi}{\partial y}$$

故速度勢可積分為

$$\phi = Ux \qquad\qquad (8\text{-}19)$$

同理，方向與 x 軸成 α 角度之等速流體之流線函數與速度勢，如圖 *8.1(b)*，分別為：

$$\psi = U(y\cos\alpha - x\sin\alpha) \qquad\qquad (8\text{-}20)$$

$$\phi = U(x\cos\alpha + y\sin\alpha) \qquad\qquad (8\text{-}21)$$

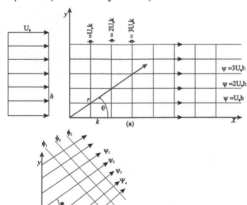

圖 8.1　等速流體之流線函數與速度勢

※ 源流 (*source*) 與陷流 (*sink*)

當我們打開廚房水龍頭時,水柱噴到洗碗槽時就會形成一個近似兩度空間向各方發射之流體,稱為「源流」,速度方向相反則為「陷流」,如下圖所示。

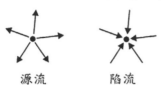

源流   陷流

源流(洗碗槽拍攝)   陷流(旅遊資料翻照)

垂直於平面且通過原點,呈軸射狀朝外的源流,可使用兩度空間之極座標,

$$\vec{V}(r,\theta) = v_r \vec{r_r} + v_\theta \vec{e_\theta}$$

假設每單位深度所釋出的體積流率為 $m \ (m^3/s \cdot m)$,此流場必須滿足質量守恆,故

$$m = (2\pi r \times 1)v_r, \quad v_r = \frac{m}{2\pi r}$$

(離發射源任何位置 r 放置一圓網,所有捕獲之流體體積均相等,但流速隨 r 而遞減),但是源流與陷流接近中心時,在真實世界並不存在。

對應之流線函數為

$$\frac{1}{r}\frac{\partial \psi}{\partial \theta} = v_r, \quad \psi = \int_{r=const} rv_r d\theta = \int_{r=const} \frac{m}{2\pi}d\theta = \frac{m}{2\pi}\theta$$

$$\psi = \frac{m}{2\pi}\theta \tag{8-22}$$

同樣地，對應之速度勢為

$$\frac{\partial \phi}{\partial r} = \frac{m}{2\pi r}, \quad \frac{1}{r}\frac{\partial \phi}{d\theta} = 0$$

積分可得：

$$\phi = \frac{m}{2\pi}\ln r$$

(8-23)

源流之流線函數與速度勢示於圖 8.2，且互相垂直 [2]。至於陷流，只要把 m 改成負值，v_r 方向改向圓心，就是相對應之流線函數與速度勢。

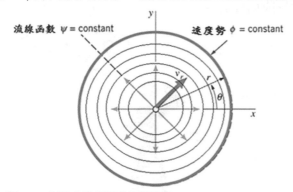

流線函數 ψ = constant   速度勢 φ = constant

圖 8.2　源流之流線函數與速度勢

不同流線函數 (或速度勢) 做「線性組合」，所得到的流線函數 (或速度勢)，就代表一個一定存在之流場，就像貝多芬的協奏曲，保留了鋼琴與小提琴的原味，但譜出更美妙的樂章。下面是兩個最有名的例子。

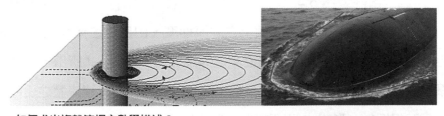

如何求出複雜流場之數學描述？

※ 朗肯半體 (*Rankine half body*) － 等速流體與源流之結合

朗肯半體即是由發明朗肯循環 *(Rankine cycle)* 之蘇格蘭科學家朗肯（*William Rankine*）發現的流體流動形式，這種類型的流動的一個實際例子是均勻流動的河水，遇到扁平橋墩所形成之流場，其相對應之流線函數（或速度勢），可以用「等速流體」及「源流」之「流線函數（或速度勢）」之「線性組合」表示之，進而從其所結合之流場（結合之流線函數或速度勢）中求出其速度與壓力之分佈。此兩種流場加在一起（同時發生）會形成何種流場？

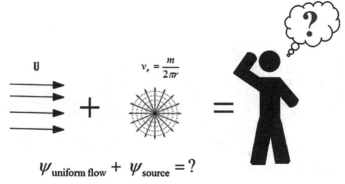

$$\psi_{\text{uniform flow}} + \psi_{\text{source}} = ?$$

以流線函數為例，等速流體與源流之和為

$$\psi = \psi_{\text{uniform flow}} + \psi_{\text{source}}$$

$$= Ur\sin\theta + \frac{m}{2\pi}\theta \tag{8-24}$$

將源流置於原點，想像在 x 軸上之源流速度，由出口之無窮大，隨 $-x$ 方向與出口距離越遠而下降，對應於迎面而來之等速流體，如圖 8.3 所示，因為源流之流速離原點越遠就越小，故必定存在一點，在此點上源流與等速流體之速度相等方向相反，而互相抵銷，形成一個遲滯點，其他方向之源流流速亦離原點越遠就越低，故離源流越遠流場就被等速流體主控，隨著等速流體流動，如圖 *8.3[3]* 所示。通過此遲滯點之流線就是最有趣的一條流線。（*附錄 VIII.7*）

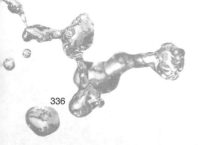

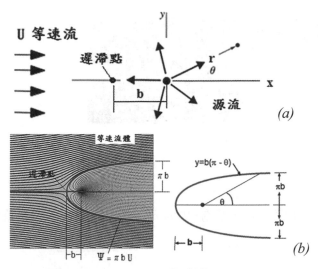

(a)

(b)

圖 8.3　朗肯半體　–　等速流體與源流之結合

通過遲滯點之流線 (上圖之半橢圓形邊緣)，可以用下列流線函數表示

$$\psi(r,\theta) = Ur\sin\theta + Ub\theta = \pi Ub \qquad (8\text{-}26)$$

此半體稱為「朗肯半體」。只要有等速流體速度 U 及源流強度 m，或由半體之高度 (πb) 反求出源流強度，就可決定此半體之形狀。因為沒有流體能通過此流線，故此半體流線就猶如平滑的山丘，或是潛水艇外殼之一部分。此半體內部之流線無物理應用，可忽略。朗肯半流線之形成示於下圖 [4]

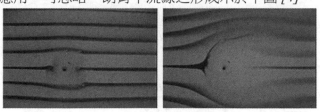

發射源　　　　　　　　　**加入從左向右之等速流體**

所以，兩個真實「存在」的流場 (例如等速流體與源流其相對應之流線函數均均滿足拉普拉斯方程式，所以「存在」)，其流線函數之「線性組合」也滿足拉普拉斯方程式 (所以橢圓形及其附近之流線所形成之複雜流場也必定「存在」，這就是前述「線性」之涵義。)

337

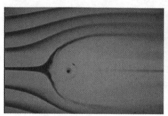 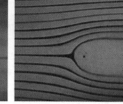

形成半無窮大流線　　　　　　　Rankine Half Body

例題：

俄羅斯「十一月」級潛水艇最大速度約 $60\ km/hr$，若工程師將艙門設置如下圖，估計在艙門上之壓力及艙門上速度是多少？

解： 假設潛艇艦首部分為朗肯半體，此半體上之流線函數為

$$\psi = Ur\sin\theta + \frac{m}{2\pi}\theta$$

速度分布為

$$v_r = \frac{1}{r}\frac{\partial\psi}{\partial\theta} = U\cos\theta + \frac{m}{2\pi r}, \quad v_\theta = -\frac{\partial\psi}{dr} = -U\sin\theta$$

此艙門約位於 $\theta = \pi/2$ 處，故

$$V^2 = (U\cos\theta + \frac{m}{2\pi r})^2 + (U\sin\theta)^2 = \frac{m^2}{4\pi^2 r^2} + U^2$$

由潛艇之直徑可知，

$$b\pi = 5, \quad \therefore b = 1.59\ m$$

又　　$b = \frac{m}{2\pi U}, \quad \therefore m = 2\pi Ub = 2\pi(\frac{60000}{3600})(1.59) = 167 m^3/s\cdot m$

在此艙門處 $(\theta = \pi/2)$ 之 r 為

$$r = \frac{b(\pi - \theta)}{\sin \theta} = b\pi/2 = 2.5\ m$$

故此點速度為

$$V = \sqrt{\frac{m^2}{4\pi^2 r^2} + U^2} = \sqrt{\frac{167^2}{4\pi^2 (2.5)^2} + (\frac{60000}{3600})^2} = 25.2\ m/s = 90.6\ km/hr$$

假設海裡為非旋轉流場,故各點均可用伯努力方程式連接之:

$$(p + \frac{1}{2}\rho V^2) = (p + \frac{1}{2}\rho V^2)_\infty$$

$$\therefore p - p_\infty = (\frac{1}{2}\rho V^2)_\infty - (\frac{1}{2}\rho V^2)_o = -317520\ Pa = -317.5\ kPa$$

若以無因次壓力表示 $\dfrac{p - p_\infty}{\frac{1}{2}\rho V_\infty} = -2.29$

這代表艙門設置於此位置將遭受潛艇動能壓之 *2.29* 倍! 且為向外之吸力,在水面下 *30* 公尺左右 (海水靜壓約 *303 kPa*),此艙門幾乎感受不到靜壓,但潛艇深潛時,此向外之負壓就微不足道了。

練習題二:

汽車擋風玻璃

一部汽車的擋風玻璃假設具有
半橢圓體的部分形狀,如右圖所示。
假設車速為 U,求點 A 與 B
的空氣速度。

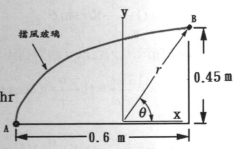

※ 流體流經圓柱 – 「等速流體」與「源流 / 陷流」之結合

若結合一組距離 $2a$ 的源流與陷流，如圖 8.4 所示，則其流線函數為

$$\psi = -\frac{m}{2\pi}(\theta_1 - \theta_2) \tag{8-29}$$

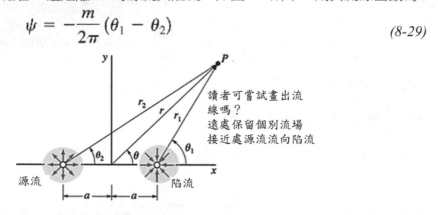

讀者可嘗試畫出流線嗎？
遠處保留個別流場
接近處源流流向陷流

圖 8.4　源流 / 陷流結合

所謂的「偶流」（*doublet*），就是令源流與陷流互相接近（$a \to 0$），並使其強度 m 增加（$m \to \infty$），以使 ma 保持定值。若沿著 x 軸正方向的等速流體與偶流加以合併，這也是一個有趣的組合。在等速流體與偶流中，一定存在如上例之遲滯點，通過此點之流線就像一個 (二維) 圓柱，半徑為 a (附錄 *VIII.8*)。

若令代表圓柱之流線函數 $\psi = 0$，則在此圓柱附近之流線為 (附錄 *VIII.6*)

$$\psi = (1 - \frac{a^2}{r^2})Ur\sin\theta \tag{8-32}$$

如圖 8.6[6] 所示，流線以 y 軸對稱，流體之速度分佈為

$$v_r = \frac{1}{r}\frac{\partial\psi}{\partial\theta} = (1 - \frac{a^2}{r^2})U\cos\theta$$

$$v_\theta = -\frac{\partial\psi}{\partial r} = -(1 + \frac{a^2}{r^2})U\sin\theta$$

故流線上最大速度為 $2U$，發生於 $\theta = \pi/2$。

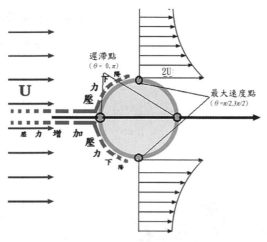

圖 8.6　等速流體流經圓柱之流線

例題：

求出圓柱表面各點之壓力，壓力以無因次參數 $(p-p_\infty)/\frac{1}{2}\rho U_\infty^2$ 表示之，∞ 代表遠處之值。

解： 因為是非旋轉流場，故各點均可適用同一伯努力方程式。

當 $\theta = 0$（遲滯點），$p = (p+\frac{1}{2}\rho U^2)_\infty$，$\dfrac{p-p_\infty}{\frac{1}{2}\rho U_\infty} = 1$ ，

當 $\theta = \pi/2$，$p+\frac{1}{2}\rho(-2U)^2 = (p+\frac{1}{2}\rho U^2)_\infty$，$\dfrac{p-p_\infty}{\frac{1}{2}\rho U_\infty} = -3$ ，

如下圖所示，此有趣之壓力分佈，代表流體面對圓柱「爬升」時 $(0 < \theta < \pi/2)$，其實是在一個「壓力下降」之區域，就像公園裡玩 U 形滑板下降時，遭受之重力加速。此壓力下降 $(dp/dx < 0)$ 之影響，而造成壓力在推動流體。反之，流體「爬」到頂端時（速度已加速到最大之 $2U$)，面對往下流之右半部圓柱，流體猶如向上「爬升」之滑板客，雖然吃力，但因為無任何摩擦力損失，所以還是可以回到右邊同樣高度的坡道上。對流體而言，其壓力也對 y 軸完全對稱（當然，這是與實驗不符合的），此右半部若考慮摩擦力之影響，壓力就不會恢復到初始值。真實

流體的摩擦力，又加上此部分壓力上升 *(dp/dx > 0)*，在此兩因素之下，流體在左半部所累積之慣性力完全被抵消，故在右半部某處速度變為零，此處 (點) 稱為「分離點」*(separation point)*，再往前流動時流體因為不再具有慣性力而摩擦力還在，使得流體運動方向迴轉，這就造成「渦漩」(用手在浴缸中擺動，手後面會產生何物？)。分離點後面之壓力為定值，且比外界壓力低，此區域稱為「尾波區」*(wake)*。

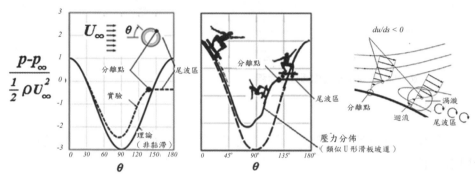

生活實例：為何魚類與鳥類的眼睛，從側面看，大多位於角度 $\theta = 30^o$?

因為在此角度，眼睛幾乎感受不到流體之壓力。若眼睛長在前端，高速前進時，可能會被流體高壓戳進去，若長在頭頂，就更糟糕，可能會被更強的流體低壓吸出去，如下圖所示 *[7]*，此乃物競天擇，適者生存，眼睛不可長在頭頂上的道理。

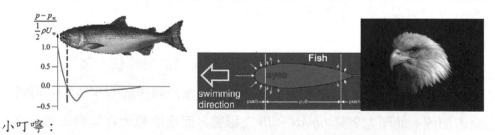

小叮嚀：

非黏滯流體往往代表雷諾數高的流場，但雷諾數增高時，會產生紊流，而流線函數與勢流無法描述紊流，此為其最大之缺點。

外部流體之特性

　　流線函數與速度勢雖能簡化流場分析，但由於假設是非黏滯(或非旋轉)流體，故其適用性有限，除了不可使用於高雷諾數產生紊流之流場外，就是無法使用於物體表面附近。　任何物體在真實流體中相對運動時都會遭受應力，如水中的魚兒、汽車、飛機、潛艇、颱風中的 *101* 大樓、*Bobby Dylan* 的 *Blowing in the wind* 等，了解這些力的作用，才能有效地設計與控制各種暴露於流體的器具設備。

　　　不管是流體在運動，或是物體在運動，我們都將座標放在物體上。流體接近的速度便稱為上游速度 *(upstream velocity)*，*U*。　一般沉浸於流場之物體，所受到之力均發生於表面，其中垂直於表面之力是由壓力造成，在表面切線方向之力乃流體之剪應力(摩擦力)造成。典型的剪應力與壓力分佈，如圖 *8.7* 所示 *[7]*，壓力 *p* 與剪應力 τ_w 的大小與方向會隨著位置的不同而變化，更與物體的形狀有密切的關係。與上游速度同一方向的合力稱為「阻力」*D (drag)*；與上游速度呈垂直方向的合力則稱「升力」*L (lift)*，升力有時會成為下降力，注意壓力(錶壓)是有正負值的，當壓力之力朝向表面外，代表流體對於物體有吸力。剪應力來自速度對於垂直表面之方向有梯度存在，再乘上流體黏滯係數與接觸面積就是摩擦力，對物體而言此力量方向與流體相同。

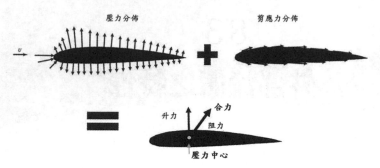

圖 8.7　在流體中之物體表面受力與物體阻力與升力

　　物體體型之為「流線形」、或「鈍形」，與物體表面受力有密切關係。一般而言，流線形物體（*streamlined body*），例如機翼或跑車，幾乎不受周圍流體影響，受力較小，而鈍形物體（*blunt body*），例如降落傘或建築物，受周圍流體的影響較大，受力較大。

　　與上游速度同向的阻力，與上游速度互為垂直的升力，乃將作用在物體表面剪應力與壓力之效應，運用積分於物體表面上以獲得剪應力與壓力的合成力，如圖 *8.8* 所示，但此方法在工程計算上並不實用，因為詳細之表面力分佈取得難度甚高。

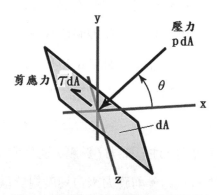

圖 8.8　作用在物體表面之壓力與剪應力

進階學習：

　　前面證明在無黏滯力假設下，等速流體流經圓柱上之壓力分佈，現在就用圓柱上壓力分佈，忽略黏滯力部分，計算圓柱上之阻力與升力為何。驚訝的是，計算結

果發現圓柱之阻力為零！(附錄 VIII.9)

　　What ？不管速度多大都沒有阻力？這悖離我們的日常經驗，就像任何小孩子都可以像 *Stephen Curry* 般不費力地投三分球，或例如開車時把手伸出去感受不到任何風施予手臂上之力，此古典流體力學無法解釋之現象稱為「達倫貝爾悖論」(法國數學家 *D' Alembert paradox*)，法國數學家法國數學家 *D' Alembert* 在十八世紀就由上述計算得出此悖離經驗常識之數學結果，當時一些科學家也對流體力學產生懷疑，甚至譏諷當代之流體力學研究，流體力學也往兩個方向發展：一個是由觀測實驗求得而無理論根據之水力學 *(hydraulics)*，一個是有理論但無法實驗證明之理論流體力學 *(hydrodynamics)*，此嚴重分歧被二十世紀初偉大的科學家 *Prandtl* 以「邊界層理論」完美的詮釋，讀者現在應該也可證明升力也為零 (其實不用證明，此為上下對稱之情況)：

　　在實用上，若缺乏物體的剪應力與壓力分佈相關資料，為了以較為簡單的計算，可定義「升力係數」C_L *(lift coefficient)* 與「阻力係數」*(drag coefficient)* C_D，分別為阻力與升力除以流體動能頭與相對應之面積：

$$C_L = \frac{\mathscr{L}}{\frac{1}{2}\rho U^2 A} \tag{8-33}$$

$$C_D = \frac{\mathscr{D}}{\frac{1}{2}\rho U^2 A} \tag{8-34}$$

其中 A 為物體的「特徵面積」。通常與上游速度 U 平行方向，正視物體在其正前方的投影面積 A 為「正面面積」（*frontal area*），此面積主要是用於物體形狀在流體流動方向較鈍，計算因壓力差產生之「形狀阻力」*(form drag)* 時使用。 在另一些情況下，流體形狀較為流線，上述之形狀阻力較小，主要阻力來自摩擦力，此時所使用之面積為，與上游速度垂直方向，由上往下俯瞰物體的投影面積 A，稱為「頂部俯瞰面積」（*planform area*），總之，就是對物體受力影響最大之面積，如下圖所示。

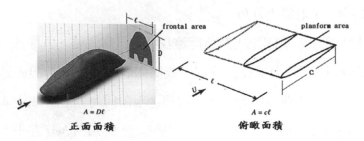

正面面積   俯瞰面積

壓力一般均會造成物體之阻力與升力，在特殊情況下，例如與流體平行之平板，流體產生之阻力完全是由牆壁剪應力構成，而與壓力無關。當平板垂直於流場方向，阻力就來自壓力(平板前後之壓力差)，而與剪應力較無關，如圖 8.9[9] 所示。若非此兩種極端特例，則阻力一般包括壓力與剪應力。

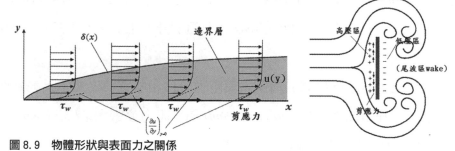

圖 8.9　物體形狀與表面力之關係

例題：

一塊薄板(如圖 8.9 所示)置於與流速相垂直的均勻流體中，若薄板前側的平均壓力為停滯壓力的 0.7 倍，而後側的平均壓力則為停滯壓力的 0.4 倍，類似真空狀態，估計此薄板的阻力係數。

解：

薄板之阻力主要來自壓力差，故阻力為

$$D = p_{front}A - p_{rear}A = 0.7(\frac{1}{2}\rho U^2)A - (-0.4)(\frac{1}{2}\rho U^2)A = 1.1(\frac{1}{2}\rho U^2)A$$

(注意在薄板後面是負壓)

故阻力係數為

$$C_D = \frac{1.1(\frac{1}{2}\rho U^2)A}{\frac{1}{2}\rho U^2 A} = 1.1$$

物體之升力亦可由與流體之角度而調整,例如飛機機翼利用其形狀與攻擊角在產生少量之阻力(摩擦力)下產生大量之升力,如圖 8.10 所示。升力主要來自機翼上下之壓力差(由伯努力定律)對機翼造成向上之力,此類流線形物體產生之剪應力平行於流場方向,對於升力之影響不大。 流線型物體之阻力主要來自牆壁之摩擦力。

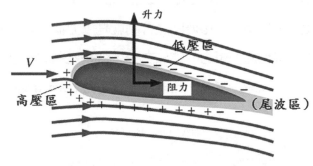

圖 8.10　飛機機翼之升力與阻力

生活實例:*2000* 年 *8* 月 *27* 日,由於受到颱風碧利斯以及其後之降雨影響,高屏大橋的兩根橋墩被溪水沖毀,使大橋橋面塌陷 *100* 公尺,造成行駛其上的 *17* 輛汽機車墜落,*22* 人輕重傷。

(新聞照片)

假設橋墩直徑為五公尺,吃水深度十公尺,水流速 *10 m/s*,橋墩之阻力係數 $C_D = 1.0$,估計每個橋墩承受多少阻力?

$$F_D = \frac{1}{2}\rho U^2 A C_D = 0.5(1000)(10)^2(10 \times 10)(1.0) = 5 \times 10^6 \ N$$

（相當於五千個台灣奧運女子舉重選手一起推！）

延伸學習： 此橋墩在平時可以支撐大橋，為何颱風天會倒塌？

1. 颱風天水流流速較快，吃水更深，U、A 增加。

2. 水流變成土石流，流體密度增加。

3. 施工品質不良，以及長期盜採砂石導致河層下陷，橋墩失去固定力更是主因。

　　工程師之責任，在設計階段，就應考慮以上所有之因素，才是專業倫理。

　　壓力阻力之來源，主要是來自物體前後端壓力差造成，一般而言，物體之前端表面，若因速度降低而壓力增加，而在物體後端表面往往形成如前述之「分離點」，分離點發生後下游部分產生「尾坡區」，尾波區之特點就是壓力低，以至於產生前後端之壓差，以及壓力阻力。**降低壓力阻力的方法之一，就是延遲或甚至消除分離點之發生，降低尾波區之範圍，以減少壓差，此稱為形狀阻力 (form drag)。**

練習題三：

　　汽車之阻力 (風阻) 係數是由風洞實驗測出示於下圖 *[10]*，假設汽車之正面面積為 *2 m²*，阻力為 *1 kN*，求汽車之阻力係數。

生活實例： 汽車之後照鏡不用平面 *(C_D = 1.1)*，而用半圓形 *(C_D = 0.4)*，請問可為車主省多少油錢？假設後視鏡直徑 *15 cm*，車主每天以 *100 km/hr* 速度開 *60 km*，車子壽命十年，平板型後視鏡所遭受之阻力為

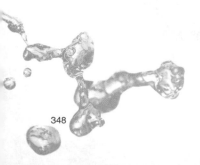

$$F_D = \frac{1}{2}\rho U^2 A C_D = 0.5(1.2)(\frac{100000}{3600})^2[\frac{\pi(0.15)^2}{4}](1.1) = 9\ N$$

十年中此阻力產生 (所需) 之功為

$$W_D = F_D L = F_D(60000)(365)(10) = 1,971,000\ kJ$$

汽車引擎之效率約為 *30%*，故總耗費之能量為 *6,570,000 kJ*。

汽油單位質量能產生約 *44,000 kJ/kg* 之能量，故共需 *150 kg* 之汽油，汽油比重約 *0.8*，故共 *188* 公升，台灣油價假設 *30 NT$/* 公升，故共花費 *5600* 元，因改成半圓形後視鏡之省錢比例為 *(1.1 – 0.4)/1.1 = 64%*，省 *3500* 元，兩面鏡子共省 *7000* 元。

練習題四：

卡車在高速行駛時，為了避免直角之門頂產生分離點，而產生更大之壓力差，故往往使用如下圖 *[11]* 的空氣「導流板」*(fairing)*，可使卡車的空氣動力阻力予降低。假設卡車正面為 *3 m* 寬 *3.6 m* 高之長方形，以 *100 km/hr* 的速率高速行駛，請問將可省多少的馬力？ (馬力為力 (阻力) 乘速度)

一般常見之運動與交通工具之阻力係數列於下表。其中自由車常見之公路單車賽中，賽手們在巡航時利用前面選手形成的「風拽」（*drafting*，又譯「彈弓效應」），就是前車形成之低壓區，來減少阻力及保持體力。

生活實例：雁子飛行常成人字形，當領頭的老大，一定是強壯有力又有豐富經驗的老雁，後面的雁子們只要緊緊靠著老大，順著這股氣流就能把雁群形成一個

人字形的低壓區，然後輪流替換，大家都可以在長途飛行裏盡量節省體力的消耗。但為何不像自由車緊跟在後呢？ *"1"* 字形有相當大的缺點，在空中飛行速度是很快的，保持視野無礙相當重要，*1* 字形會被前方的鳥擋住，而且老大形成之低壓區無法延伸到很後面，所以鳥類通常不形成這種隊形。

形狀	參考面積	阻力係數 C_D
卡車 標準	正面截面積	0.96
有導風板	正面截面積	0.76
有導風板兼閉合間隙	正面截面積	0.70
六個車廂火車	正面截面積	1.8
次音速客機	正面截面積	0.012
超音速戰鬥機，2.5馬赫	正面截面積	0.016
腳踏車	正面截面積	0.04
挺直騎車	$A = 0.6\ \text{m}^2$	1.1
賽跑	$A = 0.43\ \text{m}^2$	0.88
氣拽 drafting 彈弓效應	$A = 0.43\ \text{m}^2$	0.50
流線型跑車	$A = 0.55\ \text{m}^2$	0.12
動物 海豚	液體接觸面	0.0036
鳥	正面截面積	0.4

生活實例：如何降低箱型車之風阻？

廂型車因為會造成比流線型汽車更大之低壓尾波區，故會產生較大之前後壓力差，也較為吃油，若加一個斗篷形狀之罩子如下圖所示 *[12]*，空氣被突出之罩子引導導致尾波區變小，就可減少風阻，但罩子的大小與角度需經實驗修正，以免造成不必要之升力與阻力。*(請參考 Lexus 休旅車之後端)*

生活實例： 如何降低船隻之水的阻力（摩擦力）？

與汽車不同的是，船隻之阻力主要來自與水之摩擦力，方法之一就是在船底產生氣泡，使船底與水之間產生薄膜，以降低摩擦力，如下圖所示 *[13]*。「超空泡化魚雷」也是利用此原理 *[14]*，在鼻尖噴出高壓空氣造成薄膜，使魚雷速度可以到達 *340 km/hr*，並減少空泡化產生氣泡凝固時產生之噪音。

"I hate friction, it annoys me."   *"Oh, it's such a drag."*

8.4

邊界層理論

　　除了之前的理論外，我們用日常生活來了解邊界層：當蜂蜜從湯匙流下時，可以明顯看到大部分蜂蜜是黏在湯匙上的而只有表面的蜂蜜在流動，也就是速度非常不平均，這是因為雷諾數很小慣性力 (重力) 影響力遠小於黏滯力；反之在風洞實驗中，高速流過跑車上的流場似乎都很均勻 (等速)，但是流體在物體上必須滿足非滑動現象，因此從跑車表面到外界流場一定存在「一層」速度漸增的區間，稱為邊界層，如圖 *8.11[15]* 所示。雷諾數越高時猶如千軍萬馬的慣性力越不甩牆壁之黏滯力，邊界層就越薄，但其重要性也越大 (在此薄層內速度改變如此大，產生的摩擦力就大，更別提高雷諾數會產生紊流)。

邊界層之重要性有三點：

1. 邊界層外的流場因為等速所以可以假設為非黏滯流體，不必使用複雜之 *N-S* 方程式，而可使用伯努力方程式、流線函數、速度勢，大為減化流場之分析。
2. 邊界層理論可以更精確地預測流體與物體表面之摩擦力與阻力等特性。
3. 邊界層理論可預測甚至控制分離點之發生，可掌握流體流動型態，以及控制阻力升力等影響。

　　往平板下游方向陸續有更多流體受平板影響速度變慢而使得邊界層越厚。跟管路一樣，邊界層也會由平順之層流，變成混亂的紊流，其影響是速度分佈更扁平速度梯度更大，再加上震動造成之動量傳輸，使得摩擦力變大。此流場中除了位置外，

沒有別的長度可以定義特徵長度，故以位置 x 作為特徵長度定義之雷諾數 Re_x 稱為「在地雷諾數」 *(Local Reynolds number)*，

$$\mathrm{Re}_x = \frac{\rho U x}{\mu} = \frac{U x}{\nu}$$

(8-35)

一般而言，當臨界雷諾數 $\mathrm{Re}_x \sim 10^5$ 時，層流邊界層開始轉變為過度區，當 $\mathrm{Re}_x \sim 5 \times 10^5$ 時，邊界層完全轉變為紊流邊界層。

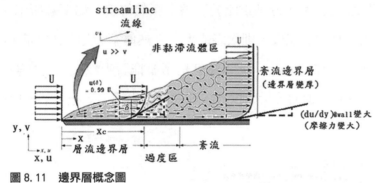

圖 8.11　邊界層概念圖

練習題五：

畫出下圖管路之邊界層。

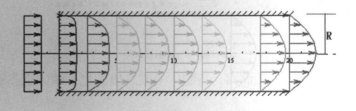

※ 延伸學習：流體力學與對流熱傳學之橋梁

流體經過平板時因為「速度連續」 *(no slip condition)* 會形成速度 *(動量)* 邊界層，同樣地，流體溫度與邊界物體溫度因為「溫度連續」而形成「熱邊界層」 *(thermal boundary layer)*，在速度邊界層內之動量方程式可簡化為

$$u \frac{\partial u}{\partial x} + v \frac{\partial u}{\partial y} = \nu \frac{\partial^2 u}{\partial y^2}$$ ，其中 ν 為「動量擴散係數」 *(即運動黏滯細數)*

同樣地，在熱邊界層內之能量方程式可簡化為

$$u\frac{\partial T}{\partial x} + v\frac{\partial T}{\partial y} = \alpha\frac{\partial^2 u}{\partial y^2}$$，其中 α 為熱量擴散係數 (單位是什麼？)

Wow！長的真像！所以當 *Pr~1(Pr = ν/α*，稱為「普朗多數」，仍流體動量與能量「擴散」能力之比值) 時，流體之速度分佈 *u* 類似於溫度分佈 *T*，只差邊界條件不一樣 (怎樣不一樣？)，但其他性質 (例如速度與溫度之分佈、速度與溫度之梯度、剪應力與熱傳率等) 均類似，**此稱為「雷諾類比」** *(Reynolds analogy)*，例如速度與溫度在牆壁之斜率，分別正比於摩擦力與熱傳率，如下圖所示。 其實用性例如在風箏上放一片太陽能板，則太陽能板上之熱傳率 (吸收之熱量) 可以用風箏線上之張力求出。以往 *Greenpeace* 組織就是用船拖著吸熱板，用拖著板子的纜繩之張力，求出熱傳量，進而分析出世界各地海洋之生態之變化，甚至包括臭氧層變化等。

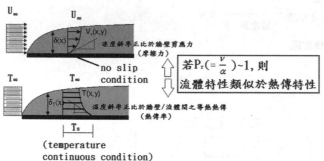

對於化工而言，流體中濃度之擴散也有類似邊界層之特性，也可定義出濃度邊界層，

$$u\frac{\partial \rho}{\partial x} + v\frac{\partial \rho}{\partial y} = D\frac{\partial^2 \rho}{\partial y^2}$$，其中 *D* 為濃度擴散係數，類似普朗多數之定義，也可定義出 *Schmidt number(* 流體動量與質量「擴散」能力之比值)

$$Sc = \frac{\nu}{D} = \frac{moment diffusivity}{mass diffusivity}$$

其濃度在邊界層之傳輸，也類似流體之動量傳輸 (摩擦力類似於質傳率)，如下圖所示，所以學好邊界層，有一舉三得之效。

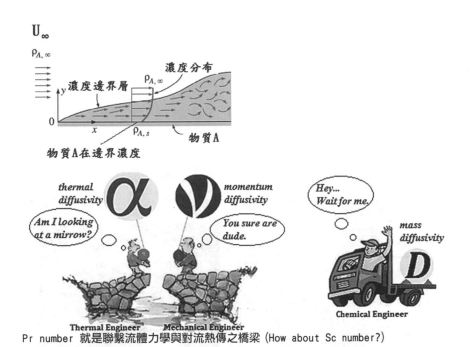

Pr number 就是聯繫流體力學與對流熱傳之橋梁 (How about Sc number?)

練習題六：

    Toyota 油電車 *Prius* 之風阻只有 *0.24*，若其正面面積與車身流線形部分之面積分別為：*2 m²* 與 *15 m²*，比較與上例卡車之結果。(請自行尋找邊界層與牆壁間摩擦係數與雷諾數之關係。)

    生活實例：台灣西部除了西北風帶來境外 *PM2.5* 之霾害外，為何在颱風過後或冬天往往造成空污久久不散？

解：颱風季節多吹東或東南風，冬季吹東北風，空氣流場經過中央山脈時，往往在山脈左側形成尾波低壓區，而颱風過後壓力還是較平常為低，故浮懸物被限制於此低壓區，不容易擴散到大氣。

生活實例："*Turbulator*"是使平面上的層流「誘發」提早進入紊流，流體的慣性力增加而使得分離點向後移，增加尾波區壓力(就像滑板客用力使自己可以滑到更高的 U 型坡道上)，進而減少機翼上前後端因壓差而產生之阻力。在飛行器機翼的表面部分或熱交換器等工業應用場合以及流體的混合中常常使用 *[16，17]*。

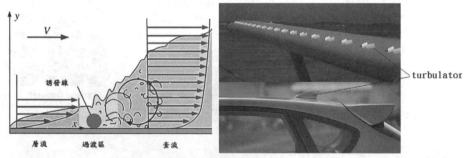

（機翼上及車頂上故意裝置之誘發紊流邊界層之誘發體）

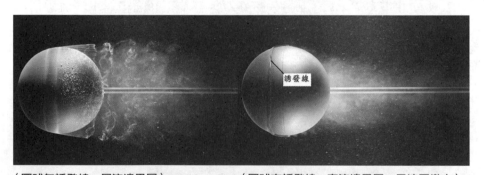

（圓球無誘發線，層流邊界層）　　　（圓球有誘發線，紊流邊界層，尾波區變小）

延伸學習：商用飛機起飛與降落時之機翼形狀改變

商用飛機主要使用前後之襟翼改變形狀，尤其在低速起飛或降落時，能提供最大之升力 *[18]*。

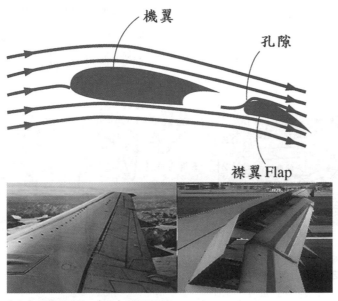

機翼

孔隙

襟翼 Flap

（左）襟翼關閉　　（右）襟翼打開

※ 表面粗糙度對阻力係數之影響

　　一般而言，流線形體的阻力會隨著表面粗糙度的增加而增大，這也就是何以在飛機機翼設計時特別注意表面的光滑度，因為突出的鉚釘或是螺絲頭會使得的阻力大增 (故加裝紊流誘發體雖然會延後分離點產生減少壓差，但會增加摩擦阻力，此時必須以風洞實驗求得其最佳化)。另一方面，對於極度之鈍形體（如垂直於流動的平板），阻力與表面粗糙度就會無關，此乃因為阻力主要是來自於壓差。

　　刻意增加表面粗糙度有時甚至會降低阻力，因為紊流邊界層可能提早發生，增加之慣性力將分離點發生位置後移。例如，高爾夫球的木桿球雷諾數約為 $4 \times 10^4 <$ $Re < 4 \times 10^5$ 範圍中，在此雷諾數標準含凹孔粗糙面的高爾夫球其阻力遠比具光滑面之高爾夫球者來得小（$C_{D\,粗糙}/C_{D\,光滑}$）≈ 0.25/0.5 = 0.5。所以將高爾夫球表面打洞，使邊界層誘發提前轉變成紊流，使圓球後端的尾波區將變得比層流的更狹窄壓力也

更大，結果明顯地降低了壓力阻力，而摩擦力阻力僅略為增加，因而阻力總和變得較小，如圖 *8.12[19]* 所示，使高爾夫球飛的更遠。一般被正常揮擊之桌球其雷諾數範圍低於 $Re = 4 \times 10^4$，因此桌球的表面通常是光滑的，因為打洞不會減少阻力。

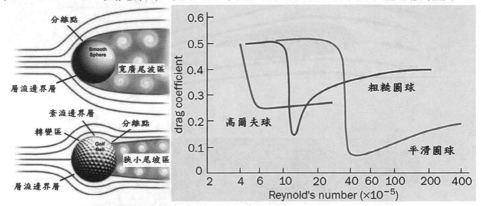

圖 8.12　圓球阻力係數與表面粗糙度與雷諾數之關係
（上圖平滑圓球要在非常高之雷諾數下才會形成紊流邊界層，而使阻力係數遽降；但一般飛行之高爾夫球並不會到達此雷諾數。）

腦筋急轉彎：為何高爾夫球打凹洞，而不像籃球用顆粒？

生活實例：高爾夫球上的凹洞可產生紊流邊界層，進而降低空氣阻力，並使高爾夫球比一般光滑表面的球飛行更遠，因此，何以不將球棒上加上凹洞，使得打擊強棒能夠揮棒更快、將球打得更遠？麻省理工學院的圖里歐（*Jeffery De Tullio*）教授就曾經思考過這個問題，並以具有凹洞的球棒進行實驗，最後取得具凹窩球棒的發明專利。這種發明的結果可使揮棒者以 *3* 到 *5%* 高於揮動光滑球棒的速度揮動具凹洞的球棒，理論上，此多出的揮棒速度在長打效應上可使球多飛 *3* 到 *4.6 m* 的距離。*(* 所以在車子表面打凹洞會更省油嗎？**是的**，請看「流言終結者」影集，但是您會買嗎？*)*

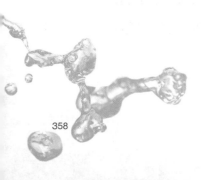

練習題解答

練習題一

解: $u = Ax = \dfrac{\partial \psi}{\partial y}$

$$\psi = \int\limits_{x=const} \frac{\partial \psi}{\partial y} dy + f(x) = Axy + f(x)$$

其中 f(x) 可由 v 方程式求得:

$$v = -\frac{\partial \psi}{\partial x} = -Ay - \frac{df}{dx} = -Ay, \quad \therefore f = C$$

其中常數為任意值,可取為零(故通過原點之流線函數為零較為簡單),

$$\psi = xy \left(\frac{m^3/s}{m}\right) \quad (注意單位)$$

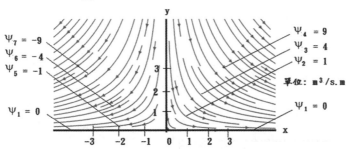

延伸學習:可否解釋上圖曲線? 曲線間之流量及方向為何?

練習題二

解: $b + r\cos\theta = 0.6$

$r\sin\theta = 0.45 \quad r = \dfrac{b(\pi - \theta)}{\sin\theta}$

$$r = \frac{0.195(\pi - \theta)}{\sin\theta} m$$

$$V_A = 0, \quad V_B = 119 \, km/hr$$

練習題三

解：$F_D = \dfrac{1}{2}\rho U^2 A C_D \rightarrow C_D = \dfrac{F_D}{\dfrac{1}{2}\rho U^2 A} = \dfrac{180}{0.5(1.2)(\dfrac{100000}{3600})^2} = 0.39$

練習題四

解：馬力為力 (阻力) 乘速度，

$$P = D_{drag}U = \frac{1}{2}\rho U^3 C_D A$$

故省下之馬力為

$$\Delta P = \Delta(D_{drag}U) = \frac{1}{2}\rho U^3 A(\Delta C_D)$$

$$= \frac{1}{2}(1.2)(\frac{100000}{3600})^3(3 \times 3.6)(0.96 - 0.7) = 36.1\,kW = 48.4\,hP$$

此約為 *Toyota Yaris* 馬力之一半！

練習題五：

解：

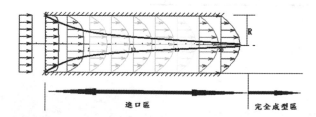

進口區　　　　　完全成型區

　　邊界層厚度達到半徑 *R* 後，流體全部都成為完全成型區，再往下游流動速度
分佈不再改變，$u = u(r)$。

練習題六

解：*Prius* 長度約 *4 m*，其表面上之雷諾數為：

$$\mathrm{Re}_L = \frac{\rho U L}{\mu} = \frac{(1.2)(\frac{100000}{3600})(4)}{1.8 \times 10^{-5}} = 0.74 \times 10^{7}$$

故可以假設全部平板均為紊流邊界層，摩擦係數可證明為

$$C_{Df} = \frac{0.074}{\mathrm{Re}_L^{1/5}} = \frac{0.074}{(0.74 \times 10^7)^{0.2}} = 0.0031$$

平板上之阻力全部來自摩擦力，此摩擦係數就是無單位之牆壁剪應力

$C_{Df} = \frac{\tau_W}{\frac{1}{2}\rho u_{ave}^2}$ ，請與 (7-9) 式比較。

車體所有平面上之摩擦力為

$$F_f = \frac{1}{2}\rho U^2 A C_{Df} = \frac{1}{2}(1.2)(\frac{100000}{3600})^2 (15)(0.0031) = 21.5 \ N$$

車體所受之總共阻力為

$$F_D = \frac{1}{2}\rho U^2 A_{frontal} C_D = \frac{1}{2}(1.2)(\frac{100000}{3600})^2 (2)(0.24) = 221 \ N$$

故 Prius 表平面所受到之摩擦力，會佔車體總阻力之 10 %！所以像 Prius 這種流線型物體，所受到之阻力絕大部分主要還是來自壓力差產生之阻力。此乃分離點產生與尾波區之影響。

習題

1. 一等速流體垂直流向一平面，如圖所示，用流線函數 $\psi = Axy$ 描述，其中 A 為一常數。此種流動形式稱為遲滯點流。倘若將強度 m 的源流加在 O 點，則流向平板的遲滯點流會變成具有「隆起物」之流線，如圖 (b) 所示。請決定隆起高度 h、常數 A 以及源流強度 m 之間的關係式。

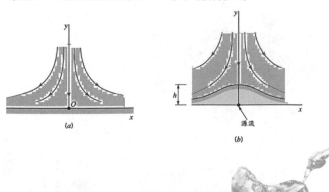

(a)

(b)

源流

Hint：隆起物之遲滯點位於 $x = 0$，$y = h$，故通過此點之速度為

$$v_r = \frac{1}{r}\frac{\partial \psi}{\partial \theta} = Ar\sin 2\theta + \frac{m}{2\pi r}, \quad v_\theta = -\frac{\partial \psi}{\partial r} = Ar\sin 2\theta$$

Ans： $\psi(r,\theta) = 0 = Ah\cos\pi + \frac{m}{2\pi h}, \quad \therefore h = \sqrt{\frac{m}{2\pi A}}$

2. 風以等速吹向平地隆起的小山丘，山丘的形狀如圖所示，可視為半體的上半部。山丘頂的高度約 *60 m*，並假設空氣密度為 *1.23 kg/m³*。求 *(a)* 山丘上點 *(2)* 處空氣的速度；*(b)* 點 *(2)* 距離平面的高度；以及點 *(1)* 與點 *(2)* 的壓力差為若干？

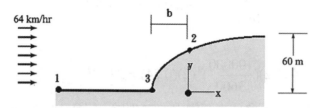

Ans： *(a) 76 km/hr*， *(b) y_2 = 30 m*， *(c) 0.44 kPa*

3. 一部全新設計的油電汽車其阻力係數預估約 *0.21*，若車子的截面積為 *3 m²*，則當車子以 *90 km/hr* 的車速行駛穿越靜止的空氣時，車子所受的空氣阻力為何？

Ans： *240 N*。

4. 欲固定下圖之交通號誌需要多少力矩？

Ans： *204 N · m*

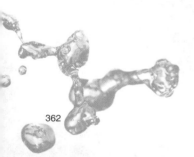

5. 自行車騎士與車合計質量 *100 kg*，在 *12%* 的下坡上達到終端速度 *15 m/s*，假設影響車速的只有重量與阻力，且正向面積為 *1m²*，請估計其阻力係數，並且推測自行車騎士此時是筆直坐姿或呈競賽姿態騎乘。

    Ans：*1.5*， 筆直坐姿。

6. 賽車上使用尾翼擾流板目的在產生逆向升力(下壓力量)而獲得較佳的抓地效果。假設尾翼的逆升力係數為 *1.1* ，輪子與賽道的摩擦係數為 *0.6*，而且空氣流經尾翼的速率等於賽車的車速，則當車速達 *360 km/hr* 時，使用尾翼能在車輪與地面之間增加多少最大牽引力？

b = 擾流板長度 = 1.3 m

擾流板   0.5 m

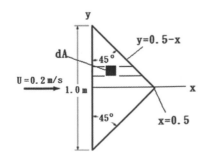

    Ans：*1286 N*。

7. 一模型飛機具有機翼面積 *17 m²*、總重量 *7.8 kN* 及 *185 km/hr* 的巡航速率，請估計上述條件下飛機的升力係數。

    Ans：$C_L = 0.283$

8. 若將三角形平板平行於等速流體放置，如圖所示。假設流動為層流邊界層型態，試沿著平板對壁剪應力予以積分，以便決定平板一側的摩擦阻力。

Ans: $D = \int \tau_w dA = (2)(0.332U^{3/2})\sqrt{\rho\mu} \int_{x=0}^{x=0.5} \int_{y=0}^{y=0.5-x} \frac{1}{\sqrt{x}} dy dx$

$D = 0.0296\ N$

9. 汽艇與水面接觸面積假設為 $2 \times 4\ m^2$ 之平板，若汽艇以 $30\ km/hr$ 速度前進，計算引擎之功率。假設摩擦阻力係數為 $C_f = \dfrac{0.074}{Re_L^{1/5}}$，

    Ans: $\dot{W}_{drag} = F_D V = \mathbf{5}500\ W = 5.5\ \mathbf{kW}$

10. 風箏面積 $1.2\ m^2$ 重量 $1.0\ kg$，在風速 $40\ km/hr$ 下風箏線之張力為 $50\ N$，與地面呈 35° 角度，計算出升力與阻力係數。

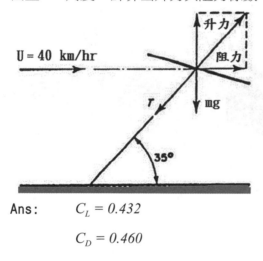

    Ans: $C_L = 0.432$

               $C_D = 0.460$

11. 假如在車上裝一個高 $0.3\ m$ 寬 $0.8\ m$ 之 *Pizza Hut* 之招牌，其阻力係數為 1.98，在以 $60\ km/hr$ 速度下，每小時需多花多少油錢？汽車使用汽油效率為 $30\ \%$。

    Ans: 約台幣 30 元。

12. $75\ kg$ 之跳傘員以截面積 $0.33\ m^2$ 之姿勢跳出機外，之後達到終端速度 $60\ m/s$，求其阻力係數。若欲增加速度到兩倍，應如何調整姿勢？

    Ans: $D_D = 1.22$

    速度欲達到 $120\ m/s$，則需縮小截面積 $A = 0.0825 m^2$

參考資料

[1]. *http://www.hncts.cn/2013/0709/489439.html*

[2]. *https://www.nasa.gov/mission_pages/ibex/em-crash.html*

[3]. *Chegg study，http://www.chegg.com/homework-help/questions-and-answers/2-40-points-consider-incompressible-irrotational-flow-around-rankine-half-body-cf-figure-1-q17128109*

[4]. *https://www.youtube.com/watch？v=WkGQIpdSExk*

[5]. *A Source-Sink Pair，http://www-mdp.eng.cam.ac.uk/web/library/enginfo/aerothermal_dvd_only/aero/fprops/poten/node32.html*

[6]. *Flow Around a Circular Cylinder，http://www-mdp.eng.cam.ac.uk/web/library/enginfo/aerothermal_dvd_only/aero/fprops/poten/node37.html*

[7]. *EYES OF ICHTHYOSAURS，http://www.ucmp.berkeley.edu/people/motani/ichthyo/eyes.html*

[8]. *Aerodynamic Lift，Drag and Moment Coefficients，http://aerotoolbox.net/lift-drag-moment-coefficient/*

[9]. *VISCOUS INCOMPRESSIBLE FLOW，http://nptel.ac.in/courses/101103004/module5/lec9/5.html*

[10]. *Moar wind tunnel.Lexus LFA，https://www.carthrottle.com/post/GIWdOM/*

[11]. *Streamline Fairings Give More Benefit for Less Cost！，http://www.sfef.co.za/aerodynamics/*

[12]. *Reducing the drag on square-back cars，http://www.autospeed.com/cms/article.html？&title=Reducing-the-drag-on-squareback-cars&A=112656*

[13]. *Various Methods Used to Minimise Resistance on Ship' s Hull，https://www.marineinsight.com/naval-architecture/vvarious-methods-used-to-minimise-*

resistance-on-ships-hull/

[14].http://www.navyrecognition.com/index.php/news/defence-news/2017/january-2017-navy-naval-forces-defense-industry-technology-maritime-security-global-news/4791-russia-developing-khishchnik-high-speed-torpedo-to-replace-va-111-shkval-supercavitating-torpedo.html

[15].Boundary Layer Theory - Flow Past a Flat Plate，http://www.ecourses.ou.edu/cgi-bin/ebook.cgi？topic=fl&chap_sec=09.3&page=theory

[16].https://www.rcgroups.com/forums/showthread.php？2149067-The-FPVraptor-V2-Firstar-2000-V2-thread-full-review-and-build-log/page23

[17].https://aviation.stackexchange.com/questions/24752/is-a-golf-ball-surface-a-good-idea-for-wings-or-fuselage

[18].An Explanation of Aviation Terms，http://www.modernairliners.com/glossary-of-aviation-terms/

[19].variation of drag coefficient，http://sverhdohodi.ru/34/variation-of-drag-oeffiient-ith-renolds-number-for-a-sphere-30.html

[20].https://www.autoblog.com/2009/10/22/mythbusters-golf-ball-like-dimpling-mpg/

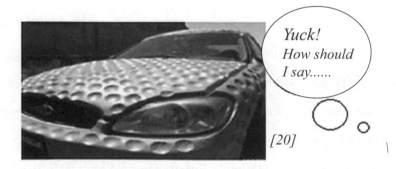

[20]

附錄 I

I.1

移動平板兩板間流體之剪應力：

兩板之間流體因上板之拖曳而產生流動，而在兩板間流體之速度分佈方程式為線性(直線)，

$$u(y) = (\frac{U}{b})y$$

並產生一「速度梯度」- 速度對位置之微分（*velocity gradient*），即速度分佈方程式在垂直於速度方向 y 之斜率

$$\frac{du}{dy} = \frac{U}{b}$$

流體在時間 t 時的垂直線(圖 1.5 之粗黑線)，在經過 δt 時間後旋轉角度 $\delta\theta$，角度為弧長除以半徑，故

$$\delta\theta \approx \frac{\delta a}{b}$$

因長度 $\delta a = U \delta t$，故

$$\delta\theta = \frac{U\delta t}{b}$$

又角度變形率（*deformation rate*）可表示為

$$\dot{\theta} = \frac{d\theta}{dt} = \frac{U}{b} = \frac{du}{dy} \qquad (記得流速分佈為線性)$$

而變形率又正比於剪應力 τ（剪應力是單位面積上之力，$\tau = F/A$），故

$$\tau \propto \dot{\theta} \quad，或 \quad \tau \propto \frac{du}{dy}$$

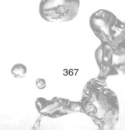

對大多數流體而言，剪應力與速度梯度之關係可加入一常數 (即黏滯係數) 而表示於 (1.1) 式。

I.2

當單位深度 (面向書本之方向為一公尺深度) 之「自由體」（ free body ）達到平衡時（加速 $a = 0$），所有之合力為零。在 x 方向所有平面上之受力 (剪應力與壓力) 可以下圖表示之。(注意自由體受力之方向，在控制容積上方表面因為鄰近之流體速度較快，故對於自由體而言，產生向右之剪應力 τ_1，反之，在自由體下方表面遭受向左之剪應力 τ_2。 又因為此問題中無壓力降 (自由體左右兩面之壓力，p，相同)，故所有力之平衡 (牛頓第二定律) 可寫為下式：

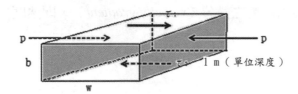

$$p(b \times 1) + \tau_1 (w \times 1) - p(b \times 1) - \tau_2 (w \times 1) = 0$$

(向右 x 方向為正值)

$$\tau_1 = \tau_2 = \cdots\cdots = 常數 \quad （ 在任一垂直於 y 軸之平面上 ）$$

又 $\dfrac{du}{dy} = \dfrac{\tau}{\mu} = 常數$

兩邊積分，可得

$$u(y) = c_1 + c_2 y \quad (此線性及為前述之假設)$$

代入邊界條件：

1. $u = 0$ at $y = 0$ (*no-slip condition*)

2. $u = V$ at $y = h$ (*no-slip condition*)

(此為「**無滑動邊界條件**」，適用於任何黏滯流體與其他物體接觸時使用)

附錄 II

II.1

泰勒展開式 *(Taylor expansion)* 乃在一連續方程式 *(例如空間之壓力場)* 中，若已知一點 *x*，其值為 *f(x)*，則此點鄰近點 *x+△x* 之值，*f(x+△x)*，可以用下列方程式求出其近似值：

$$f(x+\Delta x) \cong f(x) + \frac{df}{dx}\Delta x + \frac{1}{2!}\frac{d^2 f}{dx^2}(\Delta x)^2 + ... + \frac{1}{n!}\frac{d^n f}{dx^n}(\Delta x)^n + ...$$

上式之微分均為偏微分。當 *△x → 0* 時，只需要取右邊前兩項 *(就如同數學中之外插法)*。

在無剪應力之流體內，一個微小六面體上壓力分佈如圖 *2.2* 所示，體積中心之壓力為 *p*，若先只討論 *x* 方向之壓力分佈，則在 *x+△x* 平面上之壓力可用泰勒展開求其近似值：

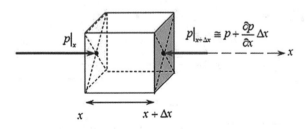

圖 2.2 流體靜力之壓力分佈

(若流體流向 x 方向，請問上圖之壓力在哪個平面上較大？)

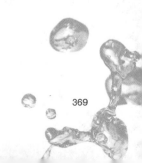

II.2

在 x 方向的淨力 (力 = 壓力 × 面積) 為 (向右的力為正，向左為負)

$$\Delta F_x = (p|_x)\Delta y \Delta z - (p|_{x+\Delta x})\Delta y \Delta z = -\frac{\partial p}{\partial x}\Delta x \Delta y \Delta z$$

同樣地，其他兩個方向之力為

$$\Delta F_y = -\frac{\partial p}{\partial y}\Delta x \Delta y \Delta z \ , \quad \Delta F_z = -\frac{\partial p}{\partial z}\Delta x \Delta y \Delta z$$

故施於此六面體因壓力分佈不平均所造成之合力為

$$\Delta \vec{F}_{press} = \Delta F_x \vec{i} + \Delta F_y \vec{j} + \Delta F_z \vec{k} = -(\frac{\partial p}{\partial x}\vec{i} + \frac{\partial p}{\partial y}\vec{j} + \frac{\partial p}{\partial z}\vec{k})\Delta x \Delta y \Delta z \qquad (2\text{-}2)$$

II.3

壓力梯度之推導

假設在一壓力場中，壓力之分布為 $p(x, y, z)$，如圖所示，假設在任一點 O 之壓力梯度就是 ∇p (實線):

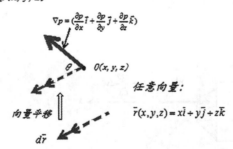

壓力場 $p(x, y, z)$

$$\nabla p = (\frac{\partial p}{\partial x}\vec{i} + \frac{\partial p}{\partial y}\vec{j} + \frac{\partial p}{\partial z}\vec{k})$$

$O(x, y, z)$

任意向量:

向量平移

$$\vec{r}(x, y, z) = x\vec{i} + y\vec{j} + z\vec{k}$$

$d\vec{r}$

假設在此平面上有另一任意方向之向量 $\vec{r}(x, y, z) = x\vec{i} + y\vec{j} + z\vec{k}$ (虛線)，若欲將此向量與上述之壓力梯度向量做運算，則可將此任意向量平移至 O 點。

在此壓力場中若想在 O 點取壓力之微小增加量 dp，因為此壓力場為三個變數

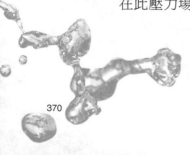

之多變函數，故需用微積分中多變函數之「全微分」，（此全微分將在第四章中再度出現，稱之為「物質微分」或「實質微分」。此全微分（壓力函數之增加量）為

$$dp = \frac{\partial p}{\partial x}dx + \frac{\partial p}{\partial y}dy + \frac{\partial p}{\partial z}dz = (\frac{\partial p}{\partial x}\vec{i} + \frac{\partial p}{\partial y}\vec{j} + \frac{\partial p}{\partial z}\vec{k}) \bullet (dx\vec{i} + dy\vec{j} + dz\vec{k})$$
$$= \overline{\nabla}p \bullet d\overline{r}$$

其中 $\overline{\nabla}p \bullet d\overline{r} = \left|\overline{\nabla}p\right|\left\|d\overline{r}\right\|\cos\theta$ 為此兩向量 ∇p 與 $d\overline{r}$ 之「內積」*(inner product)*，其結果是一個純量，當夾角 $\theta = 0$ 時，此內積之值達到「最大」，換言之，因為此向量 $\overline{r}$ 之方向為任意，故此壓力函數之增加量，dp，在 $\overline{r}$ 與 ∇p 方向重合時達到最大，代表 ∇p 向量就是 p 函數增加之最大值與方向：

$$dp\big|_{\max} = \left|\overline{\nabla}p\right|\left\|d\overline{r}\right\| \to \frac{dp}{dr}\bigg|_{\max} = \overline{\nabla}p$$

此即所謂之「壓力梯度」，此壓力梯度（單位長度之壓力增加量）之大小（長度）即為

$$\left|\overline{\nabla}p\right| = \sqrt{(\frac{\partial p}{\partial x})^2 + \left(\frac{\partial p}{\partial y}\right)^2 + \left(\frac{\partial p}{\partial z}\right)^2} \; (Pa/m)$$

II.4

流體靜壓（*hydrostatic pressure*）分佈

當流體靜止或以等速運動時，*(2-5)* 式中 $\vec{a} = 0$，則

$$0 = -\overline{\nabla}p + \rho\vec{g} \qquad\qquad (2\text{-}6)$$

即 ｛任一點上每單位體積因為壓力不平均所造成之力｝+

｛任一點上每單位體積重力所造成之力｝= 0

三個方向個別展開：$-(\frac{\partial p}{\partial x}\vec{i} + \frac{\partial p}{\partial y}\vec{j} + \frac{\partial p}{\partial z}\vec{k}) + \rho(g_x\vec{i} + g_y\vec{j} + g_z\vec{k}) = 0$

其中重力只存在於垂直方向 $\therefore g_z = g_y = 0$，$g_z = -g$

故 x，y，z 方向得到三個純量方程式：

$$\frac{\partial p}{\partial x} = 0 \quad , \quad \frac{\partial p}{\partial y} = 0 \quad , \quad \frac{\partial p}{\partial z} = -\rho g \qquad (2\text{-}7)$$

前兩方程式代表壓力不為 x 與 y 之函數，只與高度 z 有關：

$$p = p(x, y, z) = p(z)$$

第三個方程式對 z 積分可得

$$\int_{p_1}^{p_2} \frac{dp}{dz} dz = -\int_{z_1}^{z_2} \rho g dz$$

$$p_2 - p_1 = -\int_{z_1}^{z_2} \rho g dz$$

當流體為不可壓縮流體（即密度 ρ 為一常數），則如圖 2.3 所示

$$p_2 - p_1 = -\rho g(z_2 - z_1) \qquad (2\text{-}8)$$

若將 z_2 置於液面，且假設液面壓力為零，以液體深度 h 為變數 $(h = z_2 - z_1)$，則液體深度 h 處之壓力為

$$p = \rho g h = \gamma h \qquad (2\text{-}9)$$

II.5

氣體壓力分佈

當流體為可壓縮流體（即 ρ 不為常數）時，利用理想氣體定律，則

$$\frac{\partial p}{\partial z} = -\rho g = -\frac{p}{RT} g \qquad (2\text{-}10)$$

將理想氣體方程式帶入壓力方程式，求出壓力與溫度之關係，

$$\int_{p_1}^{p_2} \frac{dp}{p} = \ln \frac{p_2}{p_1} = -\frac{g}{R} \int_{z_1}^{z_2} \frac{dz}{T} \qquad (2\text{-}11)$$

若溫度為常數，則 $\dfrac{p_2}{p_1} = \exp\left[-\dfrac{g(z_2 - z_1)}{RT} \right] \qquad (2\text{-}12)$

在地球表面之對流層內溫度與高度呈線性下降，一般使用之經驗方程式為，

$$T\,(K) = a - bz\,(m) = 288\,(K) - 0.0065\,(K/m)\,z\,(m)$$

則 $(2\text{-}10)$ 式可積分為

$$\int_{p_1}^{p_2} \frac{dp}{p} = \ln \frac{p_2}{p_1} = -\frac{g}{R} \int_{z_1}^{z_2} \frac{dz}{T} = -\frac{g}{R} \int_{z_1}^{z_2} \frac{dz}{(a-bz)}$$

$$= -\frac{g}{bR} \int_{z_1}^{z_2} \frac{dz}{(a/b-z)} = \frac{g}{bR} \left[\ln \frac{(a/b-z_2)}{(a/b-z_1)} \right]$$

$$\therefore \frac{p(z)}{p(0)} = \exp\left(\frac{g}{bR} \left[\ln \frac{(a/b-z)}{(a/b)} \right]\right) \qquad (2\text{-}13)$$

II.6

在此平板上所受到之總合力，乃將各微小面積上之壓力對面積積分而成。

總合力 F_R：

$$F_R = \int_A p dA = \int_A \rho g h dA = \int_A \rho g y \sin\theta dA = \rho g \sin\theta \int_A y dA \qquad (2\text{-}16)$$

(注意：在計算 y 時，xy 座標原點 o 一定要置於液面，因為壓力 (靜壓) 之計算是由液面算起)

其中

$$\int_A y dA = y_c A \qquad (2\text{-}17)$$

為平板面積對 x 軸的「一次面積矩」（ *the first moment of the area with respect to x-axis* ），y_c 為此平板的「質心」或「質量中心」（ *centroid，center of gravity* ）對於 x 軸的距離，因此

$$F_R = \rho g A y_c \sin\theta = \rho g h_c A = (p_c) \times A \qquad (2\text{-}18)$$

II.7

總合力之施力點 – 壓力中心 y_R：

因為此平板為平衡狀態，總合力 F_R 對於 x 軸產生之力矩，必須等於平板上所

有均勻增大之液壓產生之力對於 x 軸所衍生之力矩的總和，故

$$F_R y_R = \int_A y\,dF = \int_A \rho g \sin\theta\, y^2\, dA = \rho g \sin\theta \int_A y^2\, dA = \left(\frac{F_R}{y_c A}\right)\int_A y^2\, dA \quad (2\text{-}19)$$

$$\therefore\ y_R = \frac{\displaystyle\int_A y^2\, dA}{y_c A} \quad\quad (2\text{-}20)$$

其中 $\displaystyle\int_A y^2\, dA = I_x$ ， I_x 為此平板「對 x 軸的二次面積矩」（ *the second moment of area with respect to x-axis* ），但此力矩表示法並非方便的表示法，即使是完全一樣之平面，只要位置離 x 軸越遠則此二次面積矩就更大，如下圖所示：

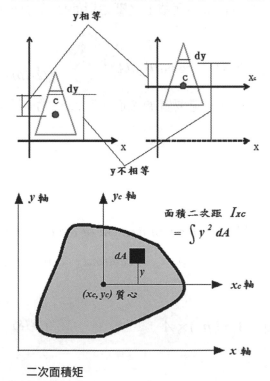

二次面積矩

但是若以「通過質心且平行於 x 軸之軸」，稱為 x_c 軸，為基點，則可計算出各種形狀之二次面積矩。定義 I_{xc} 為面積「對 x_c 軸的二次面積矩」 *(the second moment of area with respect to x_c-axis)* ，此為較方便的表示法，只要形狀相同就有同

樣的對 x_c 軸之二次矩，再用材料力學中之「傳遞定理」或「平行軸定理」*(parallel axis theorem)* 轉換為對原來 x 軸之二次矩：

$$I_x = I_{xc} + Ay_c^2 \ , \qquad\qquad , \tag{2-21}$$

$$\therefore y_R = y_c + \frac{I_{xc}}{y_c A} \neq y_c \tag{2-22}$$

II.8

二次面積矩如何計算？以下圖之長方形為例，二次面積矩可以以下列積分求得：

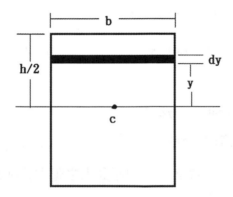

$$I_{xc} = \int_{-h/2}^{h/2} y^2 dA = \int_{-h/2}^{h/2} y^2 b\,dy = \left(b\frac{y^3}{3} \right)\Bigg|_{-h/2}^{h/2} = \frac{1}{12}bh^3$$

附錄 III

III.1

流線方向之伯努力方程式

流線上微小的流體質點，如圖 3.2 所示，對於穩定流動，沿著流線 s 方向的流體粒子之力的平衡，即牛頓第二定律，在切線方向之分量為：

$$\sum \delta F_s = (\delta m)a_s = (\rho \delta V)V \frac{\partial V}{\partial s} , \quad \delta V = \delta s \delta n \delta y \tag{3-4}$$

流體粒子之重力為 $\delta W = \rho g \delta V$

其在流線方向之分量為 $\delta W_s = -\delta W \sin\theta = -\rho g \delta V \sin\theta$

此處向右方之力為正值，故重量在切線方向之分量為負值。

假設流體粒子之壓力為 p，則垂直於流線之左右兩平面上之壓力分別為 $p|_s$ 及 $p|_{s+\delta s}$，(請問哪個大？)，因流體粒子為無限小，利用泰勒展開：$p|_{s+\delta s} \approx p|_s + \frac{\partial p}{\partial s}\delta s$

故流體粒子在流線方向遭受到壓力之淨合力為：（注意方向）

$$\delta F_{ps} = (p|_s)\delta n \delta x - (p|_{s+\delta s})\delta n \delta x = -\frac{\partial p}{\partial s}\delta s \delta n \delta x = -\frac{\partial p}{\partial s}\delta V \tag{3-5}$$

則流體粒子上力之平衡為

$$\sum \delta F_s = \delta W_s + \delta F_{ps} = (-\rho g \sin\theta - \frac{\partial p}{\partial s})\delta V$$

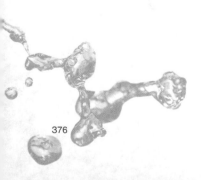

III.2

流體垂直於流線方向力之平衡

流體粒子在法線方向因圓弧運動而遭受之「離心力」（*centrifugal force*）為：

$$\sum \delta F_n = \frac{\delta m V^2}{R} = \frac{\rho \delta \mathcal{V} V^2}{R}$$

此離心力必須被重力與壓力平衡，以維持此流體粒子以等速前進，同樣示於圖

3.2。流體粒子在法線方向之分量為 $\qquad \delta W_n = -\delta W \cos\theta = -\rho g \delta \mathcal{V} \cos\theta$

流體粒子在法線方向遭受到壓力之淨力為：

$$\delta F_{pn} = (p - \delta p_n)\delta s \delta y - (p + \delta p_n)\delta s \delta y = -2\delta p_n \delta s \delta y$$

$$= -\frac{\partial p}{\partial n}\delta n \delta s \delta y = -\frac{\partial p}{\partial n}\delta \mathcal{V}$$

則流體粒子上力之平衡為

$$\sum \delta F_n = \delta W_n + \delta F_{pn} = (-\rho g \cos\theta - \frac{\partial p}{\partial n})\delta \mathcal{V}$$

故 $\qquad -\rho g \dfrac{dz}{dn} - \dfrac{\partial p}{\partial n} = \dfrac{\rho V^2}{R}$, $\qquad\qquad$ *(3-10)*

$$\left(\because \cos\theta = \frac{dz}{dn} \right)$$

（注意：$\bar{n}$ 之方向為向著曲率中心）

若密度為常數，任一垂直於流線之法線上，從任一點 *1* 到其他一點 *2*，此方程式可積分為

$$(p + \rho \int \frac{V^2}{R} dn + \rho g z)_2 - (p + \rho \int \frac{V^2}{R} dn + \rho g z)_1 = 0 \qquad\qquad (3-11)$$

附錄 IV

IV.1

※ 雷諾轉換定理之推導

示於圖 *4.9*，當時間為 *t* 時，「系統」與「控制容積」相同 *(* 立足點相同才可比較 *)*，故其所含之物質 *B*（質量、動量、能量等）也相同

$$B_{sys}(t) = B_{cv}(t)$$

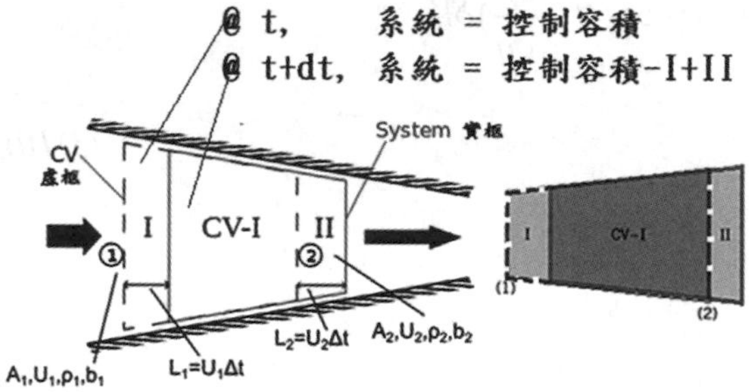

@ t,　　系統 ＝ 控制容積
@ t+dt,　系統 ＝ 控制容積-I+II

圖 4.9　雷諾轉換定律

但當 $t = t + \delta t$ 時，系統已向右移動。對於控制容積而言，在 *t* 與 $t + \delta t$ 之間，流體「流入量」（*inflow*）為區域 *I*，流體「流出量」（*outflow*）為區域 *II*，故當 $t = t + \delta t$ 時，系統 *(SYS)* 與控制容積 *(CV)* 兩區間所涵蓋之「體積」有下列關係：

$$SYS = CV - I + II$$

故其各別所含之「物質 *B*」有下列關係：

$$B_{sys}(t + \delta t) = B_{cv}(t + \delta t) - B_I(t + \delta t) + B_{II}(t + \delta t)$$

而其各別所含物質之「變率」有下列關係：

$$\frac{DB_{sys}(t+\delta t)}{Dt}=\frac{B_{sys}(t+\delta t)-B_{sys}(t)}{\delta t}=\frac{B_{cv}(t+\delta t)-B_I(t+\delta t)+B_{II}(t+\delta t)-B_{sys}(t)}{\delta t}$$

(上式左邊使用物質微分，D/Dt)

但 $B_{sys}(t) = B_{cv}(t)$ ， 故

$$\frac{DB_{sys}}{Dt}=\frac{B_{cv}(t+\delta t)-B_{cv}(t)}{\delta t}-\frac{B_I(t+\delta t)}{\delta t}+\frac{B_{II}(t+\delta t)}{\delta t}$$

又知

$$\lim_{\delta t\to 0}\frac{B_{cv}(t+\delta t)-B_{cv}(t)}{\delta t}=\frac{\partial B_{cv}}{\partial t}=\frac{\partial(\int_{cv}\rho bd V)}{\partial t}$$

(此為對控制容積微分，用偏微分，$\partial/\partial t$)

對一度空間流體而言，在 δt 時間內掃過之體積為 $AV\delta t$，所含之質量為 $\rho AV\delta t$，所含之 B 量為 $\rho bAV\delta t$， 故單位時間內流進流出之 B 量為，

$$\dot{B}_{out}=\lim_{\delta t\to 0}\frac{B_{II}(t+\delta t)}{\delta t}=\frac{\rho_2 b_2 A_2 V_2\delta t}{\delta t}=\rho_2 A_2 V_2 b_2$$

$$\dot{B}_{in}=\lim_{\delta t\to 0}\frac{B_I(t+\delta t)}{\delta t}=\frac{\rho_1 b_1 A_1 V_1\delta t}{\delta t}=\rho_1 A_1 V_1 b_1$$

故 $$\frac{DB_{sys}}{Dt}=\frac{\partial B_{cv}}{\partial t}+\dot{B}_{out}-\dot{B}_{in}\tag{4-15}$$

或 $$\frac{DB_{sys}}{Dt}=\frac{\partial B_{cv}}{\partial t}+\rho_2 V_2 A_2 b_2-\rho_1 V_1 A_1 b_1\tag{4-16}$$

此即「雷諾轉換定理」。

IV.2

※ 流體速度非垂直於控制容積表面

當流體速度並非與控制容積之表面垂直或者非等速時，所流進流出之 B 量就會變小。當流體流出控制容積時，如下圖所示

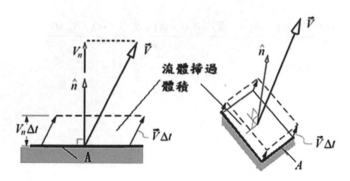

小叮嚀：

單位垂直向量 $\vec{n}$（即法線）之方向，定義為控制容積表面積「向外」之方向。

　　流率變小後之量，就如同速度向量在面積法線 $\vec{n}$ 上之分量，即乘上 $\cos\theta$，θ 為速度與法線間之夾角。故 B 流出控制容積之流率為

$$\delta\dot{B}_{out} = \frac{\rho b\,\delta V}{\delta t} = \frac{\rho bV\cos\theta\,\delta t\,\delta A}{\delta t} = \rho bV\cos\theta\,\delta A$$

　　因此所有「流出」控制容積之 B 流率，就是對整個控制容積之表面積 (control surface, CS) 積分，

$$\dot{B}_{out} = \int\limits_{\substack{ControlSurface\\out}} d\dot{B}_{out} = \int\limits_{\substack{ControlSurface\\out}} \rho bV\cos\theta dA = \int\limits_{\substack{ControlSurface\\out}} \rho b\vec{V}\bullet\vec{n}dA \qquad (4\text{-}20)$$

小叮嚀：

此處 $V\cos\theta = \vec{V}\bullet\vec{n} < 0$，$\dfrac{\pi}{2} \leq \theta \leq \pi$

同理，當流體流進控制容積時，如下圖所示，

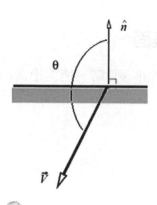

小叮嚀：

注意單位垂直向量 $\vec{n}$ 之方向。

此時夾角大於 $\pi/2$，故 $V\cos\theta = \vec{V}\bullet\vec{n} < 0$，$\dfrac{\pi}{2} \le \theta \le \pi$，

因此所有「流進」控制容積之 B 流率 (此物理量一定為正值)

$$\dot{B}_{in} = -\int\limits_{\substack{ControlSurface \\ in}} \rho b V\cos\theta dA = -\int\limits_{\substack{ControlSurface \\ in}} \rho b \vec{V}\bullet\vec{n}dA \qquad (此為正值) \qquad (4\text{-}21)$$

故 B 之「淨流出」控制容積之流率為

$$\dot{B}_{out} - \dot{B}_{in} = \int\limits_{CS_{out}} \rho b\vec{V}\bullet\vec{n}dA - (-\int\limits_{CS_{in}} \rho b\vec{V}\bullet\vec{n}dA)$$

$$= \int\limits_{CS} \rho b\vec{V}\bullet\vec{n}dA \qquad (4\text{-}22)$$

上式之積分不必再分出去與進來，因為積分中之 $\vec{V}\bullet\vec{n}$ 之正負號已經自動分別代表了出去與進來之流率。 故雷諾轉換定理可用向量積分之通式化表示為

$$\frac{DB_{sys}}{Dt} = \frac{\partial}{\partial t}\int\limits_{CV} \rho b d\mathcal{V} + \int\limits_{CS} \rho b\vec{V}\bullet\vec{n}dA \qquad (4\text{-}23)$$

假如流體速度非等速，則 B 之變率亦可由上式速度與面積之積分中求出。

附錄 V

V.1

層流流體達到完全成形區（*fully developed region*，速度不再隨管子長度而改變）時，其速度分佈為二次方程式之拋物線方程式（證明見第七章）：

$$u_2 = u_{max}[1-(\frac{r}{R})^2]$$

代入積分，積分項為

$$\int_0^R u_2 2\pi r dr = \pi u_{max} \int_0^R [1-(\frac{r}{R})^2]d(r^2), \quad 2rdr = d(r^2)$$

$$= \pi u_{max} R^2 \int_0^R [1-(\frac{r}{R})^2]d(\frac{r^2}{R}), \quad \xi^2 = \frac{r}{R}$$

$$= \pi u_{max} R^2 \int_0^1 [1-\xi]d(\xi)$$

$$= \pi u_{max} R^2 \left(\xi - \frac{1}{2}\xi^2 \right)\Big|_0^1$$

$$= \pi u_{max} R^2 (\frac{1}{2})$$

$$\pi R^2 u_{max} (\frac{1}{2}) - \pi R^2 U = 0$$

$$\therefore u_{max} = 2U, \quad \vec{V}_2 = \frac{u_{max}}{2} = U$$

V.2

下圖流體流經一平板，速度分佈由平滑變為一曲線，可以下列方程式近似之：

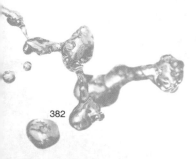

$$\frac{u(y)}{U} = 2(\frac{y}{\delta}) - (\frac{y}{\delta})^2 \quad , \quad \delta \ 為邊界層厚度，$$

判斷是否有流體流過 bc 面？（是否有垂直速度分量？）

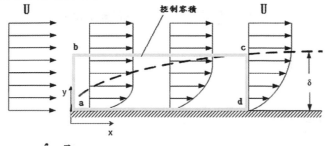

解：
$$\int_{CS} \rho\vec{V} \bullet \vec{n}dA = 0$$

$$\int_{A_{ab}} \rho\vec{V} \bullet \vec{n}dA + \int_{A_{bc}} \rho\vec{V} \bullet \vec{n}dA + \int_{A_{cd}} \rho\vec{V} \bullet \vec{n}dA + \int_{A_{da}} \rho\vec{V} \bullet \vec{n}dA = 0$$

$$\therefore \dot{m}_{bc} = \int_{A_{bc}} \rho\vec{V} \bullet \vec{n}dA = -\int_{A_{ab}} \rho\vec{V} \bullet \vec{n}dA - \int_{A_{cd}} \rho\vec{V} \bullet \vec{n}dA$$

$$\int_{A_{ab}} \rho\vec{V} \bullet \vec{n}dA = -\int_{A_{ab}} \rho U dA = -\int_0^{\delta} \rho U dy (\times 1) = -\rho U\delta(\times 1)$$

$$\int_{A_{cd}} \rho\vec{V} \bullet \vec{n}dA = \int_{A_{cd}} \rho u(y)dA = \int_0^{\delta} \rho U[2(\frac{y}{\delta}) - (\frac{y}{\delta})^2]dy(\times 1) = \frac{2\rho U\delta(\times 1)}{3}$$

$$\therefore \dot{m}_{bc} = \rho U\delta(\times 1) - \frac{2}{3}\rho U\delta(\times 1) = \frac{1}{3}\rho U\delta(\times 1) > 0$$

V.3

流動功（*flow work*）

任何通過控制容積表面流體作之功為

$$\dot{W}_{flow\,work} = F_{normal\,stress}V = pAV$$

故「流進」控制容積之淨流動功為

$$\dot{W}_{\substack{net\\flow\,work\\in}} = p_{in}A_{in}V_{in} - p_{out}A_{out}V_{out} = -\int_{CS} p(\vec{V}\bullet\vec{n})dA$$

（為何為負值？ 因為 $\displaystyle\int_{CS} p(\vec{V}\bullet\vec{n})dA$ 項為淨「出去」之功）

代入雷諾轉換方程式

$$\frac{\partial}{\partial t}\int_{CV} e\rho d\mkern-8mu V + \int_{CS} e(\rho\vec{V}\bullet\vec{n})dA = (\dot{Q}_{\substack{net\\in}} + \dot{W}_{\substack{net\\useful\\in}})_{CV} - \int_{CS} p(\vec{V}\bullet\vec{n})dA$$

$$\frac{\partial}{\partial t}\int_{CV} e\rho d\mkern-8mu V + \int_{CS}(e+\frac{p}{\rho})(\rho\vec{V}\bullet\vec{n})dA = (\dot{Q}_{\substack{net\\in}} + \dot{W}_{\substack{net\\useful\\in}})_{CV}$$

$$\frac{\partial}{\partial t}\int_{CV} e\rho d\mkern-8mu V + \int_{CS}(h+\frac{V^2}{2}+gz)(\rho\vec{V}\bullet\vec{n})dA = (\dot{Q}_{\substack{net\\in}} + \dot{W}_{\substack{net\\useful\\in}})_{CV}$$

$$\frac{\partial}{\partial t}\int_{CV} e\rho d\mkern-8mu V + \sum(h+\frac{V^2}{2}+gz)_{out}\dot{m}_{out} - \sum(h+\frac{V^2}{2}+gz)_{in}\dot{m}_{in}$$

$$= (\dot{Q}_{\substack{net\\in}} + \dot{W}_{\substack{net\\useful\\in}})_{CV} \tag{5-15}$$

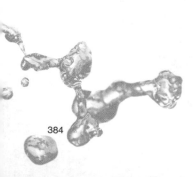

附錄 Ⅵ

VI.1

線性變形

先考慮一度空間之運動，如圖6.2所示，若流體在 x 方向有速度導數（$\frac{\partial u}{\partial x} \neq 0$），則在原點 O 旁邊 A 點之速度可用泰勒展開近似之，

$$u(\delta x) \cong u + \frac{\partial u}{\partial x}\delta x$$

在時間 δt 內，O 點移動 $u\delta t$，A 點移動 $(u+\frac{\partial u}{\partial x}\delta x)\delta t$，故此流體元素在 x 方向拉長了 $\frac{\partial u}{\partial x}\delta x\delta t$，轉換成體積變大量為

$$\delta V = (\frac{\partial u}{\partial x}\delta x)(\delta y\delta z)(\delta t)$$

則每單位時間、每單位體積之體積增加率為

$$\frac{1}{\delta V}\frac{d(\delta V)}{dt} = \lim_{\delta t \to 0}[(\frac{\frac{\partial u}{\partial x}\delta t}{\delta t})] = \frac{\partial u}{\partial x}$$

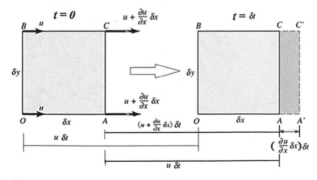

圖 6.2　流體速度 u 存在 x 方向導數之移動

同樣地，若流體在 y、z 方向亦有速度導數（$\frac{\partial v}{\partial y} \neq 0,\ \frac{\partial w}{\partial z} \neq 0$），則體積增加如下圖所示 *[2]*。

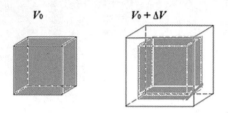

則每單位時間、每單位體積之體積增加率為

$$\frac{1}{\delta V}\frac{d(\delta V)}{dt} = \frac{\partial u}{\partial x} + \frac{\partial v}{\partial y} + \frac{\partial w}{\partial z} = \vec{\nabla} \bullet \vec{V}$$

(6-1)

VI.2

流體旋轉

交叉導數（如 $\partial u / \partial y$、$\partial v / \partial x$）會造成元素旋轉，並且也會發生角度變形，進而使得元素的形狀隨之改變。

假設一個兩度空間之流體元素，其 x 方向速度 u 在 y 方向有導數（$\frac{\partial u}{\partial y} \neq 0$），同樣地，其 y 方向速度 v 在 x 方向有導數（$\frac{\partial v}{\partial x} \neq 0$），如下圖所示：

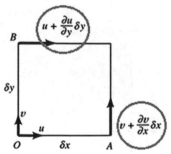

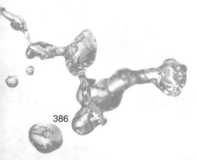

以 OA 線而言，經過時間 δt 後移到圖 6.3 位置，OA 線移至 OA' 線，而且 A' 點向上偏移了 $\frac{\partial v}{\partial x}\delta x\delta t$，造成 OA 線與 OA' 線之角度 (變形) $\delta\alpha$，故 OA 線旋轉之角速度為

$$\omega_{OA} = \lim_{\delta t \to 0} \frac{\delta\alpha}{\delta t}$$

$(\omega$ 唸做 omega$)$ 當角度很小，

$$\tan\delta\beta \approx \delta\beta = \frac{(\partial u / \partial y)\delta y\delta t}{\delta y} = \frac{\partial u}{\partial y}\delta t$$

故

$$\omega_{OB} = \lim_{\delta t \to 0}[\frac{(\partial u / \partial y)\delta t}{\delta t} = \frac{\partial u}{\partial y}$$

小叮嚀：

當 $\frac{\partial u}{\partial y} > 0$，$\omega_{OA}$ 為逆時針方向旋轉。

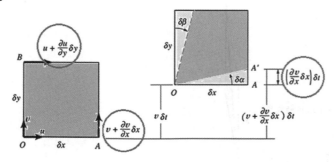

圖 6.3 　流體元素之角度變形

同樣地， 以 OB 線而言，經過時間 δt 後，OB 線移至 OB' 線，而且 B' 點向右偏移了 $\frac{\partial u}{\partial y}\delta y\delta t$，造成 OB 線與 OB' 線之角度 (變形) $\delta\beta$，故 OB 線旋轉之角速度為

$$\omega_{OB} = \lim_{\delta t \to 0} \frac{\delta\beta}{\delta t}$$

當角度很小，

$$\tan\delta\beta \approx \delta\beta = \frac{(\partial u / \partial y)\delta y\delta t}{\delta y} = \frac{\partial u}{\partial y}\delta t$$

故
$$\omega_{OB} = \lim_{\delta t \to 0}[\frac{(\partial u / \partial y)\delta t}{\delta t} = \frac{\partial u}{\partial y}$$

小叮嚀：

當 $\frac{\partial u}{\partial y} > 0$ ， ω_{OB} 為順時針方向旋轉。

在 x-y 平面上（以 z 軸為旋轉軸），此流體元素之淨逆時針旋轉角速度為
$$\omega_z = \frac{1}{2}(\frac{\partial v}{\partial x} - \frac{\partial u}{\partial y})$$

為何要乘上 1/2 ？

腦內實驗：假設變化的情況是：OA 線逆時針旋轉 90 度，而 OB 線沒有旋轉，故此流體方塊形元素變成一垂直線，其中線變為 90 度，請問此元素逆時針旋轉了幾度？（ $45 = \frac{1}{2}(90 - 0)$ 旋轉角度就是兩邊旋轉角度之平均值， *Get it* ？）

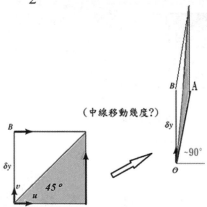

（中線移動幾度？）

當 $\omega_{OA} = -\omega_{OB}$ （ $\frac{\partial u}{\partial y} = -\frac{\partial v}{\partial x}$ ）時，此流體元素只作旋轉而無角速度變形。

同樣，在 y-z 平面上（以 x 軸為旋轉軸）
$$\omega_x = \frac{1}{2}(\frac{\partial w}{\partial y} - \frac{\partial v}{\partial z})$$

在 x-z 平面上（以 y 軸為旋轉軸）
$$\omega_y = \frac{1}{2}(\frac{\partial u}{\partial z} - \frac{\partial w}{\partial x})$$

質量守衡

利用前章有限控制容積法，將質量守衡定律運用於流體中任一無窮小之控制容積（實為空間中一點），如下圖所示：

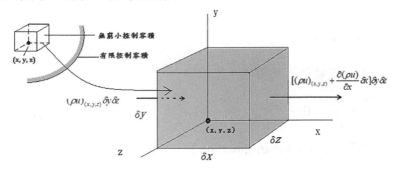

運用質量守衡於此無窮小控制容積：

$$\int_{CS} \rho \vec{V} \bullet \vec{n} dA + \frac{\partial}{\partial t} \int_{CV} \rho d\mkern-11mu\mathchar'26\mkern-2mu V = 0$$

上式就是 *OIS*： $\dot{O} - \dot{I} + \dot{S} = 0$

其中

$$\dot{O} - \dot{I} = \int_{CS} \rho \vec{V} \bullet \vec{n} dA = \sum \rho_{out} A_{out} V_{out} - \sum \rho_{in} A_{in} V_{in}$$

$$= [(\rho u)_{(x+dx,y,z)} dydz + (\rho v)_{(x,y+dy,z)} dxdz + (\rho w)_{(x,y,z+dz)} dxdy]$$

$$- [(\rho u)_{(x,y,z)} dydz + (\rho v)_{(x,y,z)} dxdz + (\rho w)_{(x,y,z)} dxdy]$$

利用泰勒展開 *Taylor's expansion*：

$$(\rho u)_{(x+dx,y,z)} \cong (\rho u)_{(x,y,z)} + \frac{\partial (\rho u)}{\partial x} dx$$

$$(\rho v)_{(x,y+dy,z)} \cong (\rho v)_{(x,y,z)} + \frac{\partial (\rho v)}{\partial y} dy$$

$$(\rho w)_{(x,y,z+dz)} \cong (\rho w)_{(x,y,z)} + \frac{\partial (\rho w)}{\partial z} dz$$

$$\dot{O} - \dot{I} = [\frac{\partial (\rho u)}{\partial x} + \frac{\partial (\rho v)}{\partial y} + \frac{\partial (\rho w)}{\partial z}] dxdydz$$

$$\dot{S} = \frac{\partial}{\partial t} \int_{CV} \rho d\mkern-11mu\mathchar'26\mkern-2mu V = \int_{CV} \frac{\partial \rho}{\partial t} d\mkern-11mu\mathchar'26\mkern-2mu V = \frac{\partial \rho}{\partial t} dxdydz$$

故質量守恆以微分表示為：

$$\frac{\partial \rho}{\partial t}dxdydz + [\frac{\partial(\rho u)}{\partial x} + \frac{\partial(\rho v)}{\partial y} + \frac{\partial(\rho w)}{\partial z}]dxdydz = 0$$

$$\frac{\partial \rho}{\partial t} + \frac{\partial(\rho u)}{\partial x} + \frac{\partial(\rho v)}{\partial y} + \frac{\partial(\rho w)}{\partial z} = 0 \qquad (6\text{-}5)$$

或表示為

$$\frac{\partial \rho}{\partial t} + \vec{\nabla} \bullet (\rho \vec{V}) = 0 \qquad (6\text{-}6)$$

若流場為穩態、流體為不可壓縮，則

$$\frac{\partial u}{\partial x} + \frac{\partial v}{\partial y} + \frac{\partial w}{\partial z} = 0 \qquad (6\text{-}7)$$

此稱為**連續方程式**（*continuity equation*）。

VI.4

※ 動量守恆

利用前章有限控制容積法 *OIS*，將質量守恆定律運用於流體中任一無窮小之控制容積（實為空間中一點）：

$$\frac{\partial}{\partial t}\int_{CV}\vec{V}\rho d V + \int_{CS}\vec{V}(\rho\vec{V}\bullet\vec{n})dA$$

$$= \frac{\partial}{\partial t}\int_{CV}\vec{V}\rho d V + \sum\vec{V}_{out}\rho_{out}A_{out}V_{out} - \sum\vec{V}_{in}\rho_{in}A_{in}V_{in} = \sum F_{CV}$$

此為一向量方程式，為簡單起見先以 *x* 方向之方程式著手：

$$\frac{\partial}{\partial t}\int_{CV}u\rho d V + \int_{CS}u(\rho\vec{V}\bullet\vec{n})dA$$

$$= \sum u_{out}\rho_{out}A_{out}V_{out} - \sum u_{in}\rho_{in}A_{in}V_{in} + \frac{\partial}{\partial t}\int_{CV}u\rho d V =$$

$$= \sum u_{out}\dot{m}_{out} - \sum u_{in}\dot{m}_{in} + \frac{\partial}{\partial t}\int_{CV}u\rho d V = \sum F_{CV}$$

此即

$$\dot{O} - \dot{I} + \dot{S} = \sum F_{CV}$$

其中 $\dot{O}-\dot{I}$ 項可由下圖瞭解：

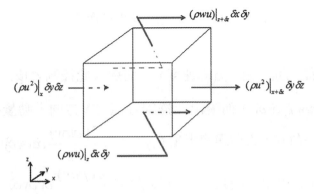

在左邊之平面上，由 u 帶進來之「動量率」為

$$\left. (u\dot{m}_x) \right|_x = \left. (\rho u^2) \right|_x \delta y \delta z$$

在右邊之平面上，由 u 帶出去之「動量率」為

$$\left. (u\dot{m}_x) \right|_{x+\delta x} = \left. (\rho u^2) \right|_{x+\delta x} \delta y \delta z \cong [(\rho u^2) + \frac{\partial(\rho u^2)}{\partial x}\delta x]\delta y \delta z$$

故此項之 $\dot{O}-\dot{I}$ 結果為

$$\frac{\partial(\rho u^2)}{\partial x}\delta x \delta y \delta z$$

還有其他項嗎？ 有，還有很多……

腦內實驗：想像有兩輛運磚塊的小火車，平行在沒有摩擦力之鐵軌上，如下圖
所示：

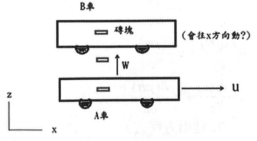

假設 A 車以 u 速度向 x 方向前進，而 B 車靜止，而 A 車上有個頑皮小孩，以

w 之速度向 z 方向，把磚塊丟上 B 車，請問 B 車會向 x 方向動嗎？(B 車會有 x 方向之動量嗎？)

從 A 車飛出來之磚塊，在任何時候都帶有速度 u，而往磚塊丟到 B 車上之質流率 $\dot{m}_z = \rho w A$，故磚頭給予 B 車 $\rho u w A$ 之動量，所以 B 車會動！

回到上述之六面體，從底面因為 z 方向速度 w，而進入此控制容積之 x 方向「動量率」為 $(u\dot{m}_z)\big|_z = (\rho uw)\big|_x \delta x \delta y$，而流出此控制容積之 x 方向「動量率」為 $(u\dot{m}_z)\big|_{z+\delta z} = (\rho uw)\big|_{z+\delta z} \delta x \delta y$，故在 x 方向淨流出量 $(\dot{O}-\dot{i})$ 為 $\dfrac{\partial(\rho uw)}{\partial z}\delta z \delta x \delta y$，同樣地，因為 y 方向速度 v 而淨流出此六面體之 x 方向動量率為 $\dfrac{\partial(\rho uv)}{\partial y}\delta y \delta x \delta z$。

綜合以上分析，動量守衡之 $\dot{o}-\dot{i}$ 項可寫為

$$[\frac{\partial(\rho u^2)}{\partial x}+\frac{\partial(\rho uv)}{\partial y}+\frac{\partial(\rho uw)}{\partial z}]\delta x \delta y \delta z$$

控制容積內 x 方向的總動量對時間之變率 $\dot{S}$ 為

$$\frac{\partial(\rho u \delta x \delta y \delta z)}{\partial t}$$

故 $\dot{O}-\dot{i}+\dot{S}$ 可寫為

$$[\frac{\partial(\rho u)}{\partial t}+\frac{\partial(\rho u^2)}{\partial x}+\frac{\partial(\rho uv)}{\partial y}+\frac{\partial(\rho uw)}{\partial z}]\delta x \delta y \delta z$$

這還不是最好的表示方法，現在把三項動量梯度項微分出來

$$\frac{\partial(\rho u^2)}{\partial x}+\frac{\partial(\rho uv)}{\partial y}+\frac{\partial(\rho uw)}{\partial z}=u\frac{\partial(\rho u)}{\partial x}+u\frac{\partial(\rho u)}{\partial x}$$
$$+u\frac{\partial(\rho v)}{\partial y}+v\frac{\partial(\rho u)}{\partial y}$$
$$+u\frac{\partial(\rho w)}{\partial z}+w\frac{\partial(\rho u)}{\partial z}$$

$$0\,(連續方程式)$$

故 $\dot{O} - \dot{I} + \dot{S}$ 最後可寫為

$$[\frac{\partial(\rho u)}{\partial t} + u\frac{\partial(\rho u)}{\partial x} + v\frac{\partial(\rho u)}{\partial y} + w\frac{\partial(\rho u)}{\partial z}]\delta x\delta y\delta z$$

讀者若還沒昏倒，請繼續看 $\dot{O} - \dot{I} + \dot{S} = \sum F_{CV}$ 之右邊，控制容積之所有 (x 方向)

受力 $\sum F_{CV}$:

重力 : $\rho g_x \delta x\delta y\delta z$

壓力不平均產生之力 : $-\dfrac{\partial p}{\partial x}\delta x\delta y\delta z$ (當流體向右流動時，此為正值)

黏滯力 : 回憶兩個平板間流體在底部平面上 (xy 平面) 之黏滯力為

$$\tau_{xy} = \mu\frac{\partial u}{\partial z}\delta x\delta y$$

所以六面體在垂直於 z 方向之平面上向著 x 方向之「淨」黏滯力為

$$\tau_{xy} = \mu\frac{\partial^2 u}{\partial z^2}\delta x\delta y\delta z \quad (Why\ ?)$$

假若考慮垂直於其他兩個方向之平面，則單位體積之所有向著 x 方向的黏滯力

為

$$\mu(\frac{\partial^2 u}{\partial x^2} + \frac{\partial^2 u}{\partial y^2} + \frac{\partial^2 u}{\partial z^2})$$

最後可以把整個 $\dot{O} - \dot{I} + \dot{S} = \sum F_{CV}$ 寫為

x 方向 :

$$\rho(\frac{\partial u}{\partial t} + u\frac{\partial u}{\partial x} + v\frac{\partial u}{\partial y} + w\frac{\partial u}{\partial z}) = \rho g_x - \frac{\partial p}{\partial x} + \mu(\frac{\partial^2 u}{\partial x^2} + \frac{\partial^2 u}{\partial y^2} + \frac{\partial^2 u}{\partial z^2}) \tag{6-10}$$

VI.5

下圖圓管中左側之壓力大於右側，(此即為壓力降)，故流體由左方流向右方。

以上例控制容積 (自由體) 上所有力的平衡之方法，求圓管內流場之速度分佈。

此類流場 dp/dx ≠ 0，因流體向 +x 方向流動，故 $p_1 > p_2$ ，且 dp/dx < 0 (x 越大 p 越小)，此圓筒形控制容積上所有表面之合力在平衡下為零：

$$(p_1 - p_2)\pi r^2 - 2\pi r \ell \tau = 0$$

$$\therefore \tau = \left[\frac{p_1 - p_2}{\ell}\right]\frac{r}{2} = -\mu\frac{du}{dr}$$

（此處為何加上一個負號？ 因為 r 越大 u 越小，故在 r 方向之速度梯度為負值！ du/dr < 0，等號兩邊都是正值）

$$\therefore u(r) = \left[\frac{p_1 - p_2}{\ell}\right]\frac{1}{\mu}(c - \frac{r^2}{4})$$

邊界條件： u = 0 at y = R ，

$$\therefore c = \frac{R^2}{4}$$

$$\therefore u(r) = \frac{1}{4\mu}\left[\frac{p_1 - p_2}{\ell}\right](R^2 - r^2)$$

其中 $\left[\dfrac{p_1 - p_2}{\ell}\right]$ 項可解釋為管內流體單位長度之壓力降，在一般情況下，或離流體入口處較遠處，$\left[\dfrac{p_1 - p_2}{\ell}\right]$ 可視為常數，且為正值，亦可表示為 - dp/dx, 其中 dp/dx 就是壓力梯度，因為在 x 方向 (流體流動方向) 壓力下降，故此壓力梯度向著 "-x 方向 "。

故速度分佈可寫為

$$u(r) = \frac{1}{4\mu}[-\frac{dp}{dx}](R^2 - r^2) = \frac{1}{4\mu}[-\frac{dp}{dx}]R^2(1 - \frac{r^2}{R^2})$$

此速度分佈為 (二次) 拋物線方程式。

最大速度（@r=0）為

$$u(0) = u_{max} = \frac{1}{4\mu}[-\frac{dp}{dx}]R^2$$

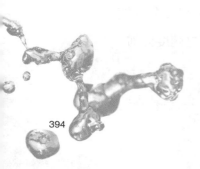

附錄 *VII*

VII.1

層流速度分佈

如果忽略重力效應，則涵蓋水平圓管內任一垂直截面上的壓力可假設為常數，但沿著管子的任意兩個截面則有壓力變化。在本例中，即便流體處於運動狀態，卻沒有加速，故合力為零。因此，完全發展的水平管流，僅為壓力與黏性力之間的平衡作用，如下圖小圓柱「自由體」力之平衡所示：

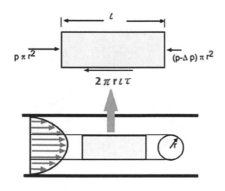

圖 7.5　圓管控制容積合力平衡示意圖

$$\Delta p \pi r^2 = 2\pi r \ell \tau$$

$$\tau = \frac{\Delta p}{2\ell} r = -\mu \frac{du}{dr}$$

注意其中 $\tau = -\mu \dfrac{du}{dr}$ 要帶負值 (因為 r 越大 u 越小)

平均壓力降可表示為

$$\frac{\Delta p}{\ell} = -\frac{dp}{dx} \quad (\mathrm{dp}/\mathrm{dx} < 0)$$

$$\frac{du}{dr} = \frac{1}{2\mu}\left[\frac{dp}{dx}\right]r$$

$$u(r) = \frac{1}{4\mu}(\frac{dp}{dx})r^2 + C$$

再帶入非滑動現象，$r = R$，$u = 0$，

故速度方程式為

$$u(r) = \frac{1}{4\mu}[-\frac{dp}{dx}]R^2(1-\frac{r^2}{R^2}) \tag{7-3}$$

其中最大速度 u_{max} 發生於 $r = 0$

$$u(r) = u_{max}(1-\frac{r^2}{R^2}),\quad u_{max} = \frac{1}{4\mu}[-\frac{dp}{dx}]R^2 \tag{7-4}$$

注意 : $[-\frac{dp}{dx}]$ 為正值且為一常數。

附錄 *VIII*

VIII.1

流線函數

在流場型態中,不可壓縮、平面、「二維」之流場必須滿足「二維」連續方程式:

$$\frac{\partial u}{\partial x} + \frac{\partial v}{\partial y} = 0$$

(8-1)

此方程式之一重要數學意義為,因為 $\frac{\partial u}{\partial x} = -\frac{\partial v}{\partial y}$,故一定存在一個新函數 Ψ ,定義為

$$u = \frac{\partial \psi}{\partial y}, \quad v = -\frac{\partial \psi}{\partial x}$$

(8-2)

因 $\frac{\partial}{\partial x}(\frac{\partial \psi}{\partial y}) + [\frac{\partial}{\partial y}(-\frac{\partial \psi}{\partial x})] = \frac{\partial u}{\partial x} + \frac{\partial v}{\partial y} = 0$

故恆可滿足「兩度空間」之連續方程式。這代表此函數 Ψ 一定存在,稱為**流線函數**,所以三度空間之流體無法找出流線函數,並可由 $\Psi = \int u dy$ 或 $\Psi = -\int v dx$ 積分而得。

VIII.2

由第四章討論之流場中,速度向量就在流線上之切線方向,故任意一點沿流線 *f(x)* 的斜率為

$$(\frac{dy}{dx})_{on\,a\,streamline} = \frac{v}{u}$$

(8-4)

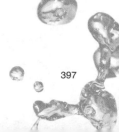

若此流線可以用一個流線函數 Ψ 代表，則在此流線上從 *(x, y)* 點移動至 *(x+dx, y+dy)* 點，Ψ 之變動量 *(Ψ 之全微分)* 為

$$d\psi = \frac{\partial \psi}{\partial x}dx + \frac{\partial \psi}{\partial y}dy = -vdx + udy = 0$$

$d\psi = 0$ 代表在此流線上，$\psi(x, y) = C$，流線函數為一常數。

VIII.3

在兩流線（流線函數分別為 Ψ + dΨ 及 Ψ）之間，流經 *AC* 線及流經 *ABC* 線之流量相等。

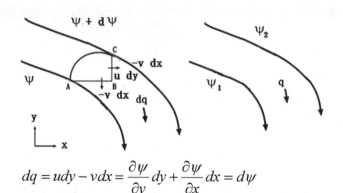

$$dq = udy - vdx = \frac{\partial \psi}{\partial y}dy + \frac{\partial \psi}{\partial x}dx = d\psi$$

故任兩流線其流線函數為 ψ_1 及 ψ_2，其間流過之流量為

$$q = \psi_2 - \psi_1 \tag{8-5}$$

VIII.4

動量方程式中忽略黏滯力時，

動量守衡方程式變為：

$$\rho\left(\frac{\partial u}{\partial t}+u\frac{\partial u}{\partial x}+v\frac{\partial u}{\partial y}+w\frac{\partial u}{\partial z}\right)=\rho g_{x}-\frac{\partial p}{\partial x}$$

$$\rho\left(\frac{\partial v}{\partial t}+u\frac{\partial v}{\partial x}+v\frac{\partial v}{\partial y}+w\frac{\partial v}{\partial z}\right)=\rho g_{y}-\frac{\partial p}{\partial y} \qquad (8\text{-}6)$$

$$\rho\left(\frac{\partial w}{\partial t}+u\frac{\partial w}{\partial x}+v\frac{\partial w}{\partial y}+w\frac{\partial w}{\partial z}\right)=\rho g_{z}-\frac{\partial p}{\partial z}$$

此稱為「歐拉方程式」*(Euler's equation)*。 此方程式為非線性偏微分方程式，依然非常困難求解，但可以化簡法得到一些之重要結果，如伯努力方程式。

當流場為非旋轉流場時，有兩項重要結果：

1. 伯努力方程式可應用於任何位置而不必跼限於同一流線上。

2. 此流場稱為「勢流」*(potential flow)* 可以用一個類似流線函數 (下述之速度勢 *velocity potential)* 表示之，而代替三個速度分量。

此兩點敘述如下：

當流場為非旋轉流場時，

$$\int_{\substack{any\,two\,points\\in\,space}}\frac{dp}{\rho}+\frac{1}{2}d(V^{2})+gdz=constant \qquad (8\text{-}7)$$

故在非旋轉流場中，「任意兩點」間可以應用伯努力方程式如下 (證明省略)：

$$\frac{p_{1}}{\rho}+\frac{V_{1}^{2}}{2}+gz_{1}=\frac{p_{2}}{\rho}+\frac{V_{2}^{2}}{2}+gz_{2} \qquad (8\text{-}8)$$

VIII.5

速度勢

對非旋轉流場而言，速度梯度有下列關係：

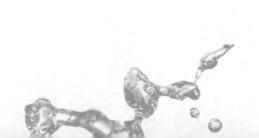
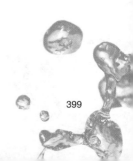

$$(\frac{\partial v}{\partial x} - \frac{\partial u}{\partial y}) = 0, \quad (\frac{\partial w}{\partial y} - \frac{\partial v}{\partial z}) = 0, \quad (\frac{\partial u}{\partial z} - \frac{\partial w}{\partial x}) = 0$$

故就像流線函數滿足連續方程式，非旋轉流場一定可以定義出一個函數，並滿足以上三個方程式，

$$u = \frac{\partial \phi}{\partial x}, \quad v = \frac{\partial \phi}{\partial y}, \quad w = \frac{\partial \phi}{\partial z} \tag{8-9}$$

例如：$\frac{\partial v}{\partial x} - \frac{\partial u}{\partial y} = \frac{\partial}{\partial x}(\frac{\partial \phi}{\partial y}) - \frac{\partial}{\partial y}(\frac{\partial \phi}{\partial x}) = 0$ 永遠滿足。

此函數 ϕ 可表示為

$$\vec{V} = u\vec{i} + v\vec{j} + w\vec{k} = (\frac{\partial}{\partial x}\vec{i} + \frac{\partial}{\partial y}\vec{j} + \frac{\partial}{\partial z}\vec{k})\phi = \vec{\nabla}\phi \tag{8-10}$$

VIII.6

在非旋轉流場中，速度勢也必須滿足連續方程式，故

$$\vec{\nabla} \bullet \vec{V} = \vec{\nabla} \bullet (\vec{\nabla}\phi) = \nabla^2 \phi = 0 \tag{8-11}$$

其中 $\nabla^2 (scalar) = \vec{\nabla} \bullet \vec{\nabla}(scalar)$ 稱為拉普拉氏運算子（*Laplace operator*），對於任何純量場 f

$$\nabla^2(f) = \vec{\nabla} \bullet \vec{\nabla}(f)$$
$$= (\frac{\partial}{\partial x}\vec{i} + \frac{\partial}{\partial y}\vec{j} + \frac{\partial}{\partial z}\vec{k}) \bullet [(\frac{\partial}{\partial x}\vec{i} + \frac{\partial}{\partial y}\vec{j} + \frac{\partial}{\partial z}\vec{k})(f)]$$
$$= \frac{\partial^2 f}{\partial x^2} + \frac{\partial^2 f}{\partial y^2} + \frac{\partial^2 f}{\partial z^2}$$

故速度勢必定是下列拉普拉氏方程式之解：

$$\frac{\partial^2 \phi}{\partial x^2} + \frac{\partial^2 \phi}{\partial y^2} + \frac{\partial^2 \phi}{\partial z^2} = 0 \tag{8-12}$$

而在兩度空間的非旋轉流體中，速度梯度必須滿足

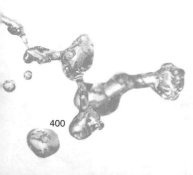

$$\frac{\partial v}{\partial x} = \frac{\partial u}{\partial y}$$

利用流線函數：

$$\frac{\partial}{\partial x}(-\frac{\partial \psi}{\partial x}) = \frac{\partial}{\partial y}(\frac{\partial \psi}{\partial y})$$

或 $\quad \dfrac{\partial^2 \psi}{\partial x^2} + \dfrac{\partial^2 \psi}{\partial y^2} = 0$ $\hspace{3cm}$ (8-13)

VIII.7

遲滯點形成之處 b，此點速度為零，故

$$U = v_r = \frac{m}{2\pi r}, \quad \therefore b = \frac{m}{2\pi U}, \quad m = 2\pi U b \hspace{2cm} (8\text{-}25)$$

所以只要知道等速流體速度，與發射源強度，就可得出遲滯點位置 b 點。此點代表流線經過 (b, π)，流經此點之流線函數之常數為

$$\psi(b,\pi) = Ub\sin \pi + \frac{m}{2\pi}\pi = \frac{m}{2} = \pi U b$$

故通過此點之流線 (半橢圓形邊緣)，可以用下列流線函數表示 :

$$\psi(r,\theta) = Ur\sin\theta + Ub\theta = \pi Ub \hspace{3cm} (8\text{-}26)$$

故此流線 (或此半體)r 與 θ 之關係與幾何形狀由下列方程式決定之 :

$$Ur\sin\theta + Ub\theta = \pi Ub, \qquad r = \frac{b(\pi - \theta)}{\sin\theta} \hspace{2cm} (8\text{-}27)$$

此半體稱為「朗肯半體」。**只要有等速流體速度 U 及源流強度 m，或由半體之高度 (πb) 反求出源流強度，就可決定此半體。**此半體在 x 軸上半部之高度為 $r\sin\theta$，故此高度之最大值 $(\theta = 0$，$+x$ 軸方向無窮遠處) 為，

$$r\sin\theta = b(\pi - \theta)\big|_{\theta=0} = b\pi \hspace{3cm} (8\text{-}28)$$

此高度即為半體之最高點。

VIII.8

流體流經圓柱 – 等速流體與源流／陷流之結合

首先假設一個源流與一個陷流結合在 x 軸上，距離 $2a$，如圖 8.4 所示，則其結合之流線函數為

$$\psi = -\frac{m}{2\pi}(\theta_1 - \theta_2) \qquad (8\text{-}29)$$

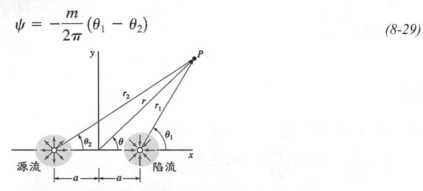

圖 8.4　源流／陷流結合

所謂的偶流（doublet），是令源流與陷流互相接近（$a \to 0$），並使其強度 m 增加（$m \to \infty$），以使 ma 保持定值。在此條件下，(8-14) 式可變為忽略證明

$$\psi = -\frac{K\sin\theta}{r} \qquad (8\text{-}30)$$

其中 $K = ma/\pi$，稱為偶流強度。 若將偶流的 $\psi = c$ 線繪畫出，可看出偶流的流線為通過原點，並與 x 軸相切的一群圓，如圖 8.5[5] 所示。就像源流和陷流一樣，在真實的流場中，偶流也是不存在的。 然而，**若將偶流與等速流場加以合併，就可以表示流過圓柱的流動。**

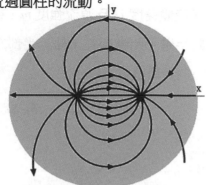

圖 8.5　偶流之流線

沿著 x 軸正方向的等速流體與偶流加以合併，由該組合所得之流線函數為

$$\psi = Ur\sin\theta - \frac{K\sin\theta}{r}$$

$$\psi = (U - \frac{K}{r^2})r\sin\theta \qquad (8\text{-}31)$$

欲將該流線函數表示為流體流經圓柱的流場，圓柱為 $r = a$ 之處，其中 a 為圓柱之半徑。

若令此流線之常數為 0，則 $K = Ua^2$，在此圓柱附近之流線為

$$\psi = (1 - \frac{a^2}{r^2})Ur\sin\theta \qquad (8\text{-}32)$$

如圖 8.6[6] 所示， 流線以 y 軸對稱，流體之速度分佈為

$$v_r = \frac{1}{r}\frac{\partial\psi}{\partial\theta} = (1 - \frac{a^2}{r^2})U\cos\theta$$

$$v_\theta = -\frac{\partial\psi}{\partial r} = -(1 + \frac{a^2}{r^2})U\sin\theta$$

故最大速度為 $2U$，發生於 $\theta = \pi/2$。

VIII.9

$$D = \int p\cos\theta dA = \int_0^{2\pi} pa\cos\theta d\theta(\times 1)$$

$$p = p_\infty + \frac{1}{2}\rho(U_\infty^2 - V^2) = p_\infty + \frac{1}{2}\rho U_\infty^2(1 - 4\sin^2\theta)$$

$$D = \int_0^{2\pi} p_\infty a\cos\theta d\theta + \frac{1}{2}\rho U_\infty^2\int_0^{2\pi}(1 - 4\sin^2\theta)a\cos\theta d\theta$$

$$= p_\infty a\sin\theta\Big|_0^{2\pi} + \frac{1}{2}\rho U_\infty^2 a\sin\theta\Big|_0^{2\pi} - \frac{1}{2}\rho U_\infty^2 a\frac{4}{3}\sin^3\theta\Big|_0^{2\pi}$$

$$= 0$$

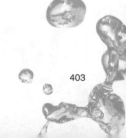

INDEX

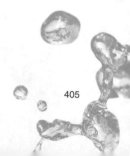

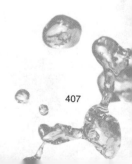

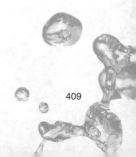

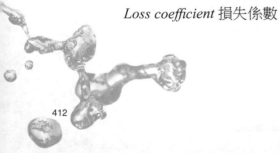

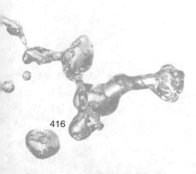

R

S

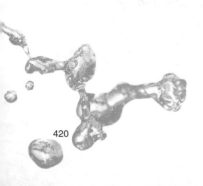

W

國家圖書館出版品預行編目 (CIP) 資料

流體力學究竟在說什麼？／王曉剛著．
-- 第一版．-- 臺北市：樂果文化出版：紅螞蟻圖書發行，
2020.01
　面；　公分．--（樂科普；2）
ISBN 978-957-9036-21-4(平裝)

1. 流體力學

332.6　　　　　　　　　　　　　　108017534

樂科普 2
流體力學究竟在說什麼？

作　　　　者 ／	王曉剛
總　編　輯 ／	何南輝
行 銷 企 劃 ／	黃文秀
封 面 設 計 ／	引子設計
內 頁 設 計 ／	沙海潛行

出　　　　版 ／	樂果文化事業有限公司
讀 者 服 務 專 線 ／	(02) 2795-3656
劃 撥 帳 號 ／	50118837 號 樂果文化事業有限公司
印 刷 廠 ／	卡樂彩色製版印刷有限公司
總 經 銷 ／	紅螞蟻圖書有限公司
地　　　　址 ／	台北市內湖區舊宗路二段121 巷19 號(紅螞蟻資訊大樓)
電　　　　話 ／	(02) 2795-3656
傳　　　　真 ／	(02) 2795-4100

2020 年 1 月第一版 定價／ 450 元 ISBN 978-957-9036-21-4